能源智慧化
技术及应用

组　编　中国电工技术学会能源智慧化专业委员会

主　编　李炳森

副主编　吴桂峰　马　瑞

中国电力出版社
CHINA ELECTRIC POWER PRESS

内 容 提 要

本书旨在推动能源智慧化领域的深度研究，促进多学科交叉融合，探讨前沿信息技术在能源智慧化领域中的融合应用，共享科学技术研究成果。本书共分为 7 章。第 1 章介绍形势背景，主要内容为能源智慧化技术发展概述。第 2 章至第 6 章介绍技术基础，主要内容包括物联感知、通信网络、基础平台、智慧化应用、安全体系。第 7 章介绍创新实践，主要内容为能源智慧化技术应用创新成果及典型创新实践案例。

本书读者对象为能源电力系统生产、建设、运行、管理部门及相关产业科研、设计、制造单位的领导、科技人员、大专院校师生及其他相关技术研究人员。

图书在版编目（CIP）数据

能源智慧化技术及应用 / 中国电工技术学会能源智慧化专业委员会组编；李炳森主编. 一北京：中国电力出版社，2024.9

ISBN 978-7-5198-8495-6

Ⅰ.①能… Ⅱ.①中…②李… Ⅲ.①智能技术－应用－能源－研究 Ⅳ.① TK01-39

中国国家版本馆 CIP 数据核字（2023）第 253860 号

出版发行：中国电力出版社
地　　址：北京市东城区北京站西街 19 号（邮政编码 100005）
网　　址：http://www.cepp.sgcc.com.cn
责任编辑：赵鸣志
责任校对：黄　蓓　朱丽芳
装帧设计：赵姗姗
责任印制：吴　迪

印　　刷：三河市万龙印装有限公司
版　　次：2024 年 9 月第一版
印　　次：2024 年 9 月北京第一次印刷
开　　本：710 毫米 ×1000 毫米　16 开本
印　　张：20.75
字　　数：348 千字
印　　数：0001—2000 册
定　　价：98.00 元

《能源智慧化技术及应用》
编委会

国能智深控制技术有限公司

龙源（北京）新能源工程设计研究院有限公司

四川中电启明星信息技术有限公司

北京京能氢源科技有限公司

金风低碳能源设计研究院（成都）有限公司

北京智源新能电气科技有限公司

天津云圣智能科技有限责任公司

北京国科恒通科技股份有限公司

北京乐盛科技有限公司

南京土星视界科技有限公司

江西博邦新能源科技有限公司

北京亿百维信息科技有限公司

北京市八一学校

中国电工技术学会（以下简称"学会"）是国家 5A 级科技社团组织，长期致力于我国电气工程专业的创新发展，在学术交流、国际合作、科学普及、期刊出版、科技咨询、人才举荐、科技奖励、团标研制等方面开展了一系列卓有成效的工作，得到了社会和行业的广泛认可，已成为促进我国电气工程技术创新发展中的重要力量。

能源是经济和社会发展的重要物质基础，也是提高人们生活水平的先决条件。能源转型是人类文明发展和进步的重要驱动力。当今世界在第四次工业革命的浪潮下，能源技术与信息技术的融合发展已成为重要趋势。从信息化到数字化到智能化，再到智慧化，是信息不断丰富健全和深入应用的过程。近年来，随着电气工程学科与相关领域的交叉融合、不断扩展，在加强新领域学术交流的同时，学会与相关领域科研机构成立了相应的专业委员会，促进了电气工程与相关领域交叉融合方面的学术交流、科技咨询和团体标准研制等工作。专业委员会的组织建设覆盖领域也得到了不断的扩展，极大地丰富了学会业务建设和资源平台建设。近几年，学会根据电气工程学科的交叉融合，积极地培育了能源智慧化专业委员会等相应的组织来支撑学会在这些领域的交流与合作。

在当今电气能源信息融合发展的大背景下，在实现国家"双碳"目标的推动下，能源智慧化专业委员会大有用武之地。能源智慧化专业委员会作为学会组织体系的一员，在委员们的大力支持下，在推动电力与能源技术创新发展工作中发挥了积极作用。能源智慧化专业委员会成立以来，积极地团结会员和能源智慧化领域专家，围绕着本专业领域的工作，积极开展学术交流、科技咨询、科学普及和团体标准研制等工作，行业的认可度不断提高，为推进能源智慧化工作发挥了重要的人才支撑作用。专业委员会立足新发展阶段，贯彻新发展理念，服务构建新发展格局，切实履行"为科技工作者服务，为创新驱动发展服务，为提高全民科学素质服务，为党和政府科学决策服务"的职能定位，坚持把学术交流作为主业，凝练学术成果，在服务科技与经济融合方面取得了可喜成绩。专业委员会积极推动开放型、枢纽型、平台型科技特色组织建设，围绕自身的能力提升建设，不断扩展工作新领域，创新学会社会化服务职能，为会员和行业发展提供了高质量的服务产品，促进了学科交叉融合、科学技术与工程融合、科技与经济融合。特别体现在以下几个方面：

一是积极发挥科技社团跨部门、跨领域、跨区域的组织优势，搭建了学术交流平台。专业委员会围绕能源智慧化科技发展组织了学术交流和科技咨询服务等工作，凝练学术成果。在推动"双碳"目标实现，在以新能源为主体的新型电力系统构建研究等方面，发挥了社团组织的支撑作用。

二是切实加强专业委员会的自身建设。坚持依章依规办会，积极做好专业领域的会员发展和会员服务工作。发挥好会员主体作用，主动听取会员意见，积极为会员开发服务产品，提高专业委员会对会员的凝聚力、向心力，扩大了专业委员会的影响力。积极发展青年会员，增强了专业委员会的创新活力。根据专业委员会的建设需要，加强了秘书处工作人员的配置，负责专委会日常工作的协调和联系。

三是创新工作理念，积极培育高品质的品牌活动——能源智慧化年会。专业委员会发挥自身资源优势，在广泛调研的基础上，结合技术和产业发展的实际需求，培育会员积极参与、关注度高的品牌学术交流活动。专业委员会基于自身专业领域，无论从学术方面和科技咨询方面，还是在团体标准研制方面都形成了自己的独特优势。

四是探索加强国际合作，广泛扩大国际影响力，加强了会员与国际同行之间的交流。开展国际合作是科技社团发展和建设一流学会的一项重要工作。一方面，专业委员会积极发展海外会员，吸引国际知名专家到专业委员会任职，同时积极推荐国内本领域专家在国际相关组织中任职。

五是加强专业委员会纵向和横向的交流与合作。目前学会有 65 个专业委员会，与 22 个省市学会保持着业务联系，是学会资源，也是行业资源。能源智慧化专业委员会所涉及的领域比较宽，要加强学会系统的纵向、横向联系，拓展专业委员会的业务。

作为中国电工技术学会能源智慧化专业委员会的代表作，《能源智慧化技术及应用》一书的问世，是委员们在能源智慧化领域的重要专著与经验总结，进一步充实了专业委员会的业务体系建设，必将对能源行业或者 IT 行业产生积极影响。

中国电工技术学会秘书长

2024 年 7 月

前言

当前，我国能源行业正处于由传统能源向低碳化、智能化、绿色化新型能源转型的关键阶段，特别是在电力领域，这一转型尤为显著。电力作为能源行业的核心，其新旧动能转换的进程对于整体能源行业的革新起着至关重要的作用。强化以电力科技为主导的发展战略布局，已成了国内外关注的焦点。为了进一步促进数字化、智能化技术与能源电力技术的深度融合，中国电工技术学会能源智慧化专业委员会正积极推动能源电力数字化、智能化转型，致力于构建以电为中心的智慧能源系统。这一转型不仅有助于提升电力系统的运行效率，还能为能源智慧化产业的高质量发展提供有力支撑。基于此，编委会面向能源电力、信息通信等行业，组织编写了《能源智慧化技术及应用》，为能源电力行业的数字化、智能化转型提供理论支持和实践借鉴。

本书由中国电工技术学会能源智慧化专业委员会组编，天津大学、国网信息通信产业集团有限公司等 20 余家企事业单位参与了编写。本书由李炳森任主编，由吴桂峰、马瑞任副主编，并会同马雪倩、魏雷远、高超、翟娟等 30 余位参编人员对全书进行了统筹、规划、审校、修改和协调，大家对全书的编写也提出了许多宝贵的意见或建议，并为本书提供了很多有价值的素材。本书编委会统一策划了编写大纲、落实了主笔人、邀请了主审人，通过不同规模和形式的讨论会、审稿会进行讨论、修改和审定。本书旨在推动能源智慧化领域的深度研究，促进多学科交叉融合，探讨前沿信息技术在能源智慧化领域中的融合应用，共享科学技术研究成果。本书内容主要介绍能源智慧化技术发展情况和物联感知、通信网络、基础平台、智慧化应用、安全体系，以及能源智慧化技术应用创新成果及典型创新实践案例。在此，对在本书的编撰、审稿过程中，倾注了大量心血、智慧的领导、专家表示由衷的敬意和感谢。

中国电工技术学会能源智慧化专业委员会面向全国能源电力、信息通信行业企事业单位广泛征集了近两年的优秀科技创新成果，并精选了 15 项纳入第 7 章中。技术创新成果瞄准智慧能源系统建设需求，紧扣"创新"特点，面向全国省级电力公司 / 地市级供电公司、各发电集团及所属发电企业、石油石化企业、科研院所、高等院校、工器具及装备生产企业，广泛征集了能源电力数字化、智能化、智慧化关键技术研究及产品研发，项目管理研究，能源企业数字化、智能化转型升级研究，两化融合发展研究，现代信息技术与先进管理理念融合创新及其在能源领域的应用等方向的创新成果。

所纳入的创新成果具有以下四项特点：

第一，申报的创新成果符合国家产业政策，符合新技术、新业态、新模式、新产业的发展导向要求；具有自主知识产权，技术指标先进，技术特色明显，具有创新性。

第二，申报的创新成果实用价值高，技术适应范围明确，解决生产实际问题成效显著，且具备产业化规模，市场前景广阔。

第三，申报的创新成果具有经济性，在技术、环保等指标方面具有社会效益。

第四，申报的创新成果具有行业代表性，能解决行业共性问题，对面临相似问题的工业企业具有示范作用。

由于编者水平有限、时间仓促，且随着时间推移和技术发展，各类业务在不断更新，书中难免有错漏之处，敬请广大读者和专家不吝赐教，以便改进。在此深表感谢！

本书编委会

2024 年 7 月

目录

CONTENTS

第1章
能源智慧化技术发展概述

能源智慧化技术是指利用物联网与 AI、大数据、云计算、5G 等新兴科技，对电力开发利用、运输分配、生产消费的全过程和各环节进行数字化改造、优化，构建"端－中心－端"的放射式集中运筹产业结构，搭建全景可观、全局可控、协同控制和在线决策、智能调度的智慧电力生态系统。能源智慧化技术涵盖了电力生产、电力输送与供应、负荷控制及信息管理等众多关键领域，是优化电力结构、实现清洁低碳发展、提升电力安全保障能力的必然选择。

近年来，其发展日新月异，目前已经成为全球经济发展的重要推动力，也是走向更可持续、更高效和更公正未来的关键路径。

1.1 发展历程

能源智慧化技术的发展关乎能源电力安全、环境保护以及经济繁荣，提高了能源电力生产和使用的效率，大大降低了资源浪费，从而确保了能源电力供应的稳定。此外，随着清洁能源如太阳能和风能的日益普及，能源智慧化技术也将为人类更好地利用这些可再生资源，为保护环境做出重要贡献。

回望历史，能源智慧化技术的发展实际上是科技进步的产物，它的出现与全球工业化、科技创新及环保需求紧密相连。在传统能源技术发展的基础之上，能源智慧化技术的崛起成为推动能源产业变革的重要力量。能源智慧化技术的历史轨迹如图 1–1 所示。

01 早期工业化与能源利用
从19世纪初期到20世纪中叶的能源革命

02 能源科技的初步探索
20世纪中叶至20世纪末的能源转型

03 信息技术与能源智慧化
21世纪初至今的能源智慧化浪潮

图 1–1 能源智慧化技术的历史轨迹

1.1.1　早期工业化与能源利用（19世纪初至20世纪中期）

能源智慧化技术的起源可以追溯到19世纪初期，随着第一次工业革命的到来，人类开始大规模使用化石燃料，如煤炭和石油，来驱动蒸汽机和其他工业设备。这一时期的能源利用主要以机械化生产为核心，能源效率低下，环境污染问题尚未引起广泛关注。

随着第二次工业革命的到来，电力的发现和应用标志着能源利用方式的重大转变。托马斯·爱迪生和尼古拉·特斯拉等人的贡献促进了电力系统的建立和发展，使得电力成为推动社会进步的重要力量。然而，这一时期的电力系统仍然依赖于人工操作和监控，智能化水平有限。虽然这些初期的电力系统在当时无疑具有革命性，但它们离真正的"智能化"还相差甚远。为了提高效率并更好地管理能源，科学家们在接下来的几十年里对电力系统进行了一系列重大改进。

在20世纪上半叶，随着电力需求的不断增加，像变电站和配电网这样的设施开始在全世界范围内快速建设。这些设施使得电力可以通过输电线路被传送到数百千米之外，大大推动了城市化进程。此外，人们也开始研究如何利用煤炭、石油和天然气等化石燃料生产电力，从而进一步提高了电力产量。虽然在20世纪上半叶的大部分时间里，电力系统仍然依赖人工操作和监控，但一些关键技术的出现为电力系统的自动化和智能化铺平了道路。

1.1.2　能源科技的初步探索（20世纪中叶至20世纪末）

20世纪中叶，随着第三次工业革命的兴起，信息技术开始渗透到能源领域。计算机技术的应用使得能源系统的监控和管理变得更加高效。在这一时期，能源智慧化技术的概念逐渐形成，主要集中在如何通过技术手段提高能源效率和系统稳定性。

20世纪70年代的石油危机进一步加速了能源智慧化技术的发展。政府和企业开始寻求更加经济、环保的能源解决方案，节能减排成为研究的重点。这一时期，智能电网的概念开始出现，旨在通过集成先进的通信和自动化技术，实现电网的高效运行和管理。

1.1.3　信息技术与能源智慧化（21世纪初至今）

进入21世纪，互联网、物联网（IoT）、大数据、人工智能等新兴信息技术的飞速发展为能源智慧化技术带来了前所未有的机遇。这些技术的应用使得能源系统不仅能够实现自动化控制，还能够进行智能化的数据分析和决策支持。

智能电网技术的发展进入了快车道，不仅包括电力系统的自动化，还涵盖了需求响应、分布式发电和可再生能源的接入等多个方面。智能家居、智能工厂等应用场景的出现,使得能源消费端的智慧化水平显著提升。

随着全球对气候变化和环境保护的日益关注,可再生能源如太阳能、风能等开始得到广泛应用。智慧化技术在提高这些能源的利用效率和稳定性方面发挥了重要作用。例如,通过智能电网技术,可再生能源可以更好地融入传统电网,提高电网的整体效率和可靠性。

尽管能源智慧化技术取得了显著进展,但在现代化的过程中也面临着各种挑战,如技术更新换代的高成本、数据安全和隐私保护问题及法规制度的滞后等。然而,随着技术的不断创新和应用的不断深化,能源智慧化技术产业的现代化进程已经深刻改变了人类获取和使用电力的方式,为未来的可持续发展注入了新的活力。

1.2 发展现状

随着全球能源需求的持续增长和环境问题的日益严峻,能源智慧化技术已成为推动能源行业转型升级和可持续发展的重要力量。全球范围内,各国政府和企业纷纷加大投入,推动能源智慧化技术的研发和应用,形成了蓬勃发展的态势。

1.2.1 数字化与智能化水平持续提升

通过运用物联网、大数据、人工智能等先进技术,实现对能源系统的全面感知、智能分析和优化控制。通过安装智能传感器、构建数据平台、应用机器学习算法等手段,能源系统可以实现更加精准的数据采集、分析和优化控制,从而提高能源利用效率、降低运营成本并增强系统的安全性和稳定性。以智能电网为例,通过应用物联网技术,电网公司可以在输电线路上安装智能传感器,实时监测线路的运行状态,及时发现并处理潜在的安全隐患。同时,借助大数据和人工智能技术,电网公司可以对海量的电网运行数据进行分析和挖掘,优化电网的运行策略,提高电网的供电可靠性和经济性。

1.2.2 绿色低碳转型成为主流趋势

各国纷纷将可再生能源和清洁能源纳入能源智慧化技术的发展重点,通过技术创新和政策引导,推动能源结构向绿色低碳转型。同时,能源智慧化技术也为可再生能源的大规模开发和高效利用提供了有力支撑。以丹麦为例,该国是全球最早提出并实施能源转型的国家之一。通过大力发展风能、太阳能等可再生能源,并应用智慧能源技术进行优化配置和调度,丹麦已经实现了能源结构的绿色低碳转型。

1.2.3　跨界融合引领创新发展

随着能源智慧化技术的深入发展，跨界融合已成为创新发展的重要方向。能源智慧化技术与信息通信、交通、建筑等领域的融合创新，可以催生出新的业态和商业模式，为能源行业的可持续发展注入新的动力。例如，通过将能源智慧化技术与智能交通系统相结合，可以实现交通能源的高效利用和减排降碳；通过将能源智慧化技术与绿色建筑相结合，可以实现建筑能源的优化配置和节能降耗。以德国的"E-Energy"项目为例，该项目是德国政府为推动能源智慧化技术发展而实施的一项重大计划。该项目将能源智慧化技术与信息通信技术、交通技术等领域进行跨界融合创新，构建了一个覆盖全德国的智能电网示范平台。在该平台上，用户可以实时了解自家的用电情况、电价信息以及可再生能源的利用情况等信息，并根据这些信息调整自己的用电行为。同时，该平台还可以为电网公司提供实时的电网运行数据和用户需求信息，帮助电网公司优化电网的运行策略并提高供电服务质量。通过该项目的实施，德国在能源智慧化技术方面取得了显著的进展和成果。

1.2.4　智慧化技术在电力行业的深度应用

随着现代信息技术的不断发展和进步，电力行业正在经历一场数字化、智能化的变革，包括大数据、云计算、物联网、人工智能等现代信息技术，为电力行业带来了前所未有的机遇和挑战。当前的能源智慧化技术进展主要包括人工智能在电力行业的应用；物联网在电力管理中的应用；大数据对电力生产、运输与消费影响的研究；云计算和移动通信在电力行业的应用。

1. 人工智能在电力行业的应用

人工智能技术在电力行业的应用正在逐渐深入。通过人工智能技术，可以实现电力需求的预测和管理，提供电力市场的分析和预测，实现电力的智能化感知和预测。同时，人工智能技术还可以实现电力设备的优化和调度，提高电力设备的运行效率和可靠性。通过机器学习算法，AI 可以预测电力需求、优化生产与配送管理、减小电力浪费，提高电力效率。但是，人工智能技术在电力行业的应用也存在一些问题，如数据需求和计算能力等问题。因此，需要加强数据采集和计算能力提升，以实现人工智能技术在电力行业的更广泛应用。另外 AI 在电力领域的应用主要依赖大量数据，并且其决策过程的透明度也有待提升。

2. 物联网在电力管理中的应用

物联网技术在电力管理领域的应用正在不断扩大。通过物联网技术，可以实现电力设备的智能化管理和监控，提高电力设备的运行效率和可靠性，降低电力成本。同时，物联网技术还可以实现电力设备的预测和维护，为电力行业的可持续发展提供支持。

物联网（IoT）是先进通信技术的关键组成部分，它通过无线通信技术连接设备并实现数据交换，从而能够进行实时监控和调整能源设备的运行状态。然而，伴随着这些优点的是潜在的安全问题，包括数据安全和设备安全，以及互操作性和标准化的问题。

3. 大数据对电力生产、传输与消费的影响

大数据技术在电力行业的应用正在不断扩大。通过对电力生产、传输、消费等各个环节的数据采集和分析，能够优化电力生产过程，提高电力设备的运行效率，预测电力需求，优化电力调度等。大数据可以收集和处理海量的数据，提供精细化电力生产与消费情况的分析，辅助决策过程。然而，确保数据质量和准确性、处理和存储大量数据，以及保护数据的隐私和安全等都是大数据应用面临的挑战。

4. 云计算和移动通信在电力行业的应用

云计算和移动通信同样在电力行业起到关键作用。云计算用于存储和处理大量电力数据，能够提供各种云端服务和应用，如电力管理平台、电力系统等，为电力行业的数字化转型提供支持。云计算也能够应用智能算法和模型，对电力需求进行预测和管理，提供智能的电力解决方案，节省了硬件成本和维护时间。移动通信则让远程电力管理和实时监控成为可能。基于物联通信技术，移动通信能够实现电力设备的远程监控和管理；基于移动网络技术，移动通信能够实现电力设备的远程控制和调度，提高电力设备的运行效率和可靠性。然而，这两项技术也带来新的问题，如数据安全、网络稳定性和延迟问题。

"大、云、物、移、智"等现代信息技术和先进通信技术在电力行业中的应用均已取得显著进展，尽管每种技术都有其特有的优点，但也同样存在一些需要解决的问题。未来，期待通过进一步的研究和实践，充分利用这些先进技术推动电力行业的转型，实现更有效、更可持续的电力利用。

1.3 发展机遇与挑战

随着能源智慧化技术的不断演进，已经见证了其在提升能源效率、优化能源配置以及推动能源转型方面的显著成效。智能电网、智能储能等技术的广泛应用，正逐步改变着传统能源行业的运作方式。而在这一现状背后，潜藏着更为广阔的发展机遇。全球对清洁能源的迫切需求，为能源智慧化技术提供了巨大的市场空间；同时，新一代信息技术的迅猛发展，正在与能源领域深度融合，孕育出更多创新应用的可能性。此外，智慧城市的建设浪潮也为能源智慧化技术提供了新的应用场景。可以说，能源智慧化技术正站在发展的风口，迎来前所未有的发展机遇。

1.3.1　环保政策与清洁能源需求

随着全球环境问题的日益突出，各国政府纷纷出台环保政策以应对挑战。这些政策不仅要求减少碳排放、提高能源效率，还鼓励和支持清洁能源的发展。清洁能源，如太阳能、风能、水能等，具有可再生、无污染或低污染的特点，对于推动可持续发展具有重要意义。

环保政策的实施对能源行业产生了深远影响。传统的高碳能源，如煤炭、石油等，由于排放大量温室气体和污染物，正面临着越来越严格的限制和监管。相反，清洁能源得到了政策的大力扶持和市场的青睐。各国政府通过提供补贴、税收减免、优惠贷款等手段，鼓励企业和个人投资清洁能源项目，推动清洁能源的开发和利用。

清洁能源需求因此呈现出快速增长的趋势。随着经济的发展和人口的增长，全球能源需求不断上升。同时，人们对环境质量的关注也在提高，对清洁能源的渴望日益强烈。这种需求不仅来自居民生活用电、交通用能等领域，还涉及工业生产、建筑供暖等多个方面。清洁能源的广泛应用将有助于减少碳排放、提高空气质量、保护生态环境，为人类社会的可持续发展提供有力支撑。

为了满足清洁能源需求，各国正在加大清洁能源技术的研发和推广力度。智能电网、储能技术、可再生能源并网技术等领域的创新不断涌现，为清洁能源的高效利用提供了有力保障。同时，国际合作也在不断加强，各国通过分享经验、联合研发等方式，共同推动清洁能源技术的发展和应用。

1.3.2　技术创新带来的可能性

技术创新是推动能源智慧化技术发展的核心动力，它持续突破传统技术的边界，为能源领域带来前所未有的变革和发展机遇。随着科技的不断进步，世界正逐渐迈入一个智能化、高效化、清洁化的能源新时代。

在这个过程中，技术创新使得能源生产更加智能化和自动化。通过引入先进的传感器、控制系统和人工智能技术，能源生产设备可以实现自我监测、自我调整和自我优化，从而大幅提高生产效率和能源利用率。这种智能化生产模式不仅降低了人工成本和安全风险，还提高了能源供应的稳定性和可靠性。

同时，技术创新加速了可再生能源的开发和应用。随着太阳能电池板、风力发电机等技术的不断突破，可再生能源的转换效率和经济性得到显著提升。这使得可再生能源逐渐从辅助能源转变为主力能源，为全球能源结构的转型提供了有力支撑。

此外，技术创新还推动了能源互联网的兴起和发展。通过整合互联网、物联网、大数据等技术，能源互联网可以实现能源的跨区域、跨领域优化配置和共享利用。这不仅提高了能源利用效率，还促进了能源市场的开放和竞争，为消费者带来更多选择和便利。

技术创新为能源安全和环境保护提供了有力保障。通过智能能源管理系统、能源储存技术等手段，可以更好地应对能源供应中断、价格波动等风险，确保能源供应的安全和稳定。同时，清洁能源技术的广泛应用将有助于减少碳排放、提高空气质量、保护生态环境，为全球可持续发展作出贡献。

1.3.3 智慧城市与基础设施建设的需求

随着智慧城市建设的不断推进，基础设施建设正面临着前所未有的机遇和挑战。特别是从能源智慧化技术的发展机遇角度来看，智慧城市与基础设施建设的需求展现出了更加紧密和深远的联系。

（1）智能化能源基础设施的需求增长。智慧城市作为信息化与城市化结合的产物，其对能源的需求不仅量大且更加多样化。因此，对于智能化能源基础设施的建设提出了更高要求。例如，智能电网的建设能够实现能源的实时监控、智能调度和高效管理，为城市提供稳定、可靠、经济的能源服务。而随着电动汽车、储能技术等的发展，智慧充电设施、分布式能源系统等也将成为智慧城市基础设施建设的重要组成部分。

（2）能源数据的收集、分析与利用。在智慧城市的建设中，大数据的应用正逐渐成为新的趋势。对于能源领域而言，海量的能源数据不仅可以反映能源的实时需求和供应情况，还可以为能源的规划、管理和决策提供有力支持。因此，建设能够高效收集、分析和利用能源数据的智能化基础设施，如能源数据中心、云计算平台等，将是智慧城市发展的重要方向。

（3）能源互联网与多能源互补系统的构建。智慧城市作为复杂的系统工程，其内部各个组成部分之间需要实现高效的协同和互操作。在这一背景下，能源互联网与多能源互补系统的构建成了关键。通过建设能够连接多种能源、实现能源互联互通的基础设施，如综合能源服务平台、多能互补微电网等，不仅可以提高能源的利用效率，还可以促进能源市场的开放和竞争。

（4）绿色低碳发展与可持续发展目标的追求。随着全球气候变化的日益严峻，绿色低碳发展已经成了城市发展的必然趋势。在智慧城市的建设中，推动绿色低碳发展与实现可持续发展目标的需求也日益迫切。因此，建设能够支持可再生能源大规模接入和消纳的智能化基础设施，如分布式光伏发电系统、绿色数据中心等，将具有巨大的市场前景和发展空间。

1.3.4　全球经济一体化与国际合作

随着能源智慧化技术的快速发展，全球经济一体化与国际合作为能源智慧化技术的研发、应用和推广提供了广阔的空间和无限的机遇。

（1）促进能源技术的全球研发与共享。在全球经济一体化的背景下，各国之间的科技交流和合作日益频繁。对于能源智慧化技术而言，这意味着可以更加充分地利用全球的研发资源，加速技术的创新和突破。通过国际合作，各国可以共同研发新型的能源智慧化技术，共享研发成果和知识产权，从而推动技术的全球传播和应用。

（2）拓展能源智慧化技术的全球市场。全球经济一体化为能源智慧化技术的全球市场拓展提供了有力支持。随着国际贸易和投资的自由化、便利化，能源智慧化技术可以更加顺畅地进入国际市场，参与全球竞争。同时，国际合作还可以帮助能源智慧化技术企业更好地了解国际市场需求和规则，提高产品的国际竞争力。

（3）推动能源基础设施的互联互通。全球经济一体化和国际合作有助于推动能源基础设施的互联互通。通过跨国能源网络的建设和运营，可以实现能源的跨国传输和共享，提高能源利用效率和安全性。而能源智慧化技术在这一过程中发挥着关键作用，如智能电网、能源互联网等技术可以实现能源的实时监控、优化调度和跨国交易，为能源基础设施的互联互通提供有力支撑。

（4）共同应对全球性能源与环境挑战。全球经济一体化和国际合作使得各国更加紧密地联系在一起，共同应对全球性能源与环境挑战。能源智慧化技术的发展为全球能源转型和可持续发展提供了新的解决方案。通过国际合作，各国可以共同研发和推广清洁能源技术，减少对传统能源的依赖，降低碳排放和环境污染。同时，能源智慧化技术还可以帮助各国提高能源利用效率和管理水平，推动绿色、低碳、可持续的发展模式。

1.3.5　能源智慧化技术需应对的挑战

能源智慧化技术的发展机遇显而易见，其在提升能源效率、推动清洁能源转型、促进可持续发展等方面展现出的巨大潜力令人瞩目。然而，机遇的背后往往伴随着挑战。随着技术的深入应用，人们面临着技术安全性与稳定性的考验，如何确保电力系统的可靠运行，防止潜在的安全风险，成为亟待解决的问题。同时，市场接受度与政策支持也是关键，新技术的推广需要市场的广泛认可和政策的有力引导。此外，技术更新换代的快速性带来的投资风险，以及如何让技术真正惠及广大民众，都是能源智慧化技术发展过程中必须认真思考和应对的挑战。这些挑战既是行业发展的试金石，也是推动技术革新和产业升级的催化剂。

（1）基础设施的现代化转型。全球许多电力基础设施正面临着老化的问题。这一挑战不仅要对现有设施进行升级和维护，更要以前瞻性的思维进行整体规划和设计。通过引入智能电网、先进的监控和诊断技术，可以将这些老化的基础设施转变为更加灵活、高效和可靠的现代化系统。这一转型不仅能够提高能源供应的稳定性和安全性，还能为能源智慧化技术的进一步发展奠定坚实的基础。

（2）数据安全的严峻考验。随着能源系统的数字化和智能化，数据安全成为一个不容忽视的问题。保护用户隐私、防止数据泄露和黑客攻击，确保能源系统的稳定运行，是亟需解决的挑战。然而，这些挑战也带来了新的机遇，推动了对创新数据保护技术、加密算法和网络安全解决方案的需求。通过开发更为安全的数据处理和存储技术，可以在保障数据安全的同时，促进能源智慧化技术的健康发展。

（3）法规与政策的更新与适应。能源智慧化技术的快速发展对现有的法规和政策提出了新的挑战。需要更新和改进法规框架，以适应新技术的发展和市场需求。这一过程需要政策制定者、行业专家和消费者之间的紧密合作，共同构建一个支持创新、灵活多变且能够预见未来发展趋势的法规环境。通过政策的引导和支持，可以加速能源智慧化技术的应用和普及，同时确保技术发展与社会需求和环境保护目标相协调。

（4）技术创新与市场接受度的双重驱动。能源智慧化技术的推广需要市场的广泛认可和政策的有力引导。技术的快速更新换代虽然带来了投资风险，但也为行业带来了新的增长点。需要通过持续的技术创新来提高能源智慧化技术的市场竞争力，并加强市场教育和宣传，提高公众对新技术的认知度和接受度。同时，政策的支持和激励措施将有助于降低市场接受新技术的门槛，加速技术的普及和应用。

（5）促进技术普及与社会共享。能源智慧化技术的发展必须考虑如何让技术成果惠及更广泛的群体。这不仅是技术普及的问题，更是社会公平和可持续发展的问题。需要探索创新的商业模式和社会合作机制，确保技术的发展能够带动经济增长，同时促进社会包容性和环境的可持续性。

总的来说，尽管面临着种种挑战，只要通过持续的努力和创新，必将能够解决这些问题，推动能源智慧化技术向前发展，实现更加可持续、更加智能的能源技术未来。

1.4 发展趋势

随着科技的快速发展，能源智慧化技术的应用成果已经开始深入人们的日常生活。从智能电网、微电网，到家庭能源电力管理系统，再到智能充电站和太阳能储能系统，这些新型能源电力设备和系统不仅提高了能源电力利用率和效率，优化了资源配置，也大幅度降低了对环境造成的负面影响。

然而，值得注意的是，能源智慧化技术的应用并不止步于此。未来，随着大数据、云计算、人工智能以及物联网等技术的进一步发展和深度融合，人们将会看到更多创新的应用成果。这些成果将倾向于三个主要方向：首先，能源智慧化技术将越来越多地应用于各种类型的能源，包括可再生能源、核能和化石能源等；其次，能源智慧化技术将在全球范围内得到推广，实现能源电力的全球优化配置；最后，能源智慧化技术将打破传统的能源电力供应模式，实现用户参与和分布式能源的全面发展。

在这个过程中，政策制定者、企业、研究机构以及公众都要发挥关键作用。政策制定者需要出台有利于技术创新和应用的政策，企业和研究机构要加强技术研发和应用试验，公众要积极接受新的能源电力服务模式，同时也要增加对能源智慧化技术的理解和信任。

总的来说，能源智慧化技术的发展趋势是明确的，那就是更广泛的应用范围，更深入的技术融合，以及更高级别的用户参与。在这个过程中，每一个人都要积极参与，共同推动能源智慧化技术的发展，以实现更加绿色、高效和可持续的能源电力未来。

随着全球能源电力需求的增加及环境问题的突出，能源智慧化技术持续创新和发展将直接影响到全球的可持续发展。未来能源智慧化技术的主要发展趋势主要涉及以下 5 个方向：

1.4.1 人工智能的深度融合

AI 已在能源电力领域取得了一些突破，预计未来会有更深度的应用。例如，使用 AI 进行能源电力预测、优化供应链、自动调节电力负荷等。此外，AI 还将在能源设备维护、故障预测等方面发挥重要作用。

1.4.2 物联网的广泛应用

IoT 在提高能源效率、降低运营成本等方面将发挥关键作用。例如，在建筑中集成 IoT 设备以实现智慧能源电力管理；在能源电力生产过程中利用 IoT 设备收集数据，提高生产效率等。此外，基于 IoT 的智能电网也将得到进一步发展，实现更优的能源电力分配和管理。

1.4.3 大数据和云计算的升级应用

预期大数据和云计算将进一步推动能源电力行业的数字化转型。大数据可以帮助分析能源电力消费模式，预测需求变化，实现精细化管理。云计算则为处理和存储海量的能源电力数据提供了强大的支持。

1.4.4 新兴技术的探索和应用

一些新兴技术，如区块链、5G 通信、边缘计算等，也有可能改变能源电力行业。例如，区块链可以确保能源电力交易的透明性和安全性；5G 通信和边缘计算可以实现更快速、更灵活的能源电力数据传输和处理。

1.4.5 绿色和可持续的能源电力解决方案

随着对环境问题的关注度提高，未来的能源电力技术必须做到更加绿色和可持续，包括开发清洁能源、提高能源电力效率、减少碳排放等。同时，也需要找到有效的方法来解决新能源技术的环境问题，如太阳能电池废物处理等。

在 21 世纪的今天，能源智慧化技术正处在快速发展的道路上。智能电网技术使得分布式能源可以更好地融入传统电网中，提供了一个更加清洁、可持续的能源解决方案。人工智能和大数据也开始在电力系统管理中发挥作用。

总体来看，未来能源智慧化技术成果的发展趋势是多元化、集成化和可持续化，目标是创建一个高效、环保、经济的能源系统，满足全球的能源需求，同时保护地球。

1.5 未来前景

随着科学技术的不断进步，对能源智慧化技术的未来充满了乐观和期待。以下是一些可能的发展前景。

1. 更广泛的可再生能源利用

随着全球环保意识的日益增强和技术的持续革新，可再生能源——尤其是太阳能和风能——正逐步成为能源领域的新宠。储能技术的不断进步有效解决了这些能源输出不稳定的问题，进一步推动了它们在电力供应中的占比。与可再生能源利用相关的智慧化技术主要涉及以下3点。

（1）电网自愈技术。这是一种先进的电力系统管理技术，能够自动检测和定位故障，然后隔离故障区域并重新配置网络，以最小的服务中断来恢复正常运行。美国的EPRI（电力研究所）和许多电力公司正在积极研究和开发这项技术。

（2）智能变电站。中国在智能变电站领域取得了一系列重要突破。智能变电站采用了数字化、集成化和自动化的设计，提高了电力系统的安全、可靠和经济性。

（3）综合能源系统的集成与优化。综合能源系统通过整合不同类型的能源资源（如太阳能、风能、水能、生物质能等），通过优化能源系统配置和运行，提高能源转换效率和能源利用效率，减少能源浪费和环境污染。其关键技术涉及多能源互补协调控制、能源互联网、能源大数据等。国内外已经有一些成功的综合能源系统应用案例，如智能电网与电动汽车的融合、智能楼宇与可再生能源的集成等。这些应用案例不仅展示了综合能源系统的优势，也为未来能源智慧化技术的发展提供了有益的探索和借鉴。

2. 分布式能源和微网的发展

分布式能源与微网技术的崛起，正预示着电力系统运行模式的革新。在这种模式下，每个用户或社区都能身兼电力生产者与消费者的双重角色，通过微网的连接与主电网互动，极大地提升了电网的灵活性和稳定性。这一发展不仅是转变传统电力系统架构的必由之路，更是增强电网韧性与灵活性的关键所在。在此过程中，分布式能源资源（DER）管理系统、微网控制器以及虚拟电厂（VPP）成为核心技术支柱。

（1）电力物联网的深度应用。国家电网公司推广的电力物联网，不仅为分布式能源资源（DER）管理系统提供了广阔的应用平台，也使得微网控制器能够更高效地管理分布式能源的接入与调度。通过电力物联网，虚拟电厂（VPP）的概念得以实现，实现了资源的优化配置和电网的智能管理。

（2）先进的微网演示项目中的技术创新。在美国的微网演示项目中，微网控制器的作用尤为突出，它们利用并网/离网无缝切换技术、多代理系统（MAS）等，确保了分布式能源资源（DER）的高效管理和微网的稳定运行。这些项目的成功，为虚拟电厂（VPP）的进一步发展提供了实践基础。

（3）智慧能源网络的全面推进。在欧洲的智慧能源网络计划中，分布式能源资源（DER）管理系统和微网控制器是实现网络智慧化的核心。通过这些技术，虚拟电厂（VPP）能够更好地整合分布式能源，提高能源利用效率，同时响应市场需求，促进智慧能源网络的构建和发展。

3. 清洁电力设备的创新

包括高效太阳能光伏板、大型风力发电机、先进的储能系统等清洁电力设备的创新将继续推动能源智慧化技术产业的发展。关键技术涉及高效率太阳能电池、世界级风力发电机、先进储能系统。在全球范围内，许多国家都取得了清洁电力设备相关的关键技术突破。

（1）高温超导电力设备。日本、韩国等国在高温超导电力设备领域具有明显优势，已经研制出超导电缆、超导变压器等设备，并在实际电网中进行了试验。这些设备具有低损耗、大容量、高效率等特点，对于提高电网的传输效率和稳定性具有重要意义。

（2）海洋能电力设备。英国、丹麦等地处于海洋能技术的前沿，成功开发出一系列海洋能电力设备，如潮流涡轮机、波浪能吸收器等。

（3）氢能技术。在氢能技术的研发方面，日本和欧洲的先进程度位居全球前列。他们在氢能产生、储存、运输以及燃料电池等方面都取得了一系列突破。

4. AI 和机器学习的深度应用

人工智能和机器学习有望在电力系统管理中发挥更大作用，可以更精确地预测电力需求，更准确地识别和修复故障，以及更有效地优化电网运行。

随着人工智能（AI）和机器学习技术的迅速发展，其在能源智慧化技术产业中的应用已经变得越来越广泛。关键的科学技术主要涉及需求预测、设备故障检测与诊断、能源交易和市场价格预测。许多国家都在积极推动 AI 和机器学习在能源智慧化技术产业中的应用，并取得了一些显著的技术突破。

（1）智能电网。在美国、中国等国家，电力公司正在利用 AI 和机器学习技术构建智能电网，实现更有效的电力管理和控制。

（2）智能能源管理系统。在欧洲，德国、法国等国的公司和研究机构开发了一系列的智能能源管理系统，这些系统可以自动优化能源使用，提高能源效率。

（3）AI 驱动的微网项目。在澳大利亚，政府正在支持一项目标是利用 AI 和机器学习技术创新微网管理的项目，该项目有望为微网的全球发展提供模范。

能源智慧化技术从 20 世纪下半叶开始兴起，至今已经经历了一段较长的发展历程。这个过程中，新的理念、新的技术和新的模式不断涌现，带来了深刻的变革。

分布式能源资源（DER）及微网的出现，打破了传统的集中式电力生成模式，使得用户可以成为电力的参与者，甚至是生产者。同时，天然气、风能、太阳能等可再生能源的广泛使用，以及储能系统的开发，都在推动着我们向一个更加清洁、更加可持续的能源未来迈进。

人工智能和大数据也正在转变当前电力管理和使用的方式。通过对大量数据的研究和分析，可以更准确地预测电力需求，更有效地控制电网运行，以及更快地响应故障和问题。

此外，各种清洁能源设备的创新，如高效太阳能光伏板、大型风力发电机、先进的储能系统等，都在为我们提供更多、更好的能源解决方案。

正因为如此，能源智慧化技术产业的重要性不言而喻。它正在改变获取和使用电力的方式，使生活更加便捷，更加舒适。同时，它也在推动着社会的进步，促进经济的发展，保护环境的健康，实现可持续发展的目标。

然而，尽管取得了显著的成就，但能源智慧化技术的发展仍面临许多挑战，包括技术、经济和政策等方面的问题。展望未来，能源智慧化技术将继续发挥其重要作用，无论是对于个人，还是对于整个社会，都将产生深远影响。

第 2 章
能源智慧化物联感知

在能源智慧化技术的不断发展和演进中，物联感知技术扮演着至关重要的角色。物联感知技术成为推动能源行业进步的重要驱动力。物联感知技术通过感知、采集及传输各类物体和环境信息，实现了物与物、人与物之间的无缝连接和智能交互。在能源智慧化的实现过程中，物联感知技术在物联感知芯片和智能终端等方面的应用发挥着至关重要的作用。随着物联网（IoT）的快速发展，物联感知技术在转化能源智慧化技术成果方面的作用越来越明显。

2.1 物联感知技术概述

物联感知技术是指利用各种传感器、通信技术和数据处理技术，实现对物理世界的感知、识别和理解的技术。物联感知技术是物联网的基础和核心，也是人工智能、大数据、云计算等新一代信息技术的重要支撑。它通过无线传感器网络、云计算和大数据分析等技术手段，实现对物体和环境信息的感知、采集和传输。在能源智慧化领域，物联感知技术发挥着重要作用，为能源系统提供了全面实时的数据支持，实现能源智能化管理和优化。本节将从物联感知的定义、基本原理、关键组成部分、主要特点和优势等方面对物联感知技术进行概述。

2.1.1 物联感知的定义和基本原理

物联感知（IoT perception）是物联网（internet of things，IoT）的核心技术之一。它关注的是如何通过各种传感器和设备收集环境中的信息，将现实世界中的各类数据数字化，进而构建出对物理环境的全面理解，为决策提供支持。

物联感知包括数据采集和数据处理两个基本过程。

（1）数据采集涉及物理世界的各种传感器。这些传感器，根据所需要监测的具体情况，可分为温度、湿度、光照、压力、声音、位置等多种类型。它们将物理信号转化为电子信号，再通过编码器将电子信号转化为可以在网络上传输的数字信号。

（2）数据处理主要涉及数据预处理、数据挖掘和数据分析。数据预处理首先是数据清洗，去除噪声和异常值。然后是数据转换，将原始数据转化为适合进行数据挖掘的形式。最后是数据归约，找出代表性数据进行后续处理。数据挖掘则是从大量的数据中寻找有用的信息，主要包括分类、聚类、关联等方法。数据分析则是对已经挖掘出来的信息进行分析，得出有意义的结论或者预测未来的趋势。

物联感知技术的主要任务是定位、识别和追踪各类实体，并在此基础上，搜集、处理和分析这些实体的数据，以便为终端用户提供有价值的信息。通过物联感知技术，无论是在工业生产、智能家居、医疗保健还是环境保护等领域，都可以更直观地了解和掌控现实环境，提高效率及安全性。

物联感知是物联网技术的重要组成部分，它通过传感器、嵌入式系统、通信网络和数据处理等技术手段，将各种物体和环境信息转化为数字信号并进行处理，实现对物理世界的感知与理解。物联感知技术的核心在于感知元件的选择和布置、数据的采集与传输、数据的处理与分析等环节。

2.1.2 物联感知技术的关键组成部分

物联感知技术的关键组成部分是指构成物联感知系统的各个要素和组件，主要包括传感器、通信单元、感知服务器、物联网平台和应用程序，如图 2-1 所示。这些组成部分共同协作，实现对物理世界中各种信息的感知和采集，并将采集到的数据传输到云端进行处理和分析。

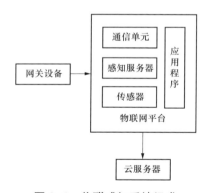

图 2-1 物联感知系统组成

（1）传感器：传感器是物联感知技术中最关键的组成部分之一。它负责感知和采集环境中的各种信息，如温度、湿度、光照、压力等。传感器可以将这些物理量转化为电信号，并将其传输到其他组件进行处理。

（2）通信单元：通信单元是物联感知技术中实现数据传输的基础。它可以通过无线通信技术，如 Wi-Fi、蓝牙、远距离无线电（long range radio，LoRa）

等，将传感器采集到的数据传输到云服务器或其他设备。通信单元的稳定性和传输速度对于物联感知系统的正常运行至关重要。

（3）感知服务器：感知服务器负责对传感器采集到的数据进行存储、分析和应用。它可以对数据进行预处理、清洗和转换，以满足后续的需求。感知服务器还可以通过算法和模型分析数据，提取有价值的信息，并根据需求生成相应的报告或决策支持。

（4）物联网平台：物联网平台是物联感知技术的核心组成部分，它提供了数据管理、设备管理和应用管理等功能。物联网平台可以对接各种传感器和设备，实现数据的集中管理和监控。通过物联网平台，用户可以实时查看和控制物联感知系统的运行状态。

（5）应用程序：应用程序是物联感知技术的最终应用形式，它可以基于物联感知服务器采集到的数据，实现各种功能和应用场景。例如，能源监测、智能家居、智慧城市等。应用程序可以通过移动设备、网页或其他形式呈现，为用户提供便捷的操作和体验。

2.1.3 物联感知技术的主要特点和优势

物联感知技术是能源智慧化技术中的重要组成部分。物联感知技术具有以下主要特点：

（1）实时性：物联感知技术能够实时感知环境和物体信息，并快速将数据传输到云端或其他终端设备，实现实时监测和控制。

（2）多样性：物联感知技术支持多种传感器的集成和多个感知节点的组网，可以满足不同应用场景的需求。

（3）高效性：通过无线传输和云计算等技术，物联感知技术具有高效的数据采集、传输和处理能力，提高了能源智慧化系统的效率。

（4）自组织性：物联感知技术支持自组织网络的建立和动态拓展，实现节点之间的自主协调和信息交换，提高了系统的可靠性与鲁棒性。

（5）大数据支持：物联感知技术可以收集大规模的数据，为能源系统的数据分析和预测提供了强大的支持。

综上所述，物联感知技术作为能源智慧化的重要组成部分，具备实时性、多样性、高效性、自组织性和大数据支持等特点和优势。它为能源领域的监测、管理和优化提供了关键的技术基础，为实现能源智慧化的目标打下了坚实基础。

在能源智慧化的领域中，物联感知技术已经在各个环节中发挥着重要的作

用。物联感知技术，或者说是物联网技术，是一种通过网络将物理世界的各种设备连接在一起，实现信息的共享和交换的技术。在这个背景下，它已经逐渐成为能源智慧化的一种重要实现手段。物联感知技术的应用可以实现以下方面的功能和优势：

（1）能源监测与管理：物联感知技术可以实时感知能源系统中的各种参数和状态，例如电力消耗、温度、湿度等，并将这些数据传输到云端进行分析和管理。通过对能源数据的监测与管理，可以实现对能源的高效利用和优化，降低能源成本和环境影响。

（2）故障诊断与预测：物联感知技术可以通过监测设备或系统的状态指标，检测潜在的故障风险，并通过数据分析和模型预测，提前采取维护措施，减少设备故障率，提高能源系统的可靠性和稳定性。

（3）实时调控与优化：通过物联感知技术感知能源系统中的实时数据，可以实现对能源系统的实时调控和优化。例如，在智能电网中，物联感知技术可以感知电力供需情况和用户用电需求，并通过智能算法实现电力的动态调控和优化分配，提高电网的供电质量和效率。

（4）能源效率提升：物联感知技术可以通过实时监测和管理能源系统中的能耗数据，并与设备运行状态数据进行关联分析，发现潜在的能源浪费问题，并提供相应的节能措施。通过实施有效的能源管理措施，能够显著提升能源的利用效率，降低能源消耗和排放。

（5）用户参与与反馈：物联感知技术可以提供用户参与能源管理和决策的渠道。通过智能终端设备，用户可以实时了解个人或企业的能源消耗情况，并根据能源数据进行优化调整。同时，物联感知技术还可以将能源系统的运行状况反馈给用户，增强用户对能源消耗的认知度，促进能源节约行为的形成。

综上所述，物联感知技术在能源智慧化领域的应用具有多方面的功能和优势，包括能源监测与管理、故障诊断与预测、实时调控与优化、能源效率提升和用户参与和反馈等。这些应用将推动能源产业的创新和转型，为实现可持续发展目标做出重要贡献。

2.2 芯片与传感

芯片与传感技术是实现物联感知的核心元素，它们在为能源智慧化赋能上发挥着至关重要的作用。

在物联感知中，芯片扮演着重要的角色。它是连接传感器和网络的关键节点，负责处理和传递传感器采集的数据。

传感技术是物联感知的另一个重要部分。传感器负责收集各种形式的能源使用数据，包括电能、热能、机械能等，并将这些数据转化为可以被芯片处理的电信号。传感器种类繁多，包括温度传感器、压力传感器、湿度传感器、电流传感器等。它们可以监测到各种环境参数，以判断设备的工作状态和能源使用情况。

通过这些传感器收集到的数据，芯片可以对设备的运行状态做出分析，为能源管理和优化提供决策依据。芯片与传感技术的融合应用，使得物联感知在能源智慧化中的作用得以最大化。极大地推动了能源智慧化的发展，为实现节能减排、优化能源结构提供了强大的技术支持。

2.2.1　芯片技术的发展现状与趋势

1958 年，杰克·基尔比发明了集成电路，这被认为是芯片技术的起始点。这种集成电路把电子元器件如电阻、电容、二极管和晶体管等集成在一个硅片上，大大提高了电子设备的性能和可靠性，同时降低了成本。随后，芯片技术经历了小规模集成电路（SSI）、中规模集成电路（MSI）、大规模集成电路（LSI）和超大规模集成电路（VLSI）等几个阶段的发展，芯片的集成度和计算能力都得到了极大的提升。进入 21 世纪，随着制程技术的不断进步，芯片的尺寸越来越小，性能越来越强。目前，5nm 甚至 3nm 制程的芯片已经出现。

传统芯片类型主要分为集成电路、分立器件、光电器件和微型传感器四类，其中集成电路占据芯片市场 80% 以上份额，芯片作为科技时代的重要生产力，普遍应用于计算机、消费电子、网络通信、汽车电子、物联感知、工业互联等诸多领域，无论是人们常用的手机、电脑及数码产品，还是企业应用的数据中心、高性能计算、工业机器人，都离不开芯片的支撑，作为现代化产业发展的基石，芯片产业将引领 5G、人工智能、物联网等新一代信息技术发展。

芯片的种类多样，从处理器、存储器、接口芯片等都在其中发挥着作用。处理器芯片是物联感知系统的核心，它负责执行各种指令和计算，处理从各种传感器收集到的大量数据。存储器芯片则负责存储这些数据，以供处理器使用或传输到其他设备。接口芯片则负责处理器和其他设备之间的通信，包括传感器、网络设备等。这些芯片组合在一起，形成了一个强大的处理和通信网络，能够实时监测和管理能源使用情况，为能源智慧化提供强大的技术支持。

从 2015 年开始，AI 芯片的相关研发逐渐成为学术界和工业界的热点。到目前为止，在云端和终端已经有很多专门为 AI 应用设计的芯片和硬件系统。同时，针对目标应用是"训练"还是"推断"，可以把 AI 芯片的目标领域分成 4 个象限，如图 2-2 所示。其中，在边缘 / 嵌入设备中以推断应用为主，训练的需求还不是很明确。有些高性能的边缘设备虽然也会进行训练，但从硬件本身来说，它们更类似于云端设备。未来的边缘和嵌入设备可能都需要具备一定的学习能力，以支持在线学习功能。其他几个象限都有自身实现的需求和约束，目前也都有针对性的芯片和硬件系统。

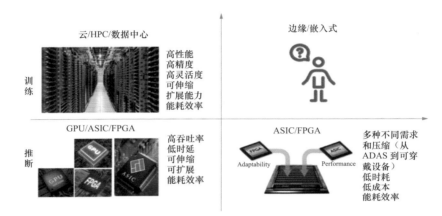

图 2-2　AI 芯片的目标领域

HPC—高性能计算（high-performance computing）；GPU—图形处理器（graphics processing unit）；ASIC—专用集成电路（application-specific integrated circuit）；FPGA—现场可编程门阵列（field-programmable gate array）；ADAS—高级驾驶辅助系统（advanced driver assistance systems），也被广泛称为自动驾驶辅助系统

随着信息技术和微电子技术的飞速发展，芯片技术已经深入到各个领域中。在物联感知中，芯片扮演着核心角色，它通过处理和传输传感器收集的数据，以实现对各种能源使用情况的实时监控和精准管理。其发展现状主要表现在以下几个方面：

1. 制程技术的进步

制程技术是芯片技术中的一个重要指标，它的大小直接决定了芯片的性能和功耗。当前，芯片制程技术已经进入了 7nm 甚至 5nm 的时代。这意味着可以在同样大小的硅片上集成更多的晶体管，提高计算能力和效率。

2. 性能的提升

现代芯片的性能已经达到了前所未有的高度。以中央处理器（CPU）为例，多核心设计、多线程处理、更高的工作频率以及更大的缓存等技术的应用使得芯片的计算性能大幅度提升。这对于物联感知技术来说非常重要，因为物联设备需要处理大量的数据，例如传感器收集的能源使用数据。

3. 功耗的降低

随着新的制程技术、新的设计理念以及低功耗模式的设置，现代芯片的能效比也有了显著的提升。这对于物联设备来说非常重要，因为物联设备通常需要长时间运行，而且往往需要依赖电池供电。低功耗的芯片可以大大延长设备的使用时间，提高用户体验。

4. 设计和应用的多样化

现代芯片技术也变得更加复杂和多元化。例如，系统级芯片（SoC）的设计理念使得一个芯片内可以集成 CPU、GPU、内存、接口等多种功能，大大提高了系统的集成度。同时，专用集成电路（ASIC）的发展使得芯片可以为特定的应用场景进行定制，提高效率并降低成本。在物联感知技术中，这些芯片可以根据需要进行定制设计，以满足各种复杂的应用需求。

5. 芯片在物联感知中的应用

无线传感网络（WSN）芯片、嵌入式处理器芯片、存储器芯片等已广泛应用于物联系统。其中，无线传感网络芯片由传感器、数据处理单元、通信模块等组成，能够有效收集和传递能源使用数据；嵌入式处理器芯片则负责数据的计算和分析，为能源管理提供决策支持；存储器芯片则负责数据的保存，以供后期分析和使用。这些芯片的表现直接决定了物联系统的性能和效率。

6. AI 和量子计算在芯片技术中的应用

随着人工智能和量子计算技术的发展，传统的 CPU 和 GPU 逐渐无法满足高性能计算的需求，因此，专门为 AI 和量子计算设计的芯片逐渐引起了人们的关注。这些芯片具有超高的并行计算能力和数据处理速度，能够满足人工智能和量子计算的需求。

AI 芯片通常包括神经网络处理器、深度学习加速器等，它们能够大大提高 AI 算法的运算效率，降低功耗，使得 AI 应用能够在各种设备上得以实现。在物联网感知技术中，AI 芯片可以用于处理和分析大量的传感器数据，提高数据处理的速度和准确性。

量子计算芯片则是一种全新的芯片类型，它能够进行量子调控和读取，实现量子比特的操作。虽然量子计算芯片目前还处于研发阶段，但是它的潜力巨大，未来有可能革新计算机科技。

7. 安全性的提升

随着芯片技术的发展，芯片的安全性也得到了提升。现在的芯片都有防止物理攻击和软件攻击的能力，能够保护芯片中的数据和算法不被泄露。在物联网感知技术中，芯片的安全性是非常重要的，因为芯片中存储了大量的敏感数据。

总的来说，随着芯片技术的不断发展和进步，其在物联感知中的应用将更加广泛和深入，为实现能源智慧化提供了强大的技术支持。然而，芯片技术发展的道路仍然任重道远。随着物联网、人工智能、云计算等新技术的发展，将会对芯片技术提出更高的要求。

未来芯片技术的发展趋势主要表现为以下主要特征：

（1）更高集成度：随着微电子制造技术的不断突破，芯片的集成度将进一步提升，以适应物联网系统对高性能、低功耗、小型化的需求。

（2）更强的处理能力：随着大数据、云计算等技术的发展，芯片需要处理的数据量越来越大。因此，未来的芯片将具有更强的数据处理和分析能力。

（3）更好的能效比：能源效率是未来芯片发展的重要指标，随着新材料和新工艺的应用，未来的芯片将具有更高的能效比。

（4）更强的安全性：随着物联网的广泛应用，芯片的安全性问题越来越突出。因此，未来的芯片将更加注重安全性设计，以防止数据泄露和非法攻击。

（5）智能化：随着人工智能技术的发展，未来的芯片将更加智能化，可以自我学习和优化，更好地适应物联网系统的需求。

2.2.2 传感技术在能源智慧化领域的应用

传感技术是应用科学的重要分支，涉及电子学、光学、力学、化学和生物学等多个领域。传感器是传感技术的核心部分，能够检测和响应外界的物理、化学或生物信号，并将这些信号转化为可读、可处理的电信号。自19世纪末以来，传感技术经历了从机械式、电气式到电子式、光电式的发展过程。最初的传感器主要用于测量物理量，如压力、温度等。随着科技的进步，现在的传感器早已不仅局限于测量物理量，还可以测量化学量和生物量，例如pH值、湿度、气体浓度、血糖浓度等。随着科学技术的不断发展，传感技术正朝着更高精度、更快响应、更小体积、更低功耗的方向发展。新型传感器如纳米传感器、光子传感器等逐渐成为研究和应用的热点，为各领域提供更为精确、高效的检测手段。同时，物联网、大数据和人工智能等技术的发展也为传感技术的应用带来了更广阔的前景和无限可能。

1. 能源生产过程中的应用

能源生产过程中的应用涉及多种能源形式，包括化石能源（如石油、天然气和煤炭）和可再生能源（如水能、风能、太阳能、生物质能和地热能等）。

传统化石能源生产主要包括以下几个方面：一是石油和天然气勘探，在石油和天然气勘探过程中，地震传感器、压力传感器、温度传感器、数量计等各类传感器被广泛应用，实时监测地下石油和天然气的分布、压力、温度等信息。通过传感技术的应用，有助于提高石油勘探的精度和效率，降低勘探成本，减少对环境的破坏。二是石油和天然气提取，在石油和天然气的提取过程中，井下传感器被用于监测油井压力、温度、流量等参数；而液位传感器和压力传感器则被用于监测油罐、气罐的存储情况。此外，流量传感器用于测量油气流量，确保油气的安全生产。三是煤炭开采，在煤炭开采过程中，瓦斯传感器、粉尘传感器、温度传感器等各类传感器被应用于实时监测井下环境参数，确保矿工的安全生产。同时，传感器技术还应用于采掘设备的监控，提高煤炭开采的效率。

可再生能源是可持续发展的重要能源来源。在可再生能源的生产过程中，传感器技术发挥着重要的作用，可实时监测和调整能源生产系统的运行状态，以提高能源转换效率，降低生产成本，保证生产安全。

（1）太阳能发电：在太阳能发电系统中，光照传感器和温度传感器是最常用的。光照传感器用于实时监测光照强度，从而根据光照变化调整光伏板的角度，提高光电转换效率。温度传感器用于监测光伏板的工作温度，过高的温度会降低光伏板的转换效率，因此需要通过散热设备进行温度调控。通过传感技术的应用，光伏发电系统可以实现智能调整，以提高能源转换效率。对于光热发电系统，温度传感器用于监测热媒的温度变化，实现系统的优化控制。

（2）风能发电：在风能发电系统中，风速传感器和风向传感器是必不可少的。风速传感器用于实时监测风速，风向传感器用于实时监测风向，风力发电机通过调整叶片角度，以适应风速和风向的变化，从而提高风能转换效率。此外，振动传感器和声音传感器也常用于监测风力发电机的运行状态，预防机械故障。

（3）水能发电：在水能发电系统中，水位传感器、流速传感器和压力传感器是关键的测量设备。水位传感器用于实时监测水库水位，流速传感器和压力传感器用于监测水流状态，根据这些信息调整发电机的运行参数，以最大限度地利用水能。此外，温度传感器、振动传感器等应用于发电机组的监测，确保设备安全稳定运行。

（4）生物质能源：在生物质能源的生产过程中，湿度传感器、温度传感器、压力传感器及气体传感器等常用于监测生物质的湿度、温度、压力及气体成分，以实现对生物质燃烧、汽化、发酵等过程的优化控制。通过传感技术的应用，生物质能发电系统可以实现优化控制，提高能源转换效率。

（5）地热能源：在地热能源的开发和利用中，传感技术主要用于监测地层

的温度、压力及热媒流量等参数，实现对地热井和地热发电系统的智能调整和优化运行，提高能源利用效率。

2. 能源输配环节的应用

能源输配环节主要包括输电、输气和石油输送等过程。在这些过程中，各类传感器技术、自动化控制技术、通信技术等得到广泛应用，以保障能源输配的安全、高效和稳定运行。

（1）输电环节的智能化。输电环节涉及变电站自动化、输电线路监测、配电网智能化。智能变电站利用电流互感器、电压互感器、温度传感器等各类传感器，实时收集电气设备的运行参数。这些数据支持对开关设备、变压器、电容器等关键电气设备的远程监控、故障诊断和自动控制。输电线路的健康管理则依赖于光纤传感技术和无线传感技术，它们能够实时监测线路的温度、载荷和塔体倾斜度等关键指标，并通过数据分析和故障预警机制，确保线路的稳定运行。配电网的智能化体现在分布式智能终端的广泛应用，如智能电能表和故障指示器，它们支持远程抄表、故障定位和负荷管理，同时促进了光伏、风电等分布式能源的有效接入和调度。

（2）输气环节的自动化调度与健康管理。输气环节的自动化调度和管道健康管理通过SCADA（监控与数据采集系统）和自动化控制技术实现，这些技术能够实时监测管道的压力、流量、温度等参数，并通过数据分析和故障预警，实现对输气设备的远程监控、故障诊断和自动控制。传感器和检测设备，如压力传感器、温度传感器、流量传感器、智能球和外腐蚀探测器，为管道的实时状态监测和健康管理提供了技术支持。

（3）石油输送环节的自动化与监测。石油输送环节中，泵站的自动化控制至关重要。通过安装压力传感器、温度传感器、流量传感器等，实时收集泵站设备的运行参数，实现泵站的远程监控、故障诊断和自动控制。输油管道的监测则依赖于相似的传感器和检测设备，以及泄漏检测技术，这些技术共同确保了输油管道的安全运行和防止泄漏事故的发生。

3. 能源消费环节的应用

在能源消费环节，传感技术的应用主要体现在用能实时监测、用能效率提升、用能安全保障和用能环境监测等方面。

（1）用能实时监测主要通过智能电能表和智能燃气表实现。智能电能表是集成抄表、计量、计费和监控等多功能的电力计量设备，通过安装电流和电压传感器实时监测用户用电量。利用通信技术进行远程抄表，便于管理单位收集和分析用电数据。智能燃气表类似于智能电能表，采用流量传感器实时监控用户燃气用量，支持远程抄表和预付费功能，实现燃气消费的实时监控和管理。

（2）用能效率提升通常体现在节能照明系统、智能家居系统、能源管理系统中。光照传感器和红外传感器等在照明系统中应用，实现光照强度自动调节、人体感应控制以及人员活动情况，从而减少不必要的能源消耗和提高能效。智能家居系统通过各类传感器（如温度、湿度、人体红外传感器等）实时监测室内环境参数，智能调节空调、暖气等家用设备，提高家庭能源效率。在工业和商业领域，能源管理系统通过安装各类传感器实时监测设备用能情况，通过数据分析和优化控制，提高设备能效。

（3）用能安全保障包括燃气泄漏检测和电气火灾预防。利用燃气传感器（如可燃气体传感器和一氧化碳传感器等）实时监测燃气泄漏。一旦发现泄漏，传感器将发出报警信号，提醒用户采取措施，确保能源安全。利用电流、电压和温度传感器等实时监测电气设备运行状态，通过故障预警实现电气火灾的预防和控制。

（4）用能环境监测指烟雾检测和噪声检测。在火力发电和工业生产过程中，烟雾传感器用于实时监测烟雾浓度，确保环境安全和工作人员健康。在能源消费过程中，噪声传感器实时监测环境噪声，通过数据分析和控制，保证噪声水平符合环保标准。

2.2.3 物联感知芯片的能源感知与数据处理能力

物联感知芯片作为能源智慧化技术的核心组件之一，在能源感知和数据处理方面具有显著的优势。其主要功能包括高精度能源感知、实时数据处理与优化、低功耗与节能特性、云端数据分析与远程控制等几个方面。

1. 高精度能源感知

高精度能源感知是物联感知芯片在能源感知与数据处理能力方面的核心特性之一。物联感知芯片通过集成高性能的传感器和处理器，实现对各种能源参数（如电流、电压、功率、温度、湿度等）的实时、准确检测。物联感知芯片在高精度能源感知方面具备多方面的技术优势，为能源管理和优化提供了关键支持。

物联感知芯片内部集成了高性能的模数转换器（ADCs）和模拟前端（AFEs），实现对各种能源参数的高精度测量。例如，高精度电流传感器芯片可以实现对电流的无接触测量，具有高精度、高线性度、宽频响应等特点。同样，基于温湿度传感器的芯片也具备高精度、快速响应的特性，能实现对环境参数的准确

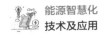

监测。

物联感知芯片具备多参数集成和智能处理能力，能够同时测量和处理多种能源参数。例如，智能电能表芯片可以实现电压、电流、功率、功率因数等多种参数的实时监测，并通过内置的处理器实现对采集数据的实时分析和处理。这种集成化设计有效简化了系统架构，降低了功耗和成本，同时提高了能源感知的精度和性能。

为了实现高精度能源感知，物联感知芯片采用了自适应采样和滤波技术。自适应采样技术可以根据信号的变化情况自动调整采样率，确保采样数据的有效性和准确性。同时，物联感知芯片还使用了多种滤波算法，如卡尔曼滤波、滑动平均滤波等，有效消除采集数据中的噪声和干扰，提高数据的可靠性。

高精度能源感知芯片广泛应用于智能电网、智能建筑、工业自动化、环境监测等领域。在智能电能表、智能插座、电动汽车充电桩等应用中，物联感知芯片实现了对能源参数的高精度测量和实时监控，为用户提供了便捷、高效的能源管理解决方案。同时，在智能家居、物流仓库、生产线等场景中，物联感知芯片为环境参数监测提供了准确、稳定的数据支持。

2. 实时数据处理与优化

物联感知芯片内部集成了高性能处理器和内存，使其具备实时数据处理与优化的能力。高性能处理器提供了强大的计算性能，确保对能源数据进行高速、高效的处理。而内置的内存则可用于存储实时采集的能源数据和处理结果，实现对数据的本地存储和快速访问。

物联感知芯片具备实时数据分析与异常检测功能。借助内置的算法，如卡尔曼滤波、支持向量机等，物联感知芯片可以对实时采集的能源数据进行分析和处理，识别能源使用中的异常和潜在浪费。例如，通过实时监测用电设备的电流变化，物联感知芯片可以在电流异常时及时报警，防止设备损坏和能源浪费。

物联感知芯片具备动态能源优化功能。通过实时监测和分析能源参数，如电压、电流、温度等，物联感知芯片可根据设备和环境的实际情况动态调整能源参数，实现能源的优化使用。例如，在太阳能充电系统中，物联感知芯片可根据光照强度实时调整充电参数，提高充电效率。

物联感知芯片在实时数据处理与优化方面的应用场景广泛，在智能电能表、智能插座等应用中，物联感知芯片实现了对能源参数的实时监测和分析，为用户提供了高效的能源管理解决方案。同时，在智能家居、物流仓库、生产线等场景中，物联感知芯片通过对环境参数的实时处理与优化，提高了能源的使用效率和管理水平。

3. 低功耗与节能特性

物联感知芯片通过采用先进的低功耗技术和工艺，实现了在保证高精度能源感知和实时数据处理的前提下，降低芯片的功耗和能源消耗。

物联感知芯片采用了一系列低功耗设计技术，如低压工艺、动态电压调整、电源门控技术等。这些技术有效地降低了芯片的功耗和能源消耗。例如，低压工艺通过降低芯片的工作电压，减少电流消耗，从而降低功耗；动态电压调整技术则根据芯片的工作状态和负载需求，动态调整电压，以实现最佳的能耗效果。

为了降低功耗和节省能源，物联感知芯片采用了多种低功耗模式和休眠控制策略。在空闲或无负载情况下，芯片可自动切换到低功耗模式，关闭或降低部分模块的功能和性能，以降低功耗。同时，物联感知芯片具备休眠控制功能，可根据设备和环境的实际需求，自动进入或退出休眠状态，进一步降低能源消耗。

物联感知芯片通常与无线通信模块相结合，实现远程数据传输和控制。为了降低无线通信的能耗，物联感知芯片采用了低功耗无线通信技术，如低功耗蓝牙、LoRa 等。这些技术在保证通信性能和覆盖范围的同时，大大降低了通信过程中的功耗和能源消耗。

在智能电能表、智能插座、电动汽车充电桩等应用中，物联感知芯片实现了对能源参数的高精度测量和实时监控，同时具备低功耗和节能特性，降低了设备的能源消耗，提高了能源的使用效率和管理水平。

4. 云端数据分析与远程控制

物联感知芯片要实现能源感知与数据处理必然涉及云端数据分析与远程控制。通过连接网络，物联感知芯片实现与云端的数据交互和远程控制，进而为用户带来更加便捷和智能的能源管理体验。下面将详细阐述物联感知芯片在云端数据分析与远程控制方面的技术特点及其应用场景。

物联感知芯片可以通过网络实时地将采集得到的能源数据上传至云端，实现数据远程存储与分析。云端利用大数据分析、机器学习等先进技术对上传的数据进行深度挖掘与分析，从而识别能源使用过程中的异常情况和浪费现象，并为用户提供智能化的能源管理建议。同时，云端分析结果可通过网络传回物联感知芯片，从而使芯片在能源感知与控制方面更加精确。

智能感知芯片具备实时能源数据采集功能，可以监测各种能源参数，如电压、电流、功率、温度等。在将采集到的能源数据上传至云端之前，智能感知芯片会对数据进行预处理和压缩，以降低网络传输的负担和提高数据处理效率。

预处理包括数据清洗、数据融合等操作，压缩则包括有损压缩和无损压缩等方法。通过这些处理，能够确保云端接收到的数据具有较高的质量和可用性。

云端服务器基于大数据技术，对接收到的实时能源数据进行深度挖掘和分析。通过数据挖掘、机器学习等方法，分析能源使用中的异常现象、浪费行为，识别能源使用效率低下的设备和环节。此外，云端还可以根据历史数据分析出能源使用的规律和趋势，进一步指导用户进行节能优化。基于云端的大数据分析结果，智能感知芯片可以实现智能决策和优化。

能源智慧化技术致力于实现能源的高效、可持续和经济利用。智能感知芯片是能源智慧化技术中的关键组件，其远程控制功能为用户提供便捷、智能的能源管理体验。

智能感知芯片使用户能够在任何时间、任何地点通过网络对能源设备进行远程监控和控制。用户可以通过手机应用、网页界面等多种方式查看实时能源数据、设定能源参数、启动或关闭设备等。这种实时性和灵活性使能源管理变得更加便捷和智能。

结合云端大数据分析，智能感知芯片可以实现智能调节和优化。例如，在智能家居环境中，智能感知芯片可以根据用户的能源使用习惯、天气状况等因素，自动调节空调、照明等家电设备的运行参数，从而实现节能和舒适。在工业生产场景下，智能感知芯片可以根据实时数据调整生产过程，降低能源浪费。

智能感知芯片能够实时检测能源设备的运行状况，结合云端分析，实现对潜在故障的预警和处理。当设备出现异常时，智能感知芯片会通过网络向用户发送故障报警信息，提醒用户及时进行维修或更换。同时，智能感知芯片还可以根据故障状况，自动调整设备运行参数，以避免进一步损害。

智能感知芯片可根据用户需求和云端分析结果，制定个性化的能源管理策略。用户可以通过远程控制功能，实时调整能源策略，如设定定时开关、调整设备运行模式等，以满足不同的能源需求和节能目标。

2.2.4 物联感知传感技术在能源领域的应用

物联感知传感技术是指通过各类传感器收集环境、设备等信息，并通过物联网技术实现信息的传输、处理和应用。在能源领域，物联感知传感技术尤其重要，可以实现能源设备的智能化、自动化管理，提高能源使用效率，保障能源安全。主要应用领域包括智能电网、智能建筑、可再生能源、电动汽车、工业能源管理、石油天然气行业、核能、能源存储、能源设备维护和能源环境监测等。实际上，物联感知传感技术在能源领域的应用实际上是无所不在的，应用前景十分广阔。从应用范围和技术先进程度角度看，智能电网、智能建筑、可再生能源、电动汽车、工业能源管理和能源设备维护是当前物联感知传感技术在能源领域的典型应用。

1. 物联感知传感技术在智能电网领域的应用

在智能电网领域，物联网感知传感技术与其他技术的结合应用，如云计算、大数据和人工智能等，可以实现电网的智能化、自适应和高效运行。通过这些技术的应用，智能电网具备了更强的数据处理和分析能力，能够实时监测电网运行状态，预测和预警潜在问题，从而提高电网的可靠性和稳定性。

物联感知传感技术是一种利用物联网技术实现信息获取和传输的技术。它通过部署在电网设备上的传感器，实时监测设备的运行状态和环境参数，并将数据通过通信网络传输到数据中心。在数据中心，通过大数据和人工智能技术对数据进行处理和分析，以实现电网设备的智能化管理和优化。

在智能电网领域，物联感知传感技术可以应用于多个方面。首先，在智能表计方面，物联网传感器可以实时监测用电量的变化，并将数据传输到智能电能表中，实现电量的自动计量和计费，提高用电管理的效率和准确性。其次，在智能配电方面，物联网传感器可以监测配电网的运行状态，预测和预警潜在的配电问题，提高配电的可靠性和稳定性。最后，在智慧用电方面，物联网传感器可以监测用户的用电行为和习惯，帮助用户优化用电策略，提高用电的经济性和环保性。

物联感知传感技术在智能电网中的关键技术涉及数据收集、数据分析、自动控制、需求响应等。智能电网中的数据收集主要通过在电网关键节点部署传感器实现，包括电压传感器、电流传感器、功率传感器等，实时获取电网的运行参数。这些数据会被转化为电子信号，并通过物联网技术传输到数据中心。数据中心对接收到的电网数据进行实时监控和历史分析。通过大数据技术、数据挖掘技术等方法，可以实时了解电网的运行状态，预测电网的运行趋势，及时发现电网的异常情况。基于数据分析的结果，智能电网可以自动调整电网的运行参数，如调整发电量、调节电网负荷等，从而保证电网的稳定运行。同时，通过自动控制技术，也能实现对电网的远程控制。物联感知传感技术还可以用于实现电网的需求响应。通过监测用户的用电行为，智能电网可以根据用户的需求变化实时调整发电和输电策略，实现电网的优化运行。

2. 物联感知传感技术在智能建筑领域的应用

在全球能源消耗日益增长的背景下，如何提高能源效率和可持续性成了全

球共同面临的挑战。智能建筑作为能源智慧化的重要载体，通过应用物联感知传感技术，实现了对建筑能源的实时监控和智能管理，大大提高了建筑能源的使用效率。在智能建筑中，物联感知传感技术主要应用于建筑能源管理、环境监控、安全保护等方面。

在智能建筑中，物联感知传感技术可以实时监控建筑的电力、燃气、水等能源的使用情况，通过数据分析，可以找出节能的优化措施，实现建筑能源的智能管理。例如，通过温度传感器和湿度传感器可以实时监控室内环境，根据室内环境的实时变化自动调整空调，照明等设备的运行状态，以达到节能的效果。

在智能建筑中，物联感知传感技术可以实现对建筑内环境的实时监控，包括温度、湿度、光照、声音等各种环境参数。这些环境参数的实时监控不仅可以提高居住者或使用者的舒适度，也可以通过环境数据的分析找出节能的优化措施，进一步提高建筑能源的使用效率。

在智能建筑中，物联感知传感技术也可以实现对建筑的安全保护。例如，通过烟雾传感器和火灾探测器可以实时监控火源和烟雾，一旦发生异常，可以及时发出警报，避免或减少火灾的发生。通过门窗传感器和摄像头等设备，可以实时监控建筑的安全状况，防止盗窃等安全事件的发生。

物联感知传感技术在智能建筑领域的应用，不仅可以提高建筑能源的使用效率，实现建筑能源的智慧化管理，还可以改善建筑内环境，提高居住者或使用者的舒适度，以及实现对建筑的安全保护。随着物联网技术和感知技术的不断发展，物联感知传感技术在智能建筑领域的应用将具有更大的潜力和广阔的前景。

3. 物联感知传感技术在可再生能源领域的应用

随着全球能源危机的日益加剧和环保意识的提高，可再生能源的开发和利用成了重要的能源转型方向。为了更有效地开发和利用风能、太阳能、水能、地热能等可再生能源，现在正广泛采用物联感知传感技术，以实现可再生能源的智慧化管理。

物联感知传感技术在风能领域的应用主要体现在风速和风向的实时监测、早期故障预警、机组状态监控、环境监测、智能维护等方面。

风速和风向是影响风电发电效率的重要因素。物联感知传感技术通过风速和风向传感器实时监测风的变化，然后通过物联网将数据传输到控制系统，根据实时数据调整风力发电机的角度和转速，以最大限度地提高风能转化为电能的效率。

物联感知传感技术通过对风力发电机的振动、温度等参数进行实时监测，实现早期故障预警。一旦发现异常数据，系统会立即发出警报，帮助人工及时排查故障原因并进行维护，防止故障的进一步发展，减少停机时间，保证风电场的正常运行。

物联感知传感技术实时监控风电机组的运行状态，包括旋转速度、功率、温度等数据。通过对这些数据的分析，可以优化风电机组的运行效率，延长其使用寿命。

物联感知传感技术还可以对风电场的环境进行实时监控，如温度、湿度、气压、噪声等，以确保风电场的安全运行。

物联感知传感技术通过对设备的各项运行参数进行实时监控，可以精准预测设备的维护周期和维护内容，从而进行精准维护，减少设备的故障率，提高设备的运行效率。

在太阳能领域，通过物联感知传感技术可以实时监控天气状况、太阳辐射等数据，从而动态调整太阳能设备的运行状态，以最大化能量捕获。同时，通过监测设备的运行状况，可以实时发现并处理故障，提高设备的运行效率。

物联感知传感技术对太阳辐射强度、环境温度、湿度、风速等重要环境参数进行实时监测。这些参数的变化会直接影响太阳能电池板的发电效率。通过物联网将这些数据实时传输到控制系统，可以帮助用户对太阳能系统的运行状态做出快速、准确的判断。

物联感知传感技术可以实时监测太阳能电池板的工作电压、电流、温度等实时数据，可以计算出电池板的实时发电效率，对比设定值，及时发现效率下降并采取相应措施，保证太阳能电池板的高效运行。

物联感知传感技术提供了对太阳能设备故障进行预警和诊断的可能。例如，当电池板的工作温度过高时，系统会自动发出警报，提示人工查看和处理，避免设备过热损坏。此外，还可以通过对设备运行数据的长期监测和分析，预见可能出现的故障，及时进行维护，延长设备的使用寿命。

物联感知传感技术可以实现太阳能电池板的智能控制。例如，通过感知太阳的位置，动态调整电池板的角度，使其始终面向阳光，提高太阳能的捕获率。

通过物联感知传感技术收集的数据，可用于能源管理系统，实现对太阳能发电量的实时监测和预测，以及与其他能源的优化配置，实现能源的高效利用。

在水能、地热能等其他可再生能源领域，物联感知传感技术同样发挥着重要作用。

在水库、水道等地方安装水流速度和水位传感器，可以实时监测水流速度、水位等参数的变化，可以调整水能发电机的运行状态，优化水力发电设备的运行，提高发电效率；通过监测水轮机的转速、温度、振动等参数，预测和检测设备的运行状态，及时发现并处理设备故障；通过安装水质传感器，可以实时监测水源的 pH 值、浑浊度、温度等，保证水能发电机的正常运行，并保护水源环境。

充分利用物联感知传感技术，监测地热井的温度、压力等参数，可以优化地热发电设备的运行。实时监控管线的温度、压力、流速等参数，可以防止管线破裂或者堵塞等问题，保证地热能源的稳定输出。物联感知传感技术对地热发电机组的运行状态进行实时监测，同样可以以预测和处理可能出现的故障，保证地热发电的稳定运行。

地热发电会对周围环境产生影响，如地表升温、地震活动等，通过环境传感器的实时监测，可以及时发现并处理可能的环境问题。

4. 物联感知传感技术在电动汽车领域的应用

在电动汽车领域，物联感知传感技术已经逐渐成为推动能源智慧化技术发展的重要驱动力，主要应用在以下几个方面：

（1）电池状态的实时监控：电动汽车的动力来源是电池，因此电池的状态直接影响到汽车的性能。物联感知传感技术可以实时监控电池的电压、电流、温度等参数，并通过分析这些数据，预测电池的性能和寿命，有助于提高电池的使用效率和安全性。

（2）智能充电系统：物联感知传感技术还可以应用在电动汽车的智能充电系统中。通过监控电动汽车的电量和使用情况，智能充电系统可以在汽车未使用时自动进行充电，避免电量过低导致的汽车不能运行。

（3）车载信息系统：物联感知传感技术可以实现车载信息系统的智能化。通过收集和分析车辆的运行数据，驾驶员可以获取到实时的路况信息、天气信息、交通信息等，提高驾驶的安全性和舒适性。

（4）自动驾驶技术：物联感知传感技术是实现电动汽车自动驾驶的基础。通过收集路面、交通、环境等信息，自动驾驶系统可以根据这些数据进行决策，实现汽车的自动驾驶。

（5）远程监控和故障预警：通过物联感知传感技术，车主或维修人员可以实时监控电动汽车的运行状态，及时发现和处理问题，避免故障的发生。

5. 物联感知传感技术在工业能源管理领域的应用

在工业能源管理领域，物联感知传感技术发挥着重要的作用，推动着能源智慧化技术的发展。

基于物联感知传感技术实时监测工业设备的能耗数据，可以精确计算出设备的实际能耗，为能源管理提供依据。

物联感知传感技术通过对设备数据的实时监测和分析，发现设备的能耗异常，进一步找出能耗高的原因，从而进行优化调整，提高能源使用效率。

物联感知传感技术根据设备的能耗数据，智能调度设备的运行，如在电力需求低的时段，关闭一部分设备，实现智能化的能源调度，从而节约能源。

通过物联感知传感技术，能够实时远程监控设备的运行状态，及时发现设备的异常，防止设备故障，避免因设备故障而造成的能源浪费。通过收集和分析大量的设备运行数据，对设备的能耗进行预测，为设备的运行提供决策支持。

物联感知传感技术还可以用于监控工业生产环境，如温度、湿度、噪声等，确保设备在最佳环境下运行，提高设备的能源利用效率，节约能源，降低环境污染。

6. 物联感知传感技术在能源设备维护领域的应用

在能源设备维护领域，物联感知传感技术的应用，为设备的智能化维护提供了强大的技术支持，具体体现在以下几个方面：

（1）设备故障预警：物联感知传感技术可以实时收集并监测能源设备的运行状态数据，通过数据分析可以预测设备可能存在的问题和故障，实时发出预警，从而避免因设备故障导致的能源浪费和设备损坏。

（2）设备运行状态监控：物联感知传感技术能够实时监控设备的运行参数，如电压、电流、温度等，通过对这些参数的分析，可以了解设备的运行状态，及时发现设备运行异常，避免设备过热、过载等问题。

（3）远程设备管理：物联感知传感技术可实现对能源设备的远程监控和管理。无论设备在何处，都可以通过网络实现对设备的远程监控和控制，大大提高了设备管理的效率和便捷性。

（4）智能维修策略：物联感知传感技术通过收集和分析设备的运行数据，可以制定出更合理的维修策略，如预测设备的寿命，预测设备的维修时间，从而实现设备的智能化维护。

（5）资源优化分配：物联感知传感技术可以根据设备的运行状态和需求，实现资源的智能化分配，如在电力需求高峰期，优先满足重要设备的电力需求，从而提高能源的使用效率。

2.3 智能终端

在能源智慧化技术中，智能终端主要用于实时监测和记录能源的消耗情况，并将数据发送到数据中心进行处理和分析,以实现能源的高效管理和使用。例如,智能电能表、智能燃气表、智能水表等都是能源智慧化技术中的智能终端,如图 2-3 所示。

图 2-3　智能终端

智能终端的出现和发展,极大地推动了能源智慧化技术的进步,使能源的管理和使用更加智能、高效和环保。能源智慧化技术在智能终端的应用中,扮演着重要的角色。它们作为数据收集、处理和传输的关键节点,能够实时收集能源设备的运行数据,如能耗、电流、电压、温度等。通过内置的处理器,对数据进行初步处理和分析,从而为能源管理系统提供准确、实时的信息。这有助于更好地监控能源设备的运行状况,实现实时监测和故障预警。

智能终端通常具有用户交互界面,如触摸屏或按键,用户可以通过智能终端直观地了解能源设备的运行状态,也可以通过智能终端对能源设备进行操作和控制。这使得能源管理更加便捷化和智能化,可以在发现问题时及时进行调整,提升能源利用效率。

智能终端具有通信功能,可以通过有线或无线网络将收集和处理的数据传输到能源管理系统。同时,智能终端还能接收能源管理系统发送的控制命令,实现远程监控和控制能源设备的功能。智能终端还可以与云端服务进行协同,通过云端服务实现设备状态的远程监控。云端可以利用大数据分析和人工智能技术对设备运行数据进行分析,从而实现设备故障预测和能耗优化。这有助于实现能源系统的智能化管理,提高能源设备的运行效率和可靠性。

2.3.1　智能终端的定义与分类

智能终端是一种集成了计算、存储、通信等功能的设备,它能够通过内置的芯片和传感器收集、处理和传输数据,并能够通过无线网络与其他设备或系统进行通信。智能终端不仅能够执行预设的任务,还能够根据实际情况自主做出决策和调整。

智能终端可以根据功能和应用场景进行分类。

（1）根据功能划分：主要分为数据采集终端、智能控制终端和数据分析终端。

1）数据采集终端主要负责实时采集能源数据，例如电流、电压、功率、电能等信息，并将这些信息传输到上级系统进行处理和分析。

2）智能控制终端主要负责根据预设的策略或者上级系统的指令，对能源设备进行智能控制，以实现优化的能源管理和使用。

3）数据分析终端主要负责对采集到的能源数据进行处理和分析，以提供决策支持和优化建议。

（2）根据应用场景划分：主要分为工业智能终端、家庭智能终端和公共设施智能终端。

1）工业智能终端主要用于各类工业生产和能源设施的数据采集、控制和分析。主要产品包括：工业数据采集终端，如 Honeywell 的 X-Series Data Acquisition System，用于实时采集各类工业设备的运行数据；工业智能控制终端，如 ABB 的 AC800M 系列工业控制器，用于控制各类工业设备的运行；工业数据分析终端，如 GE 的 Predix 平台，用于对采集到的大量工业数据进行分析和处理。

2）家庭智能终端主要用于家庭能源设备的数据采集、控制和分析。主要产品包括：家庭能源管理系统（HEMS），如 Schneider Electric 的 Wiser Energy System，用于实时监控和管理家庭电力消耗；智能电能表，如 Itron 的 OpenWay Riva，用于实时采集家庭电力使用数据；智能恒温器，如 Nest Learning Thermostat，用于控制家庭暖气和空调设备的运行。

3）公共设施智能终端主要用于公共设施如路灯、交通信号灯等的数据采集、控制和分析。主要产品包括：智能路灯控制系统，如 Philips 的 CityTouch，用于远程监控和控制城市路灯的运行；智能交通信号灯控制系统，如 Siemens 的 Sitraffic Scala，用于实时调整交通信号灯的运行，以优化交通流；智能水表，如 Sensus 的 iPERL，用于实时采集公共供水设施的用水数据。

2.3.2 智能终端的发展现状与趋势

能源智慧化技术领域涉及的智能终端类型多、功能多。正确认识和分析智能终端的发展现状，可以从技术进步、应用领域、市场规模、标准化程度、研发投入等方面考虑。主要表现在以下几点：

（1）技术日趋成熟。随着物联网技术、云计算技术和大数据技术的快速发展，智能终端的技术也日趋成熟。例如，数据采集终端的采集精度和速度都有了显著提高，智能控制终端的控制策略和算法也更加先进和精细，数据分析终端的分析能力和智能化程度也在不断提升。

（2）应用范围广泛。智能终端已经广泛应用于电力、石油、天然气、煤炭、新能源等各个领域，帮助企业和机构实现更加高效和环保的能源管理和使用。例如，通过智能终端，电力公司可以实时监控和控制电网的运行状态，提高供电的稳定性和安全性。

（3）市场规模持续扩大。随着能源智慧化的需求不断增长，智能终端的市场规模也在持续扩大。据相关研究报告预测，未来几年，全球智能终端市场的年复合增长率将达到 10% 以上。

（4）标准化程度提高。为了保证智能终端的互操作性和兼容性，相关的标准化工作也在不断推进。

（5）研发投入增加。随着智能终端的重要性日益突出，各大企业和研究机构也在加大对智能终端的研发投入，以推动其技术创新和应用推广。

在能源智慧化技术领域，智能终端的发展趋势更加明显和多元化。

（1）能源管理智能化将更加深入。随着数据采集、智能控制和数据分析技术的不断发展，智能终端将更好地帮助用户管理和优化能源使用。例如，智能电能表、智能燃气表等设备可以实时监测和记录能源使用情况，为用户提供更为精准的能源使用数据，以便用户能够更好地管理和控制能源使用。

（2）深度融合人工智能和物联网技术的智能终端将更加普遍。例如，通过AI算法，智能终端可以自动识别能源使用模式，为用户提供更为个性化的能源使用建议。同时，通过物联网技术，智能终端可以与其他设备进行连接和交互，实现多设备之间的协同工作，从而提高能源使用效率。

（3）随着技术的发展和市场需求的变化，智能终端将在更多的领域得到大规模部署和应用。例如，智能终端可以被广泛应用在智能家居、智能工厂、智能城市等多个领域，为用户提供更为便捷和高效的服务。

（4）随着数据安全和隐私保护问题的日益突出，智能终端的开发和应用也将更加注重这方面的问题。例如，智能终端的数据加密和隐私保护技术将得到进一步的提升，以保护用户的数据安全和隐私。

（5）云计算和边缘计算的深度结合将成为智能终端的重要发展趋势。云计算可以提供强大的数据处理和分析能力，而边缘计算则可以实现数据的快速处理和反馈。通过云计算和边缘计算的深度结合，智能终端可以在满足用户实时性需求的同时，也能提供强大的数据处理和分析能力。

2.3.3　芯片与传感器在智能终端的作用

芯片和传感器在智能终端中的作用是至关重要的。它们分别负责数据的处理和采集，是智能终端的核心部分。

（1）传感器的作用。传感器是一种能够感知指定的物理、化学或生物性质，并将其转化为电信号或其他所需形式的装置。在智能电能表中，例如，电流传感器和电压传感器主要用于检测电能的消耗。电流传感器能够检测通过电线的电流大小，而电压传感器则能够检测电压的高低。这两种传感器的数据，结合起来，就可以计算出电能的消耗。

（2）芯片的作用。芯片，或称为微处理器，是智能终端的大脑。它负责处理来自传感器的数据，并将这些数据转化为可以被用户或其他设备理解的信息。在智能电能表中，芯片会接收来自电流传感器和电压传感器的数据，然后进行一系列的计算和处理，例如，计算电能的消耗、记录电能的使用情况，甚至预测未来的电能需求。此外，芯片还负责数据的传输。

总的来说，传感器和芯片在智能终端中的作用是不可或缺的。传感器负责数据的采集，而芯片负责数据的处理和传输。这两者的协同工作，使得智能终端能够实现其智能化的功能。

下面以智能电能表为例，详细介绍芯片与传感器在智能终端中的作用。

（1）数据采集：传感器是智能电能表中负责采集数据的部件，它能够检测电能的消耗。在智能电能表中，通常使用电流传感器和电压传感器来实时监测电流和电压的变化。当电流通过电流传感器时，传感器会产生与电流成正比的信号；同样，电压传感器在电压变化时也会产生相应的信号。这些信号被转换成数字信号后，传递给芯片进行处理。

（2）数据处理：芯片是智能电能表中的核心部件，负责对传感器采集的数据进行处理。例如，芯片会通过特定的算法计算电能消耗数据。在计算过程中，芯片会将电流和电压数据进行乘法运算，计算出功率数据。然后，通过对功率数据进行积分运算，得到电能消耗数据。此外，芯片还可能对数据进行其他处理，例如对数据进行滤波、去噪等，以提高数据的准确性和可靠性。

（3）数据传输：在数据处理完成后，芯片会将处理后的数据传输至其他设备或系统。在智能电能表中，这通常通过无线通信或有线通信实现。例如，智能电能表可以通过 Wi-Fi、蓝牙、Zigbee 等无线通信协议将数据传输至用户的智能手机或网关设备；也可以通过以太网、RS-485 等有线通信方式将数据传输至远程服务器或供电部门的管理系统。这样，用户和供电部门可以实时查看电能消耗数据，进行远程控制和计费等操作。

芯片与传感器在智能终端中发挥着关键作用。传感器负责实时采集电能消耗相关的数据，而芯片则负责对这些数据进行处理和传输。通过芯片与传感器的协同作用，智能电能表可以实现对电能消耗的实时监测、控制和计费等功能，为用户和供电部门提供便捷、高效的服务。

2.3.4 基于物联网的智能终端在能源领域的应用

基于物联网的智能终端在能源领域的应用正在逐步开展，其主要表现在以下几个方面：

（1）智能电网。基于物联网的智能终端可以实现智能电能表的远程抄表、故障自动检测和报警等功能。同时，通过分析用户的用电行为，智能电网可以对电力需求进行预测，从而优化电力分配，提高电网的运行效率。

（2）能源管理。通过安装基于物联网的智能终端设备，企业可以实时监控和管理各种能源设备的运行状态，实现能源的精细化管理。例如，智能终端可以监控空调、照明等设备的能耗，通过数据分析，为用户提供节能策略。

（3）新能源汽车。基于物联网的智能终端可以实现电动汽车的远程监控和故障诊断，提高电动汽车的安全性和便利性。同时，通过收集电动汽车的使用数据，可以为新能源汽车的研发和生产提供数据支持。

（4）分布式能源。在分布式能源领域，基于物联网的智能终端可以实现分布式能源设备的远程监控和管理，提高分布式能源的运行效率和稳定性。

（5）能源交易。基于物联网的智能终端可以实现能源的实时交易，提高能源市场的透明度和效率。例如，通过智能终端，用户可以实时了解电力市场的价格，进行电力交易。

总的来说，基于物联网的智能终端在能源领域的应用，不仅可以提高能源设备的运行效率，实现能源的精细化管理，还可以推动能源市场的发展，为用户提供更加便利和安全的能源服务。

第3章
能源智慧化通信网络

能源互联网综合利用先进的电力电子技术、信息通信技术和智能控制技术，将各种分布式能量进行采集和存储，并将各种类型负荷构成互联互通的能源节点，实现能量和信息的双向流动。构建能源互联网，实现能源智慧化，离不开高效、可靠的通信网络。通信网络由接入网、传输网和核心网组成。

3.1 接入网

接入网（access network，AN）是指骨干网到用户终端之间的所有设备，通常包括了从几百米到几千米的传输距离，有时被称为"最后一公里"。由于骨干网一般采用光纤结构，传输速度快。因此，接入网便成了整个网络系统的瓶颈。

国际电信联盟（ITU-T）第 13 组于 1995 年 7 月通过了关于接入网框架结构方面的新建议 G.902，其中对接入网的定义如下：接入网由业务节点接口（service node interface，SNI）和用户 – 网络接口（user-network interface，UNI）之间的一系列传送实体（如线路设备和传输设施）组成，为供给电信业务而提供所需传送承载能力的实施系统，可经由管理接口（Q3）配置和管理。原则上对接入网可以实现的 UNI 和 SNI 的类型和数目没有限制。接入网不解释信令。接入网可以看成是与业务和应用无关的传送网，主要完成交叉连接、复用和传输功能。接入网的界定如图 3-1 所示。

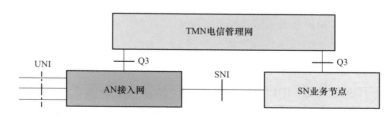

图 3-1　接入网的界定

UNI—用户网络接口；SNI—业务节点接口

接入网的结构有以下几种：

（1）总线形结构。以光纤作为公共总线、各用户终端通过耦合器与总线直接连接的网络结构。其特点是共享主干光纤，节约线路投资，增删节点容易，动态范围要求较高，彼此干扰较小。缺点是损耗积累，用户接受对主干光纤的依赖性强。

（2）环形结构。所有节点共用一条光纤链路，光纤链路首尾相连自成封闭回路的网络结构。特点是可实现自愈，即无需外界干预，网络可在较短的时间自动从失效故障中恢复所传业务，可靠性高。缺点是单环所挂用户数量有限，多环互通较为复杂，不适合 CATV 等分配型业务。

（3）星形结构。这种结构实际上是点对点方式，各用户终端通过位于中央节点具有控制和交换功能的星形耦合器进行信息交换。特点是结构简单，使用维护方便，易于升级和扩容，各用户之间相对独立，保密性好，业务适应性强。缺点是所需光纤代价较高，组网灵活性较差，对中央节点的可靠性要求极高。

（4）树形结构。类似于树枝形状，呈分级结构，在交接箱和分线盒处采用多个分路器，将信号逐级向下分配，最高级的端局具有很强的控制协调能力。特点是适用于广播业务。缺点是功率损耗较大，双向通信难度较大。

接入网的接入方式包括铜线（普通电话线）接入、光纤接入、光纤同轴电缆（有线电视电缆）混合接入和无线接入等几种方式。

3.1.1　有线接入网

3.1.1.1　铜线接入网

铜线接入网采用双绞铜线作为传输介质，具体包括高速率数字用户线（HDSL）、不对称数字用户线（asymmetric digital subscriber line，ADSL）、ADSL2、ADSL2+ 及甚高速数字用户线（VDSL）接入网。铜线接入技术（copper access technologies）采用先进的数字信号处理技术，在双绞铜线上对上提供宽带数字化接入，实现非加感用户线对数字信号线路编码及二线双工数字传输的支持功能，达到提高传输容量和传输速率的目的。

在各类铜线接入技术中，数字线对增容（DPG）技术是最早提出并得以应用的，它可实现在一对用户线上双向传送 160kbit/s 的数字信息，传输距离达 4~6km。由于速率太低，DPG 无法满足人们对宽带业务的需求，因此目前对铜线接入技术的研究主要集中在速率较高的各种数字环路用户线路（xDSL）技术上。xDSL 技术采用先进的数字信号自适应均衡技术，回波抵消技术和高效的编码调制技术，在不同程度上提高了双绞铜线对的传输能力，为用户提供了一种低成本的综合业务接入方式。xDSL 技术发展历史如图 3-2 所示。

图 3-2　xDSL 技术发展史

铜线接入网早期的典型应用是综合业务数字网（integrated services digital network，ISDN）。ISDN 俗称"一线通"，是一种在数字电话网 IDN 的基础上发展起来的通信网络，提供端到端的数字连接，以支持一系列的业务（包括话音和非话音业务），为用户提供多用途的标准接口以接入网络。综合业务数字网除了可以用来打电话，还可以提供诸如可视电话、数据通信、会议电视等多种业务，将电话、传真、数据、图像等多种业务综合在一个统一的数字网络中进行传输和处理，这也就是"综合业务数字网"名字的来历。

ISDN 有窄带和宽带两种。窄带 ISDN 有基本速率（2B+D，144kbit/s）和一次群速率（30B+D，2Mbit/s）两种接口。基本速率接口包括两个能独立工作的 B 信道（64kbit/s）和一个 D 信道（16kbit/s），其中 B 信道一般用来传输话音、数据和图像，D 信道用来传输信令或分组信息。B 代表承载，D 代表控制。

高速率数字用户线路（high-speed digital subscriber line，HDSL）是 xDSL 家族中开发比较早，应用比较广泛的一种，采用回波抑制、自适应滤波和高速数字处理技术，使用 2B1Q 编码，利用两对双绞线实现数据的双向对称传输，传输速率 2048kbit/s/1544kbit/s（E1/T1），每对电话线传输速率为 1168kbit/s，使用 24AWG（american wire gauge，美国线缆规程）双绞线（相当于 0.51mm）时传输距离可以达到 3.4km，可以提供标准 E1/T1 接口和 V.35 接口。

ADSL 是数字用户线路服务中最流行的一种。ADSL 的国际标准于 1999 年获得批准，称为 G.dmt。它允许高达 8Mbit/s 的下行速度和 1Mbit/s 的上行速度。这个标准已被 2002 年发布的 ADSL2 超越，下行速度经过不断的改进，已经可以达到 12Mbit/s，上行速度仍然是 1Mbit/s。现在，又有了 ADSL2+，它使用双绞线上的双倍带宽（2.2MHz）把下行速度翻了一倍，达到 24Mbit/s。

HDSL 是一种具有极高速率的非对称数据传输技术，可以为住宅用户和企业客户提供高速网络连接和汇集业务。VDSL 技术的应用主要有两种方式。一种方法是可以在铜缆网中直接插入 VDSL 设备，不改变原有网络结构，还有一种方法是将原有铜缆线路中的最后部分换成光缆，网速由最后用户接入的铜缆部分决定。VDSL 比较经济可行，是网络改革中的一个重要补充方式。

铜线接入线路又分为双绞铜线、音频对称电缆和同轴电缆。

双绞线把两根绝缘的铜导线按照一定的密度逆时针互相绞在一起，可以降低导线彼此产生信号的干扰程度，每一根导线在传输中辐射的电磁波会被另一根导线上发射的电磁波抵消掉。其中绝缘外套中包裹铜线两两相绞，形成双绞线对，因此而得名双绞铜线。双绞线数据电缆，按频率和信噪比可分为：3 类、4 类、5 类、超 5 类、6 类、7 类等。用在计算机网络通信方面至少是 3 类。

音频对称电缆是由多股绝缘芯线按照一定的规则扭绞而成。以话音信道为主要传输媒质的通信电缆（模拟用户环路的传输媒质），话音信道是指传输频带在 300~3400Hz 的音频信道。其芯线线径为 0.4~0.9mm 的铜线，每一芯线的外面用绝缘的纸或塑料覆盖而成，多股绝缘芯线按照成对扭绞或星形四线组扭绞的方式，并通过变换扭矩来减少不同线对之间的串音干扰。一条大容量的音频对称电缆是由若干"扎组"构成，每个扎组由若干"线对多元组"组成，一个线对多元组又包含若干个"线对单元"，一个线对单元可以包括 12、13 或 50 对等双绞线。

同轴电缆是有线电视系统中用来传输射频信号的主要媒质，它是由芯线和屏蔽网筒构成的两根导体。射频同轴电缆由内导体、绝缘介质、外导体（屏蔽层）和护套 4 部分组成。同轴电缆能够传输比双绞线电缆更宽的频率范围（100kHz~500MHz）的信号。一种是用于数字传输，由于多用于基带传输，也叫基带同轴电缆；另一种是 75Ω 电缆，用于模拟传输。

3.1.1.2 光纤接入网

按光在光纤中的传输模式，光纤分为多模光纤和单模光纤。多模光纤粗，价格低，相对单模光纤，容量不大，传输距离短。单模光纤相对较细，价格较高，性能也很高，适用于长距离通信。

在光纤通信系统中，常用的信号波长窗口有以下几种：

（1）第一窗口（O 波段）：在 1260~1360nm 之间，常用于长距离传输和光纤放大器。

（2）第二窗口（E 波段）：在 1460~1525nm 之间，常用于光纤传感、分布式光纤传感和光纤放大器。

（3）第三窗口（S 波段）：在 1530~1565nm 之间，常用于光纤通信系统中的光纤放大器和光纤光栅。

（4）第四窗口（C 波段）：在 1565~1625nm 之间，常用于长距离传输、光纤放大器和光纤光栅。

（5）第五窗口（L 波段）：在 1625~1675nm 之间，常用于长距离传输和光纤放大器。

（6）第六窗口（U 波段）：在 1675~1725nm 之间，主要用于分布式光纤传感。

这些波长窗口被选择是因为它们在光纤中的传输性能较好，能够减小光纤的色散和损耗，同时还具有较高的光纤非线性效应。不同的波长窗口可以根据具体的应用需求进行选择。

数字光纤传输系统组成如图 3-3 所示。

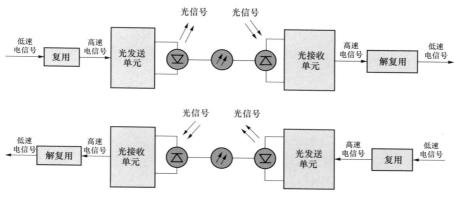

图 3-3　数字光纤传输系统

根据光接入节点位置不同，光纤接入方式又分为：光纤到户（fiber to the home，FTTH）、光纤到楼（fiber to the building，FTTB）、光纤到路边（fiber to the curb，FTTC）和光纤到办公室（fiber to the office，FTTO）。传统接入网的主要接入方式主要有：V5 接入、无源光网络（passive optical network，PON）接入、xDSL 接入和光纤 / 同轴混合网（HFC）接入。

根据接入网室外传输设施中是否含有源设备，光接入网（OAN）可以划分为有源光网络（AON）和无源光网络（PON）。有源光网络实际上是主干网技术在接入网中的延伸，比如 SDH、PDH 等。目前的有源光接入网主要指综合的数字环路载波系统（IDLC），采用电复用器分路。IDLC 本质上仍属于窄带技术，支持的业务也很有限。而且，作为有源设备仍然无法完全摆脱电磁干扰和雷电影响，以及有源设备固有的维护问题，存在供电、可靠性等问题，所以 IDLC 不是光接入网长远的解决方案。

无源光网络（PON），是指在 OLT（光线路终端）和 ONU（光网络单元）之间的光分配网络（ODN）没有任何有源电子设备。PON 作为一种纯介质网络，它有效地避免了外部设备的电磁干扰和雷电影响，减少了线路和外部设备的故障率，提高了系统的可靠性，同时降低了维护成本，是一种很有前景的光接入网技术。PON 包括 APON、EPON、GPON 等技术。

无源光网络示意图如图 3-4 所示。

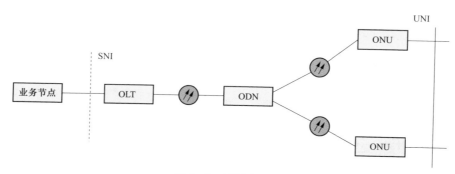

图 3-4　无源光网络

有源光网络示意图如图 3-5 所示。

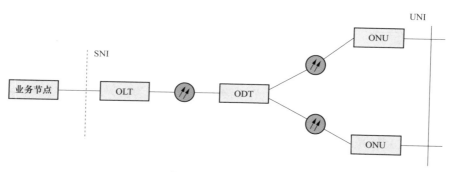

图 3-5　有源光网络

其中，OLT：光线路终端；ODN：光分配网络；ONU：光网络单元；ODT：光远程终端。

光接入网中 OLT 与 ONU 之间的传输分上行和下行两个方向。信号从 OLT 到 ONU，称为"下行"；信号从 ONU 到 OLT，称为"上行"。

下行通信时采用广播方式，各 ONU 在规定的时隙接收自己的信息；上行通信时，由于多个 ONU 共享一根光纤传输，而每个 ONU 发送信号是突发的，为了避免碰撞，需要某种分配策略，以实现传输信道的共享。通常采用的复用技术有空分复用（SDM）、时分复用（TDM）、波分复用（WDM）。

SDM 技术的基本原理是上下行双向通信各使用一根光纤，两个方向的通信单独进行，互不影响。由于使用了独立的两根光纤，性能最佳，设计最简单，但成本高。

TDM 技术是在同一光载波波长上，把时间分成周期性的帧，每个帧再分成若干个时隙，根据一定时隙分配原则，给每个 ONU 分配一根固定时隙，规定每个 ONU 在每帧内只能在分配的固定时隙内向 OLT 上传数据。由于每个 ONU 到 OLT 的距离不等，传输时延不同，到达 OLT 的相位也不同，为防止在光分路器中出现碰撞，需要 OLT 有完善的测距技术，以实现发送定时调整，保证频率同步。

把不同波长的光信号复用到一根光纤中进行传送，每个波长作为一个独立的通道传输一种预定波长的光信号的方式统称为波分复用。即用不同的光载波传输不同的信息，实际上是光的频分复用。波分复用可分为 WDM 和 DWDM。WDM 是不同窗口的光波进行复用，DWDM 是同一窗口的多个光波复用。

3.1.1.3　混合接入网

混合接入网是指接入网的传输媒质采用光纤和同轴电缆混合组成，主要有两种方式：

（1）光纤/同轴电缆混合（HFC）方式。

（2）交换型数字视像（switched digital video，SDV）方式。

HFC 是有线电视（CATV）网和电话网结合的产物，是目前将光纤逐渐推向用户的一种较经济的方式。CATV 系统的主干线路用的是光纤，在 ONU 之后，进入各家各户的最后一段线路大多利用原来的共用无线电视系统的同轴电缆。但这种光纤加同轴电缆的 CATV 方式仍是单向分配型传输，不能传输双向业务。

HFC 接入网示意图如图 3–6 所示。HFC 是一种副载波调制（SCM）系统，是以电的副载波去调制光载波，然后将光载波送入光纤传输。HFC 的最大特点是技术上比较成熟，价格比较低廉，同时可实现宽带传输，能适应今后一段时间内的业务需求而逐步向光纤到家（FTTH）过渡。无论是数字信号还是模拟

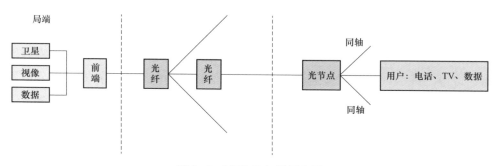

图 3–6　HFC 接入网示意图

信号，只要经过适当的调制和解调，都可以在该透明通道中传输，有很好的兼容性。

为了满足双向数字、通信等业务迅速发展的需要，出现了交换型数字视像方式（SDV）。SDV 是将 HFC 与 FTTC 结合起来的一种组网方式。它是由一个 FTTC 数字系统与一个单向的 HFC 有线电视系统重叠而成。SDC 主干传输部分采用共缆分纤的 SDM（空分复用）方式分别传送双向数字信号（包括交换型数字视像和语音）和单向模拟视像信号。上述两种信号在设置于路边的 ONU 中分别恢复成各自的基带信号；从 ONU 出来后，语音信号经双绞线送往用户，数字和模拟视像信号经同轴电缆送往用户；同时，ONU 由同轴电缆负责供电。SDV 结构原理如图 3-7 所示。

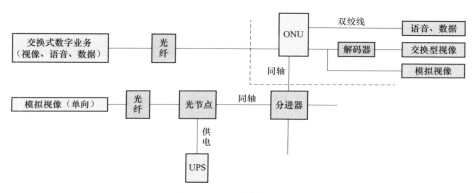

图 3-7　SDV 结构原理图

SDV 不是一种独立的系统结构，而是 FTTC 与 HFC 结合起来应用的一种方式，其基本技术和系统结构是无源光网络（PON）；同时，SDV 也不是一种全数字化系统，而是数字和模拟兼容系统；SDV 也不单传送视像，还可以同时传送语音和数据。

3.1.1.4　电力有线通信接入技术

电力有线通信接入分为三类，分别是电力载波通信技术（power line communication，PLC）、以太网无源光网络通信技术和工业以太网技术。以光纤为载体的 EPON、工业以太网具有通信容量大、质量高、性能稳定、防电磁干扰、保密性强等优点，以电力线为载体的载波通信是对光纤通信技术的一个重要补充，充分利用了电网丰富的线路资源，具有安装调试简单的优点。总体来看，电力有线通信的网络架构较为简单，技术成熟，更新换代周期较长。

1. 电力载波通信技术

电力线载波通信是利用高压电力线（在电力载波领域通常指 35kV 及以上

电压等级）、中压电力线（10kV 电压等级）或低压配电线（380/220V 用户线）作为信息传输媒介进行语音或数据传输的一种特殊的通信方式。它作为电力系统特有的一种通信方式，由于输电线路机械强度高、可靠性好，同时具有一定经济性，在电力通信系统中得到了广泛应用。电力线通信的调制技术由传统模拟调制技术，发展到扩频通信技术，再到现今热门的正交频分复用（orthogonal frequency division multiplexing，OFDM）全数字载波技术，电力线通信的信号传输可靠性以及速度也大幅提升。

目前的电力载波通信系统主要由电力线载波网桥、信号耦合器和传输线路等部分组成。

电力线载波典型应用架构如图 3-8 所示。

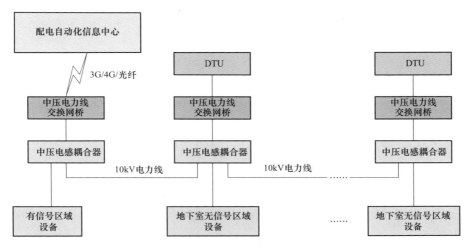

图 3-8　电力线载波典型应用架构

2. 以太网无源光网络通信技术

以太网无源光网络（Ethernet over passive optical networks，EPON）是一种基于以太网和无源光网络（PON）的光纤接入技术。该技术的产生是为了让接入网更好地适配 IP 业务。EPON 采用点到多点结构，利用双波长单纤双向（即上行和下行）的方式进行通信，具有传输距离长、组网方式灵活、带宽大、抗电磁干扰能力强等特点，适于承载电网大带宽、高可靠、低延时类业务，如配电自动化"三遥"、精准负荷控制、高清视频监控等。

PON 系统由光线路终端（optical line terminal，OLT）、光网络单元（optical network unit，ONU）和光分配网络（optical distribution network，ODN）组成，如图 3-9 所示。

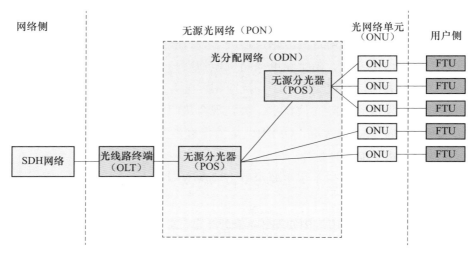

网络侧

无源光网络（PON）

光网络单元（ONU）

用户侧

光分配网络（ODN）

图 3-9　PON 系统结构图

EPON 技术与配电网结构、配电终端数量与分布、配电设备运行环境、配网业务易扩展性等方面有较好的契合度，因此在电力系统中配电网通信具有广泛的应用，承载了大量的配电自动化相关业务。

3. 工业以太网技术

在能源互联网中，工业以太网多用在各类智能变电站，由于智能变电站中保护、测控装置对通信实时性要求很高，而传统以太网采用的 CSMA/CD 协议是一种非确定性网络通信方式，且不支持优先级传输。因此，基于信息优先级、交换式以太网技术的工业以太网，称为构建智能变电站终端通信接入网络的主要形式。

工业以太网技术在电网中的应用目前主要集中在智能变电站综合自动化系统，其典型结构采用"三层两网"结构，三层即站控层、间隔层和过程层，两网即站控层网络和过程层网络，各层之间由通信网络连接而保持联系。通信网络是智能变电站内智能电子设备之间、智能电子设备与其他系统、各系统之间信息交换的纽带，站控层及过程层通信网络均采用高速工业以太网。

电力线载波通信、以太网无源光网络和光纤工业以太网是电力终端业务三大典型的有线接入通信网络方式。三种通信网络组网方式优缺点比较见表 3-1。

表 3-1 三种通信网络组网方式优缺点比较

通信组网方式	优点	缺点
工业以太网	带宽高。 保护倒换时间短，实时性高。 传输距离长。 节点数多。 安装简	对电力系统（配网）中光纤走向、光纤资源的要求较高。 当环网上节点数目较多时，导致安全性下降，同环中两个或两个以上节点故障都会导致该环网络瘫痪。 存在网络安全风险
电力线载波	安全可控、拓扑灵活。 建设与维护方便。 无需单独铺设其他通信载体，节约成本	间歇性噪声较大。 信号衰减过大。 大规模组网非常困难。 只适用于对网络时延要求较低的通信网络
EPON	网络建设成本低、运维成本低、经济高效。 节省光纤资源。 网络可靠性高	传输距离与节点数受限。 而对于单 MAC 地址的 ONU，倒换时间达不到电力上的要求，实时性较差。 会受到级数限制

3.1.2 无线接入网

无线接入系统采用无线传输技术，通过空间电磁波来传输信息，无线传输所占用的信道即称为无线信道。

3.1.2.1 微波通信

微波通信（microwave communication），是使用波长在 0.1mm 至 1m 之间的电磁波——微波进行的通信。该波长段电磁波所对应的频率范围是 300MHz 至 3000GHz。与同轴电缆通信、光纤通信和卫星通信等现代通信网传输方式不同的是，微波通信是直接使用微波作为介质进行的通信，不需要固体介质，当两点间直线距离内无障碍时就可以使用微波传送。利用微波进行通信具有容量大、质量好并可传至很远的距离的特点，因此是国家通信网的一种重要通信手段，也普遍适用于各种专用通信网。

中国微波通信广泛应用 L、S、C、X 诸频段，K 频段的应用尚在开发之中。由于微波的频率极高，波长又很短，其在空中的传播特性与光波相近，也就是直线前进，遇到阻挡就被反射或被阻断，因此微波通信的主要方式是视距通信，超过视距以后需要中继转发。一般说来，由于地球曲面的影响以及空间传输的损耗，每隔 50km 左右，就需要设置中继站，将电波放大转发而延伸。这种通信方式，也称为微波中继通信或称微波接力通信。长距离微波通信干线可以经过几十次中继而传至数千千米仍可保持很高的通信质量。

无线电波划分见表 3-2。

表 3-2　无线电波划分

频段名称	频率范围	波段名称	波长范围
甚低频（VLF）	3~30kHz	万米波，甚长波	10~100km
低频（LF）	30~300kHz	千米波，长波	1~10km
中频（MF）	300~3000kHz	百米波，中波	100~1000m
高频（HF）	3~30MHz	十米波，短波	10~100m
甚高频（VHF）	30~300MHz	米波，超短波	1~10m
特高频（UHF）	300~3000MHz	分米波	10~100cm
超高频（SHF）	3~30GHz	厘米波	1~10cm
极高频（EHF）	30~300GHz	毫米波	1~10mm
	300GHz~3THz	亚毫米波	0.1~1mm

微波按波长不同可分为分米波、厘米波、毫米波及亚毫米波，分别对应于特高频 UHF（0.3~3GHz）、超高频 SHF（3~30GHz）、极高频 EHF（30~300GHz）及至高频 THF（300GHz~3THz）。微波中部分频段常用代号来表示，见表 3-3。

表 3-3　微波中的部分频段代号

代号	频段（GHz）	波长（cm）
L	1~2	30~15
S	2~4	15~7.5
C	4~8	7.5~3.75
X	8~13	3.75~2.31
Ku	13~18	2.31~1.67
K	18~28	1.67~1.07
Ka	28~40	1.07~0.75
U	40~60	0.75~0.5
V	60~80	0.5~0.375
W	80~100	0.375~0.30

其中，L 频段以下适用于移动通信。S 至 Ku 频段适用于以地球表面为基地的通信，包括地面微波接力通信及地球站之间的卫星通信，其中 C 频段的应用最为普遍，毫米波适用于空间通信及近距离地面通信。为满足通信容量不断增长的需要，已开始采用 K 和 Ka 频段进行地球站与空间站之间的通信。60GHz 的电波在大气中衰减较大，适宜于近距离地面保密通信。94GHz 的电波在大气中衰减很小，适合于地球站与空间站之间的远距离通信。

3.1.2.2 卫星通信

人造卫星是环绕地球在空间轨道上运行的无人航天器。按照卫星业务分为通信卫星、导航卫星、遥感卫星、太空观测卫星以及试验卫星。卫星通信具有广域覆盖、机动灵活、抗毁性强等特点，可作为光纤通信的有效补充，为电力系统的无信号区输电线路在线监测装置、无人机自主巡检、基建安全管控、"源端"信息采集等生产经营以及电力应急抢险提供"高可靠、广覆盖、高质量"的通信通道。

本节主要讨论有效支撑电力系统业务的三类卫星通信技术：多用于承载电力内网宽带业务的传统通信卫星、多用于承载卫星互联网的高通量通信卫星和多用于承载电力内网窄带业务的北斗导航卫星。

卫星通信系统由空间段和地面段两部分组成。空间段以卫星为主体，并包括地面卫星控制中心（satellite control center，SCC）和跟踪、遥测及指令站（tracking，telemetry and command station，TT&C）。地面段包括了支持用户访问的卫星转发器，并实现用户间通信的所有地面设施。卫星地球站是地面段的主体，它提供与卫星的连接链路，其硬件设备与相关协议均适合卫星信道的传输。除地球站外，地面段还应包括用户终端，以及用户终端与地球站连接的"陆地链路"。由于传统通信卫星、高通量卫星以及北斗导航卫星属于不同的卫星体系，在电力系统应用中，结合业务需求分别建设了基于传统通信卫星的电力卫星通信系统、基于高通量通信卫星的卫星互联网系统、基于北斗导航卫星的北斗综合服务平台。

通过租赁卫星运营商卫星带宽资源，由电力系统自建地面的卫星通信系统（包括卫星中心站、卫星固定站、卫星便携站、卫星车载站等），构建电力卫星专网，用于承载视频会议、行政电话、OA 等电力内网业务。典型系统架构如图3-10 所示，系统采用甚小口径终端（very small aperture terminal，VSAT）卫星通信系统架构，结合无线单兵图传、超短波对讲等近程接入方式组建。VSAT 卫星通信由中心站、车载站、固定站和便携站等卫星地球站组成，各类业务终端（视

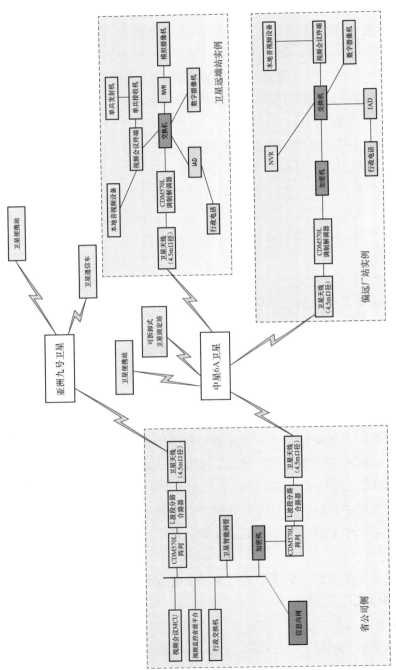

图3-10 传统通信卫星应用典型系统架构

频监控、视频会议终端、语音网关、操作终端等设备）与卫星地球站互联，并在各类卫星地球站内加装加密机，进行卫星链路空口加密，实现系统内各个站点之间的各种通信业务（语音、视频、数据）安全、可靠的传输要求。

高通量通信卫星（high throughput satellite，HTS），也称高吞吐量通信卫星，是相对于使用相同频率资源的传统通信卫星而言的，主要技术特征包括多点波束、频率复用、高波束增益等。目前国内高通量卫星有中星 16 号和亚太 6D，卫星通信容量分别可达 20、50Gbit/s。高通量卫星通信系统仍采用 VSAT 卫星通信。

北斗卫星导航系统（Beidou navigation satellite system，BDS）是我国自行研制的全球卫星导航系统，也是继 GPS、GLONASS 之后的第三个成熟的卫星导航系统。北斗卫星导航系统由空间段、地面段和用户段三部分组成，可在全球范围内全天候、全天时为各类用户提供高精度、高可靠定位、导航、授时服务，并且具备短报文通信能力。

电力系统依托北斗导航提供的定位导航授时（RNSS）、区域短报文通信（RSMC）、地基增强（GAS）等服务在地面建设电力北斗地基增强站，在省级建设电力北斗综合服务平台，通过隔离装置与内网各业务系统实现数据交互，统一对电网各个业务领域提供精准的位置服务、授时服务以及区域短报文服务，支撑运检、基建、营销、后勤、调度等各专业的应用。

传统通信卫星和高通量卫星由于具有大带宽的特点可传输视频、语音、数据等高速率业务，而北斗导航卫星则多用于定位、授时以及速率低、延时要求低的业务。

3.1.2.3 电力 4G 无线虚拟专网

4G 包含宽带无线固定接入、宽带无线局域网、移动宽带系统，较 3G 有更多的功能。4G 包含 TD-LTE 和 FDD-LTE 两种制式，我国主要采用具有自主知识产权的 TD-LTE 制式，其支持 1.4~20MHz 的频宽灵活配置。4G 依托 OFDM、多输入输出（multiple input multiple output，MIMO）、智能天线和软件无线电（software defined radio，SDR）等技术，在通信质量和速度上实现了显著提升。按照国际电信联盟（ITU）的定义，4G 静态传输速率达到 1Gbit/s，高速移动状态下可以达到 100Mbit/s。

4G 无线接入网是指主要完成无线传输、无线资源控制和移动性管理，它们是通过 CN 和 RAN 共同完成的。第四代移动通信系统主要是以正交频分复用（OFDM）为技术核心。OFDM 技术的特点是网络结构高度可扩展，具有良好的抗噪声性能和抗多信道干扰能力，可以提供无线数据技术质量更高（速率高、时延小）的服务和更好的性能价格比，能为 4G 无线网提供更好的方案。例如无线区域环路（WLL）、数字音讯广播（DAB）等，预计都采用 OFDM 技术。

电力 4G 无线虚拟专网是充分利用各通信运营商 4G 无线网络，打造的一个规范化、端到端、可管可控、安全可靠的电网专用无线虚拟通信网络，为电力数据提供安全的 4G 无线传输通道。电力 4G 无线虚拟专网总体组网架构采用省电力公司与运营商集中接入的模式。电力 4G 无线虚拟专网网络位置示意图如图 3-11 所示。

图 3-11　电力 4G 无线虚拟专用网网络位置示意图

对于需要接入公司信息内外的无线业务，业务数据从终端接入运营商的无线网络，使用不同隧道技术进行封装，传输至目的地址进行解封装后通过安全装置接入公司信息内网，无线业务接入信息内网示意图如图 3-12 所示。整个网络被划分为终端域、专网域、网络边界和内网域。

（1）终端域：各类电力业务终端依托运营商网络接入，可采用电力专用 APN（access point name）接入或 VPDN（virtual private dialup networks）拨号接入方式。常用的 APN 接入方式一般按照业务分类，不同类型的业务使用不同的 APN 接入，且终端 IP 地址采用静态分配方式。

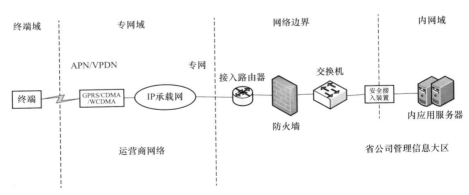

图 3-12　无线业务接入信息内网示意图

（2）专网域：业务数据在运营商承载网中传输采用 GRE（generic routing encapsulation）隧道技术或 MPLS（multi-protocol label switching）技术等。GRE 建

立一个虚拟的点对点的通路，该隧道上原始 IP 分组被封装成一个新的 IP 报文，路由器根据报文外层的公网 IP 头进行数据转发。MPLS 技术引入了基于标签的机制，把选路和转发分开。MPLS 可以把现有 IP 网络分解成逻辑上隔离的网络，由标签来规定一个分组通过网络的路径，数据传输通过标签交换路径（LSP）完成。

（3）网络边界：网络边界是指电网内部安全网络与外部公用互联网的分界线，即企业控制范围的边缘。在该区域须完成针对不同网络环境的安全防御措施，电力 4G 无线虚拟专网网络边界域采用防火墙和 IDS 进行访问控制和网络攻击检测，专线从运营商承载网边界设备开始到电力网络边界路由器结束。

（4）内网域：内网域是电网内部的数据网络、业务网络等，该域采用公司专用的安全接入设备实现终端到边界的加密传输、终端合法性认证和数据隔离交换等安全功能。

3.1.2.4　电力 5G 无线虚拟专网

第五代移动通信技术（5G）是 4G 技术的延伸和增强，与 4G 主要面向用户（to customer，2C）不同，5G 试图推向各行各业，即面向行业（to business，2B），向数字化和智能化发展。5G 标准定义了增强移动宽带（enhanced mobile broad band，eMBB）、大规模机器类通信（massive machine-type communications，mMTC）和高可靠低延时（ultra reliable low-latency communications，uRLLC）三种应用场景。相比 4G 技术而言，5G 峰值速率将从 4G 的 100Mbit/s 提高到 10Gbit/s，可支持的用户接入数量将增长到 100 万用户 /km^2，满足物联网多行业、多业务类型的海量接入场景。

电力 5G 无线虚拟专网是依托运营商 5G 网络，基于网络切片、多接入边缘计算（multi-access edge computing，MEC）技术等，虚拟出一张电力行业专用的 5G 通信网络，实现端到端的电网业务传输。

切片通道内为不同业务设置专用 DNN（data network name）、通过映射 VPN 的形式实现业务间逻辑隔离，DNN 内配置多种 5QI 等级，采用差异化的 5QI 等级实现不同业务终端间的优先级调度。

1. 网络切片技术

网络切片基于网络功能虚拟化（NFV）和软件定义网络（SDN）技术，是 5G 最具代表性技术，也是 5G 能广泛、深入应用电力行业的重要因素。3GPP 对网络切片的定义为：一个网络切片是一张逻辑网络，提供一组特定的网络功能和特性，可编排、可隔离，在统一的底层物理设施基础上实现多种网络服务是网络切片的关键特征。端到端网络切片可以从核心网、承载网以及无线网不同维度进行切片组合，且各维度的切片各有侧重，针对不同用户和业务采用不同切片，形成逻辑与物理隔离，提升网络安全、降低时延，完成灵活的切片划分，可以满足电网不同应用场景的需求。目前运营商提供的5G切片模式包括完全独立切片、共享部分网元切片和完全共享切片三种结构，如图3-13所示。

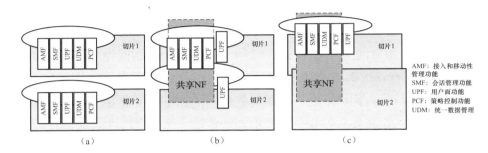

图3-13 三种切片结构
（a）完全独立切片；（b）共享部分网元切片；（c）完全共享切片

2. 多接入边缘计算

多接入边缘计算（multi-access edge computing，MEC）一般指在网络边缘侧通过运营商连接和计算能力的下沉部署，将网络业务流量在本地分流和处理，MEC实现数据在本地计算，实现计算的就地化，减轻了骨干通信网络负载，降低了由于数据上传和回传带来的时延，同时可以避免企业敏感数据穿越公网，提高数据的安全性，从而来满足业务的实时性并减轻云计算体系中其核心网络的带宽拥塞问题。

5G移动通信网络是在4G网络的基础上进行调整的，提供峰值10Gbit/s以上的带宽，毫秒级时延和超高连接密度，在网络峰值速率、终端移动性、时延性能、频谱效率、用户体验速度、连接数密度、流量密度和能量效率相比4G实现10~100倍的性能提升。

建设电力5G无线虚拟专网，在有效提升业务数据传输安全性的前提下，可满足电网三大类业务需求：①高可靠超低时延需求，包括智能分布式配电自动化、毫秒级精准负荷控制、主动配电网差动保护等工业控制类下行业务；②海量物联终端接入需求，包括低压用电信息采集、智能汽车充电站/桩、分布式电源接入等信息采集类上行业务；③高清音视频通信需求，包括输变电线路状态监控、无人机远程巡检、变电站机器人巡检、AR远程监护、视频通话等高清音视频类业务场景。同时，利用5G开放能力，可实现电力通信终端的连接管理、设备管理、业务管理、专用网络切片管理、认证和授权管理等创新业务，更好地支撑智能电网运维管理。

3.1.2.5 UWB

UWB（ultra wideband），又名超宽带，是一种无载波通信技术，利用纳秒至微秒级的非正弦波窄脉冲传输数据。通过在较宽的频谱上传送极低功率的信号，UWB 能在 10m 左右的范围内实现每秒钟数百兆比特至数吉比特的数据传输，具有抗干扰性能强、传输速率高、系统容量大的特点。UWB 系统发射功率非常小，通信设备可以用小于 1mW 的发射功率就能实现通信。低发射功率大大延长系统电源工作时间。而且，发射功率小，其电磁波辐射对人体的影响也会很小。

表 3-4 给出了 UWB 与蓝牙、802.11a 和 HomeRF 的技术对比。

表 3-4　UWB 与其他技术的对比

技术	UWB	蓝牙	802.11a	HomeRF
速率（bit/s）	最高达 1G	< 1M	54M	1~2M
距离（m）	< 10	10	10~100	50
功率	1mW 以下	1~100mW	1W 以上	1W 以下
应用范围	探距离多媒体	家庭或办公室	电脑和 Internet 网关	电脑、电话及移动设备

3.1.2.6 电力无线专网

电力无线专网是电网企业基于授权电力专属频率的基础上自建的一张可管、可控、一网多能的无线通信网络。自 2012 年起，国家电网有限公司采用 LTE1800MHz、LTE230MHz 和 IoT230MHz 三种制式开展了电力无线专网的试点建设。电力无线专网通信系统主要是由核心网、基站、通信终端及网管系统构成，如图 3-14 所示。电力无线专网的三种制式技术对比见表 3-5。

表 3-5　电力无线专网的三种技术体制对比

对比维度	1800MHz TD-LTE	LTE-G 230MHz	IoT-G 230MHz
产业链成熟度	TD-LTE 的产业链完全符合 3GPP 标准，具有完整的产业链	处于可行性验证阶段，仍有诸多实际问题未解决，如系统的干扰潜在问题。产业链封闭	基于 4.5G，面向 5G，bT-G 230MHz 使能电力物联网、类 LTE 与 NB-bT 协议复用 LTE NB-bT 产业链，具有更开放的能力

续表

对比维度	1800MHz TD-LTE	LTE-G 230MHz	IoT-G 230MHz
网络性能	TD-LTE系统时延小，性能高，可同时承载多路高清视频监控业务。TD-LTE基站支持5、10MHz和200MHz带宽，速率高，容量高，同时扩容方便，受限制少	受实际可用频点带宽所限，业务传输性能（如时延，吞吐量等参数）较差。单子带25kHz频谱提供44kbit/s速率，载波聚合后的带宽仍然比较窄（40×25kHz=1MHz），支持的速率极其有限，容量低，只能达到2Mbit/s左右的峰值速率	10ms帧长，免调度，空口20ms超低时延满足精准负控时延需求。离散载波灵活选择和聚合。223~226MHz，229~233MHz带宽内7MHz离散载波灵活选择和聚合，满足多样的电力业务要求。业务切片：资源隔离实现控制类、采集类业务隔离和不同需求。支持IPv4和IPv6双栈，满足未来海量终端部署要求。基于宏站LTE分支开发，架构上支持230MHz&1800MHz网络融合，保护投资，简化运维
终端	CPE轻便(≤2.5kg)，体积小（约25cm×25cm×6cm），安装便捷，维护轻便	终端笨重，体积大（38cm×26cm×10cm），质量大（≥10kg），安装不便，维护困难	体积小（约25cm×25cm×6cm），安装便捷，维护轻便。DRX，简化协议栈。终端模组静态功耗小，支持电能表和故障指示器
干扰	TD-LTE的严格遵守宣称频谱，符合标准	25k载波聚合，实际使用1.4MHz以上频谱，非法使用和干扰其他周边频谱	跳频，控制信道备份；跳频范围广，7M带宽；分组跳频支持窄带聚合，控制信道备份提高可靠性
频段具体信息	1785~1805MHz	230MHz	223~226MHz，229~233MHz带宽内7MHz离散载波灵活选择和聚合，满足多样的电力业务需求
频段用途	行业通用通信频段	电力数据采集频段	电力数据采集频段

3.1.2.7 低功耗无线通信

目前应用较多的低功耗无线通信技术有近距离的 ZigBee 和远距离的 LoRa。

1. ZigBee

ZigBee，也称紫蜂，是一种低功耗、短距离、无线通信协议，旨在为物联网（IoT）设备提供可靠的数据传输和通信。它基于 IEEE 802.15.4 标准，适用于小型、低功耗且通信需求不高的设备网络。Zigbee 以其低成本、低能耗和简单配

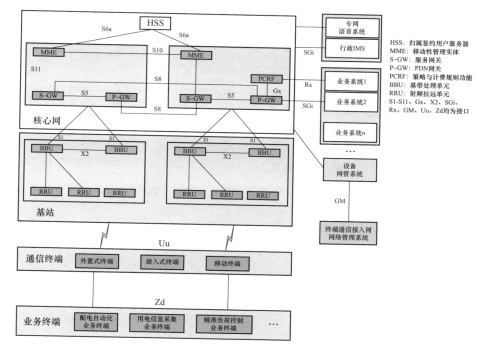

图 3-14　电力无线专网通信网络结构示意图

置等特点，在家庭自动化、智能照明、无线传感器网络等领域得到广泛应用。

Zigbee 协议采用了星型拓扑结构，其中一个设备作为协调器（coordinator），其他设备通过与协调器的无线通信进行连接，形成一个 Zigbee 网络。它支持多种网络拓扑结构，包括点对点、星型、网状和混合结构，以满足不同应用场景的需求。

Zigbee 的主要优势在于其低功耗和长电池寿命。它通过在通信过程中使用低功耗睡眠模式和快速唤醒技术，以实现设备的长时间运行。这使得 Zigbee 非常适用于需要长时间离线运行或使用电池供电的设备，如智能家居传感器、无线门锁和智能电能表等。

此外，Zigbee 还支持安全加密通信，确保数据的机密性和完整性。它采用了 128 位 AES 加密算法，以防止信息泄露和网络攻击。这使得 Zigbee 网络在保护用户隐私和数据安全方面具有可靠性。

2. LoRa

远距离无线电（long range radio，LoRa）是一种基于扩频技术的低功耗长距离无线通信技术。LoRa 网络架构和协议栈如图 3-15 所示。LoRa 网络架构是星

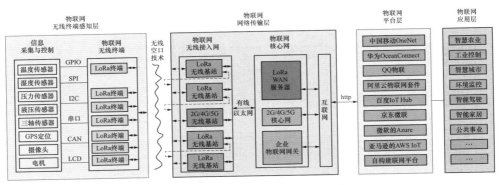

图 3-15　LoRa 网络架构和协议栈示意图

形拓扑结构，终端节点涉及整个系统的物理层、MAC 层和应用层，处于网络的底层，主要功能是负责采集应用所需的传感信息，或执行上层应用的指令。网关收集终端上送的信息，并做协议转换（TCP/IP），并将解调设备上发的射频信息，调制服务器下发的命令信息发送给终端。网络服务器负责进行 MAC 层处理，包括自适应速率选择、网关管理和选择、MAC 层模式加载等。网关与服务器通过标准 IP 连接，而终端设备采用单跳与一个或多个网关通信，所有的节点均是双向通信。应用服务器从网络服务器获取应用数据，完成应用状态展示和及时告警等。

相比于其他低功耗广域网技术，LoRa 在同等发射功率下能与网关／集中器进行更长距离的通信，实现了低功耗和远距离的统一；并且物理层利用扩频技术可以提高接收灵敏度，能够覆盖更广的范围终端与网关通信；可选用不同的扩频因子，以达到通信距离、信号强度、通信速度、消息发送时间与电池寿命、网关容量之间的最优化。LoRa 主要技术特点见表 3-6。

表 3-6　LoRa 主要技术特点

物理层	IEEE 802.15.4g
工作频段	全球免费频段运行，包括 433、868、915MHz 等
调整方式	是线性调制扩频（CSS）的一个变种，具有前向纠错（FEC）能力，Semtech 公司私有专利技术
容量	一个 LoRa 网关可以连接成千上万个 LoRa 节点
电池寿命	长达 10 年
安全	AES128 加密
传输速率	几十到几百千比特每秒，速率越低传输距离越长

3.1.2.8 Wi-Fi

Wi-Fi 是基于 IEEE 802.11 标准的无线局域网技术。在无线局域网的范畴是指"无线相容性认证"，通过无线电波来联网。常见的就是通过无线路由器联网。在无线路由器电波覆盖的有效范围都可以采用 Wi-Fi 连接方式进行联网。如果无线路由器连接了一条 ADSL 线路或者别的上网线路，则又被称为热点。

各个版本的 Wi-Fi 的特点见表 3-7。

表 3-7　Wi-Fi 的主要版本特点

Wi-Fi 版本	Wi-Fi 标准	发布时间	最高速率	工作频段
Wi-Fi 7	IEEE 802.11be	2022 年	30Gbit/s	2.4GHz、5GHz、6GHz
Wi-Fi 6	IEEE 802.11ax	2019 年	11Gbit/s	2.4GHz 或 5GHz
Wi-Fi 5	IEEE 802.11ac	2014 年	1Gbit/s	5GHz
Wi-Fi 4	IEEE 802.11n	2009 年	600Mbit/s	2.4GHz 或 5GHz
Wi-Fi 3	IEEE 802.11g	2003 年	54Mbit/s	2.4GHz
Wi-Fi 2	IEEE 802.11b	1999 年	11Mbit/s	2.4GHz
Wi-Fi 1	IEEE 802.11a	1999 年	54Mbit/s	5GHz
Wi-Fi 0	IEEE 802.11	1997 年	2Mbit/s	2.4GHz
2.4GHz（802.11b/g/n/ax），5GHz（802.11a/n/ac/ax）				

随着用户对高清视频（4K/8K）、游戏（时延 <5ms）、AR/VR、视频会议、远程办公等需求激增，这些业务对网络的传输速率和更低时延提出更高要求。Wi-Fi7 对应的标准为 IEEE802.11be EHT（extremely high throughout，极高吞吐量），Wi-Fi7 的主要目的是为了提供更高吞吐量和更低时延，最大理论通信速率为 30Gbit/s。

Wi-Fi 7 是在 Wi-Fi 6 的基础上引入了 320MHz 带宽、4096-QAM、Multi-RU、多链路操作、多 AP 协作等技术，使得 Wi-Fi 7 相较于 Wi-Fi 6 将提出更高的数据传输速率和更低的时延。

3.1.2.9 蓝牙

蓝牙（Bluetooth）是一种短距离无线通信技术，用于在设备之间进行数据传输和连接。它通过无线电波在 2.4GHz 频段上进行通信，并具有低功耗、简单易用和广泛兼容性的特点。蓝牙技术最初是为了解决手机与耳机之间的通信问题而开发的，但如今已经广泛应用于各种设备，包括智能手机、平板电脑、音箱、汽车、电子设备等。

蓝牙的波段为 2400~2483.5MHz（包括防护频带）。这是全球范围内无需取得执照（但并非无管制的）的工业、科学和医疗用（ISM）波段的 2.4GHz 短距离无线电频段。

蓝牙使用跳频技术，将传输的数据分割成数据包，通过 79 个指定的蓝牙频道分别传输数据包。每个频道的频宽为 1MHz。蓝牙 4.0 使用 2MHz 间距，可容纳 40 个频道。第一个频道始于 2402MHz，每 1MHz 一个频道，至 2480MHz。有了适配跳频（adaptive frequency-hopping，AFH）功能，通常每秒跳 1600 次。

蓝牙是基于数据包、有着主从架构的协议。一个主设备至多可和同一微微网中的七个从设备通信。所有设备共享主设备的时钟。分组交换基于主设备定义的、以 312.5μs 为间隔运行的基础时钟。两个时钟周期构成一个 625μs 的槽，两个时间隙就构成了一个 1250μs 的缝隙对。在单槽封包的简单情况下，主设备在双数槽发送信息、单数槽接受信息。而从设备则正好相反。封包容量可长达 1、3 个或 5 个时间隙，但无论是哪种情况，主设备都会从双数槽开始传输，从设备从单数槽开始传输。

3.1.2.10　星闪

星闪（near link），是中国原生的新一代近距离无线连接技术。星闪是全栈原创的新一代无线短距通信技术，相关标准由星闪联盟负责制定。星闪技术具备低时延、高可靠、高同步精度、支持多并发、高信息安全和低功耗等卓越技术特性。

星闪提供了两种空口接入技术，其性能指标对比见表 3-8。星闪基础接入 SLB（spark link basic）技术：可以理解为对标 Wi-Fi，拥有更快的速度、更低的时延和更大的数据传输，主要针对高功耗、高速率、高质量通信需求的设备。星闪低功耗接入 SLE（spark link low energy）技术：可以理解为对标低功耗蓝牙，拥有更低的功耗，主要针对低功耗、低速率的设备。

表 3-8　星闪空口接入技术的对比

比较项	SLB 性能指标	SLE 性能指标
峰值速率	G 链路峰值大于 900Mbit/s@ 单载波 20MHz T 链路峰值大于 450Mbit/s@ 单载波 20MHz 最大支持 16 载波，320MHz 带宽	12Mbit/s（最大 4MHz 带宽，最高 8PSK） 支持 96kHz 采样、32 位宽双声道无压缩音频

续表

比较项	SLB 性能指标	SLE 性能指标
空口时延	< 20μs	支持 250μs（双向）
可靠性	误块率（BLER）< 1×10^{-5}	—
同步精度	< 1μs（定时精度 ±30ns）	—
多用户能力	支持 4096 用户接入；支持 1ms 内 80 用户数据并发 @ 单载波 20MHz	支持 256 用户接入
覆盖	最低信噪比 −5dB	最低信噪比 −3dB
安全性	高安全（双向认证，算法协商，支持国密）	高安全（双向认证，算法协商，支持国密）
电流	—	数据通信：< 2mA@2Mbit/s

星闪无线通信系统架构如图 3-16 所示。

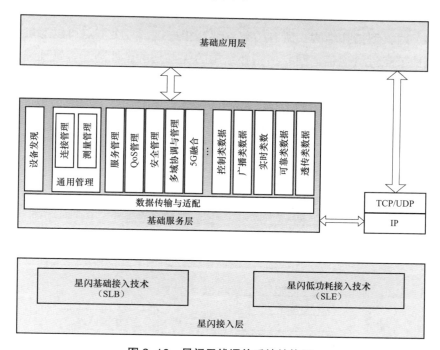

图 3-16　星闪无线通信系统结构图

星闪无线通信系统架构由三个层次组成，分别是基础应用层、基础服务层和星闪接入层。

3.2 传输网

3.2.1 网络架构与技术演进

传输网是用来提供信号（数据、声音、视频等）传送和转换的网络，是交换网、数据网和支撑网的基础网络。

传输网的网络拓扑结构通常有以下几种：

（1）星形拓扑结构：所有的节点都连接到一个中心节点，中心节点负责管理和控制所有的数据传输。星形拓扑结构的优点是易于管理和维护，但是如果中心节点出现故障，整个网络就会瘫痪。

（2）总线型拓扑结构：所有的节点都连接到同一个主干线上，每个节点可以通过主干线和其他节点进行通信。总线型拓扑结构的优点是成本低、易于扩展，但是如果主干线出现故障，整个网络就会瘫痪。

（3）环型拓扑结构：所有的节点通过一个环形的物理通道连接在一起，每个节点可以通过环形通道和其他节点进行通信。环型拓扑结构的优点是可靠性高、数据传输速度快，但是如果环形通道的一部分出现故障，整个网络就会瘫痪。

（4）网状型拓扑结构：所有的节点都互相连接，每个节点可以通过多条路径和其他节点进行通信。网状型拓扑结构的优点是可靠性高、容错性强，但是成本较高、管理和维护较为复杂。

传输网的网络拓扑结构根据实际需求和应用场景选择不同的类型，以满足数据传输的要求。传输网三层网络架构图如图 3-17 所示。

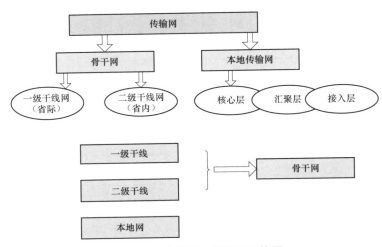

图 3-17 传输网三层网络架构图

传输网演进的重点是传输新技术引入带来的网络架构和带宽扩展。网络结构清晰化有利于业务点接入，便于业务调度及后期网络扩展。

从网络架构来看，传输网主要分为骨干层（网络的高速交换主干）、汇聚层（基于策略的链接）和接入层（将基站接入网络），各代传输技术在三层网络架构的应用场景有所不同。

（1）骨干层：骨干层是网络高速交换的主干，是实现骨干网络之间传输的关键，骨干层应具备保障冗余性、容错性、低时延性、高可靠性和保障数据高速传输的能力。由于骨干层是所有流量的最终承受者和汇聚者，运营商对骨干层的设计以及网络设备的要求十分严格，骨干层传输设备通常采用双机冗余进行热备份，也可以通过负载均衡技术来改善网络性能。

（2）汇聚层：汇聚层是网络接入层和骨干层的"中介"，基站产生的数据业务在接入骨干层前应先做汇聚，以减轻骨干层设备的负荷。由于需要处理来自接入层设备的所有通信量，并提供到核心层的上行链路，汇聚层传输设备与接入层相比，需要更高的性能以及更高的交换速率。此外，出于安全、稳定性考虑，运营商的网络控制功能一般在汇聚层而非骨干层实施，汇聚层具有实施策略、安全、虚拟局域网（VLAN）之间的路由、源地址或目的地址过滤等多种功能。

（3）接入层：接入层通常指网络中直接面向用户连接或访问的部分，向本地网络提供基站接入的能力。接入层利用光纤、双绞线、同轴电缆、无线接入等传输介质，实现与用户连接，并进行业务和带宽的分配。接入层目的是允许终端用户连接到网络，因此接入层传输设备具有低成本和高端口密度等特性。

回顾 2G、3G、4G 通信发展史，传输网经历了从电路到光路、从低速到高速、从单一信号到多路信号的演变，见表 3-9。目前运营商普遍采用的光传输网存在于发送端和接收端之间，通过光传输设备把电信号转换成光信号在光纤上传输，其优点是传输频带宽、信道容量大、线路损耗低、传输距离远、抗干扰能力强。此外，光纤的主要制造材料二氧化硅资源丰富且价格便宜，可以节约大量的金属资源。

在传输网进入光传输时代后，传输技术经历了准同步数字体系（PDH）、同步数字体系（SDH）、多业务传输平台（MSTP）、分组传送网（PTN）、无线接入网 IP 化（IP RAN）、波分复用（WDM）和光传送网（OTN）的演进，见表 3-10。

表 3-9　2G/3G/4G 移动通信技术演进

网络	商用时间	制式	传输速率	折合下载速度	特点
2G	2001 年 5 月	GSM、CDMA	150kbit/s	15~20kbit/s	以无线通信数字化为代表，能够进行窄带数据通信
3G	2009 年 1 月	WCDMA、CDMA2000、TD-SCDMA	1~6Mbit/s	120~600kbit/s	发展出高宽带的数据通信，并提高了语音通话安全性
4G	2013 年 12 月	TD-LTE、FDD-LTE	10~100Mbit/s	1.5~10Mbit/s	能够快速传输数据、高质量、音频、视频和图像

表 3-10　传输技术特点及应用场景

传输技术	特点	主要应用场景
准同步数字体系（PDH）	早期技术标准，为语音业务设计，上下电路成本高，网络维护难度大	接入层、汇聚层
同步数字体系（SDH）	电路交换、强大而灵活的交叉调度能力	接入层、汇聚层
基于 SDH 的多业务传送平台（MSTP）	电路交换、多业务接入、业务带宽灵活配置	接入层、汇聚层
分组传送网（PTN）	分组交换、统计复用、便捷的 OAM 和网管、可扩展	接入层、汇聚层
无线接入网 IP 化（IP RAN）	分组交换、统计复用、便捷的 OAM 和网管、可扩展、3 层路由功能	接入层、汇聚层
波分复用（WDM）	高速大容量颗粒优势	骨干层、汇聚层
光传送网（OTN）	解决传统 WDM 网络无波长 / 子波长业务调度能力差、组网能力弱、保护能力弱等问题	骨干层、汇聚层

传输网技术演进路线如图 3-18 所示。

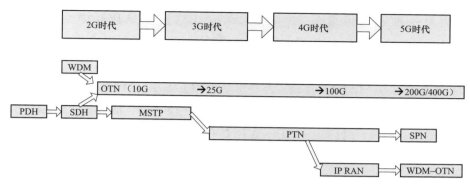

图 3-18　传输网技术演进路线图

3.2.2　3G/4G 传输

3.2.2.1　MSTP 到 PTN/IP RAN

2009 年后，移动通信进入 3G 时代，各项业务对传输带宽要求越来越高，而以 MSTP/SDH 电路交换为核心的传输网，承载 IP 业务效率低，带宽独占，调度灵活性差，在此背景下 PTN 技术应运而生。PTN 在 IP 业务和底层光传输媒质之间设置了一个层面，并针对分组业务流量的突发性和统计复用传送的要求而设计，以分组业务为核心并支持多业务，具有更低的总体使用成本。此外，PTN 还具备高可用性和可靠性、高效的带宽管理机制和流量工程、便捷的 OAM 和网管、可扩展、较高的安全性等优势。PTN 承载网如图 3-19 所示。

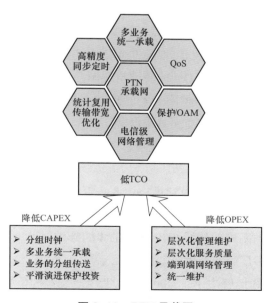

图 3-19　PTN 承载网

而另一种取代传统 MSTP 实现承载方式的技术是 IP RAN（radio access network），即 IP 化移动回传网。IP RAN 是针对基站回传应用场景进行优化定制的路由器 / 交换机整体解决方案，具备电路仿真、同步的能力，同时提高了 OAM 和保护能力。IP RAN 承载方案在城域网的汇聚层、核心层采用 IP/MPLS 技术，接入层主要采用增强以太网技术与 IP/MPLS 技术结合的方案，IPRAN 承载网具备多业务承载、时钟同步、Qos 保障和 OAM 故障检测四大功能。

PTN 方案与 IP RAN 方案的根本区别在于对网络承载和传输的理解有所不同：PTN 侧重二层业务，整个网络构成若干庞大的综合的二层数据传输通道，该通道对于用户来讲是透明的，升级后支持完整的三层功能，技术方案重在网络的安全可靠性、可管可控性以及更好的面向未来 LTE 承载等方面；而 IP RAN 则主要侧重于三层路由功能，整个网络是一个由路由器和交换机构成的基于 IP 报文的三层转发体系，对于用户来讲，路由器具有很好的开放性，业务调度也非常灵活，但是在安全性和管控性方面则显得有些不足。PTN 的技术优势有：

（1）多业务承载：可通过伪线仿真实现 SDH、ATM、Ethernet 等多业务的接入，其交换特性基于 IP，具有 2 层交换、2.5 层包交换、3 层 IP 交换功能。

（2）时钟同步：可实现严格的时间和时钟同步来实现业务所要求的低时延、低抖动的传送。

（3）QoS 保障 "可实现端到端的 QoS 保障"。

（4）OAM 机制：端到端的操作、管理和维护（OAM）故障检测机制。

3.2.2.2　SDH+WDM 到 OTN

2013 年后，随着移动通信步入 4G 时代，流量激增对运营商骨干网的传输能力提出了新的要求，SDH+WDM 的弊端也逐渐显现：

（1）管道过于刚性，需要整网带宽管理：不具备带宽压缩功能，带宽利用率低；对于大颗粒的带宽通道交叉效率低。

（2）网络连接复杂，大量人工调度：通过 ODF 架转接量大，业务提供慢；大量 IP 化连接需求提供难以适应。

（3）IP 层和业务层可靠性受到挑战：业务 IP 层保护需大量的重路由，达到秒级，经常引发网络振荡；子波长通道保护提供一定的高可靠性，但代价昂贵。

（4）端到端维护困难：传统 SDH ＋ WDM 的维护复杂，由于系统相互独立，故障定位复杂，且多厂家互通困难。

OTN 的出现很好地解决了上述问题，OTN 以波分复用为基础，在光域内实现业务信号的传递、复用、监控及路由选择。OTN 设备可以同时完成 SDH 的安

全调度及 WDM 的大容量远距离传送功能，使调度和传送二合一。此外，OTN
基于大颗粒进行管理和调度，传输效率更高。因此，OTN 可以认为是 SDH 与
WDM 技术的整合。

OTN 是低成本大带宽的传输技术，具有超低时延、波长一跳直达等优势，
通过增强分组处理和路由转发能力，可以满足 5G 承载大带宽、低时延、高可
靠、网络切片等需求，是 5G 中传 / 回传非常有竞争力的网络承载方案。OTN 下
沉至汇聚层如图 3-20 所示。

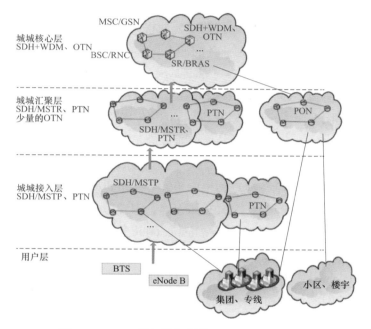

图 3-20　LTE 的规模部署是 OTN 下沉至汇聚层

3.2.3　5G 传输

5G 网络（5G network）是第五代移动通信网络。3GPP 定义了三类 5G 业务
场景，如图 3-21 所示。

（1）增强型移动宽带（enhanced mobile broadband，eMBB）。主要场景包括
随时随地的 3D/ 超高清视频直播和分享、虚拟现实、随时随地云存取、高速移
动上网等大流量移动宽带业务，带宽体验从现有的 10Mbit/s 量级提升到 1Gbit/s
量级，要求承载网络提供超大带宽。

（2）高可靠低时延通信（ultra reliable & low latency communication，uRLLC）。
主要场景包括无人驾驶汽车、工业互联及自动化等，要求极低时延和高可靠性，

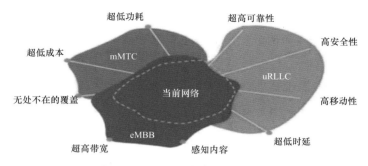

图 3-21　5G 三大典型业务场景

需要对现有传输网的节点设备进行改进，使得高可靠性业务的带宽、时延是可预期、可保证的，不会受到其他业务的冲击。

（3）大规模机器通信（massive machine type communication，mMTC）。主要场景包括车联网、智能物流、智能资产管理等，要求提供多连接的承载通道，实现万物互联，为减少网络阻塞瓶颈，基站以及基站间的协作需要更高的时钟同步精度。

现有 PTN、IP RAN、OTN 等技术将难以满足 5G 时代对传输网络的新要求：

（1）5G RAN 架构变化。RAN 架构将从 4G/LTE 网络的基带单元（baseband unit，BBU）、RRU 两级结构演进到集中单元（centralized unit，CU，负责处理非实时协议和服务）、分布单元（distribute unit，DU，负责处理物理层协议和实时服务）和有源天线处理单元（active antenna unit，AAU）三级结构，传送网也相应分为前传、中传、回传。AAU 和 DU 之间是前传（fronthaul），DU 和 CU 之间是中传（middlehaul），CU 以上是回传（backhaul）。当 CU 和 DU 合设时，称为给 NB，其承载网的结构和 4G 类似，仅包括前传和回传两个部分。4G 到 5G 的承载网架构变化如图 3-22 所示。

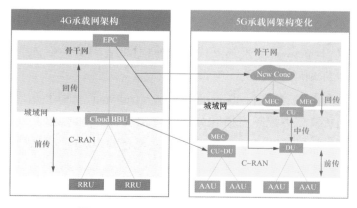

图 3-22　4G 到 5G 的承载网架构变化

（2）超大带宽增长。一方面，随着 4K 高清、AR/VR、物联网、垂直应用等业务的快速增长，流量急剧增长，传送网络需要更大的带宽；另一方面，5G 基站的峰值带宽将增长 10 倍以上，接口速率较 4G 时期将增长 10~100 倍。在接入层，比特率将从 100M 提高到 1GE 再到 50GE/100GE；在汇聚层，将从 10GE 增长到 100GE/400GE，在密集地区，汇聚层峰值甚至可以达到太比特量级。

（3）超低时延要求。3GPP 在高可靠低时延通信（uRLLC）场景中定义了多种服务，其主要特点是低误码率、低延迟和确定性延迟。这些时间敏感业务需要在移动传送网中保持亚毫秒级时延。因此，5G 对传输网时延要求越来越苛刻，较 4G 降低为原来的百分之一到十分之一。

（4）灵活性需求。5G 承载业务需求的多样化更加考验网络规划和设计的灵活性，包括网络功能、架构、资源、路由等多方面的定制化设计、端到端网络切片的灵活构建、业务路由的灵活调度、网络资源的灵活分配以及跨域、跨平台、跨厂家乃至跨运营商（漫游）的端到端业务提供等。

（5）网络切片需求。5G 传送网需要支持无线、集客、家庭宽带上联等业务，同时需支持 eMBB、mMTC、uRLLC 多种业务类型，网络应根据不同服务的特点提供隔离、功能剪裁及网络资源分片，并且每个网络切片可拥有独立的网络资源和管控能力。

（6）超高精度时间同步需求。4G 时期基站间时间同步精度要求是 ±1.5μs，5G 时期比 3G/4G 时期，时间同步精度需求提高 10 倍以上，如图 3-23 所示。

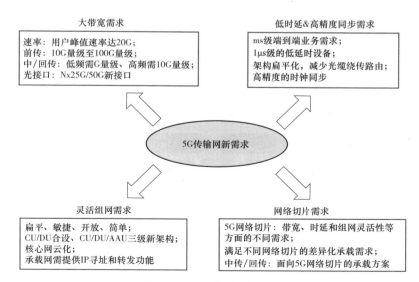

图 3-23　5G 传输网新需求

在传输网演进方面，随着运营商逐步向 ICT 综合服务转型，业务的丰富性带来对带宽的更高需求，运营商网络对传送网的带宽及组网性能提出了更高的要求。2G 时代，10G OTN 技术主要应用于骨干网；3G 时代，骨干网已经扩容升级到 40G 技术和 100G 技术。5G 传输网扩容核心、汇聚层的方案如图 3-24 所示。

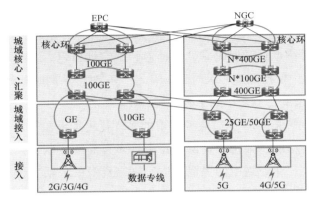

图 3-24　5G 传输网扩容核心、汇聚层的方案

面对 5G 新需求，三个网络演进目标为：容量提升 10 倍、时延降低到十分之一、单比特成本降低到十分之一。在 5G 传输方案上，用新的切片分组网（SPN）技术来构建一张全新的承载网络：其中包括用新的芯片、新的模块构建新的传输设备，再用新的传输设备搭建出新的传输网，最终在新的传输网上承载 5G 新的业务，如图 3-25 所示。

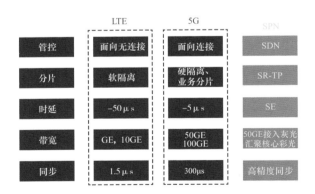

图 3-25　基于 SPN 的 5G 解决方案

SPN 技术采用创新的以太网分片技术（SE）和面向传送的分段路由技术（SR-TP），并融合光层密集波分复用技术（DWDM）的层网络技术体制，通过将网络功能软件化，实现业务分片，不同分片具备不同的网络能力，以应对不同

的 5G 场景需求。SPN 主要分为三层结构，如图 3-26 所示。

（1）SPL 切片分组层：实现分组数据的路由处理。

（2）SCL 切片通道层：实现切片以太网通道的组网处理。

（3）STL 切片传送层：实现切片物理层编解码及 DWDM 光传送处理。

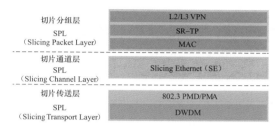

图 3-26　SPN 网络总体架构

M-OTN 是面向移动承载优化的 OTN 技术，适用于 5G 前传、中传和回传。

从前传来看，M-OTN 在 AAU 和 DU 机房之间配置城域接入型 WDM/OTN 设备，多路前传信号通过 WDM 技术共享光纤资源，通过 OTN 开销实现管理和保护。接入型 WDM/OTN 设备与无线设备采用标准灰光接口对接，WDM/OTN 设备内部完成 OTN 承载、端口汇聚、彩光拉远等功能。除节约光纤、提供环网保护功能、提高网络可靠性和资源利用率外，相比无源波分方案，有源波分 WDM/OTN 方案的组网方式也更加灵活，可以支持点对点及环组网等场景。有源 WDM/OTN 方案点到点和环网架构分别如图 3-27 和图 3-28 所示。

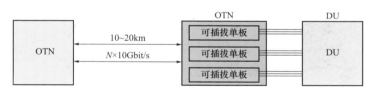

图 3-27　有源 WDM/OTN 方案点到点架构图

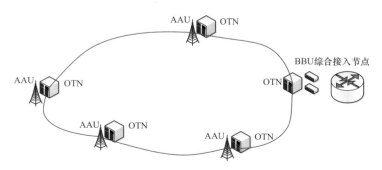

图 3-28　有源 WDM/OTN 方案环网架构图

从中传和回传来看，基于 WDM/OTN 的 5G 中传 / 回传承载方案可以发挥分组增强型 OTN 的优势：

（1）强大高效的帧处理能力，通过 FPGA、DSP 等专用芯片、专用硬件完成快速成帧、压缩解压和映射功能，有效实现 DU 传输连接中对空口 MAC/PHY 等时延要求极其敏感的功能。

（2）构建 CU、DU 间超大带宽、超低时延的连接，有效实现 PDCP 处理得实时、高效与可靠，支持快速的信令接入。

（3）分组增强型 OTN 集成 WDM 能力，可以实现到郊县的长距传输，并可按需增加传输链路的带宽容量。具体可以细分为分组增强型 OTN+IP RAN 方案和端到端分组增强型 OTN 方案。分组增强 OTN+IP RAN 方案如图 3-29 所示，端到端分组增强 OTN 方案如图 3-30 所示。

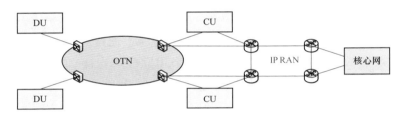

图 3-29　分组增强 OTN+IP RAN 方案

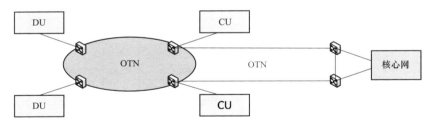

图 3-30　端到端分组增强 OTN 方案

3.3　核心网

3.3.1　演进过程

核心网（core network，CN）是通信网络的三大组成部分之一，它连接移动设备和其他网络，并提供数据传输、信令处理和用户管理等功能。核心网就是通信网络的"管理中枢"，负责管理数据，对数据进行分拣，协调各个子系统之间的通信和交互。核心网的本质是路由和交互。核心网的演进过程如图 3-31 所示。

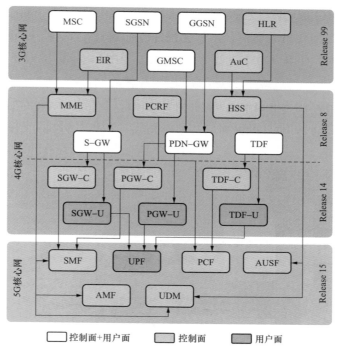

图 3-31　核心网的演进过程

网元 NE（network element）是由一个或多个机盘或机框组成的，能够独立完成一定的传输功能的集合。下面是网元的详细介绍：

（1）组成。网元是网络管理中的基本单位，可以监视和管理的最小单位，例如基站、MME、SGW、PDN 等。

（2）用途。网元在通信工程中扮演着关键角色，它们提供各种信息传送的物理载体，其基础构成因素主要由终端设备、传输设备、交换设备以及相应的支撑系统等硬件和软件组成。

（3）分类。网元的划分有多种方式，包括物理网元、逻辑网元、等效网元等。

（4）管理。网元管理系统（EMS）是专门负责管理特定类型的一个或多个电信网络单元的系统。EMS 主要负责管理每个网络元素的功能和容量，但不处理网络元素之间的交流。为了支持网络元素间的交流，EMS 需要与更高一级的网络管理系统（NMS）进行通信。

总的来说，网元是通信网络的基本组成部分，负责传输和处理网络中的信息，而网元管理系统则负责监控和控制这些网元，以确保网络的顺畅运行。

能源智慧化
技术及应用

3.3.2 4G核心网（EPC）

4G作为第四代移动通信技术，能快速传输语音、文本、视频和图像信息，能够满足几乎所有用户对于无线服务的要求，国际电信联盟对于4G系统的标准为符合100Mbit/s数据传输速度的系统。4G核心网EPC（evolved packet core），仅有分组域而无CS（电路域），基于全IP结构、控制与承载分离且网络结构扁平化，实现了全IP化，实现固网和移动融合（FMC），灵活支持VoIP及基于IMS多媒体业务。

4G核心网主要包含MME、SGW、PGW、HSS这几个网元，如图3-32所示。网元和功能见表3-11。

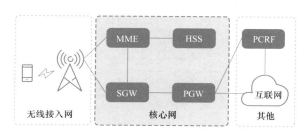

图 3-32　4G核心网（EPC）

表 3-11　网元和功能

网元	功能
移动性管理实体 （mobility management entity，MME）	接入控制，安全控制（鉴权、加密）、信令协调，原3G网络中SGSN网元的控制面功能
归属用户服务器 （home subscriber server，HSS）	存储用户数据、存储用户的EPS位置信息和相关签约数据、鉴权中心
服务网关 （serving gateway，SGW）	本地移动管理锚点、传输数据给PGW；原3G网络中SGSN网元的用户面功能
PDN网关 （PDN gateway，PGW）	IP地址分配（私有地址）、提供EPC和外部数据网的连接，原3G网络中GGSN网元的功能
策略与计费规则功能单元 （policy and charging rules function，PCRF）	完成对用户数据报文的策略和计费控制

2016年，3GPP对SGW/PGW进行了一次拆分，把这两个网元都进一步拆分为控制面（SGW-C和PGW-C）和用户面（SGW-U和PGW-U），称为CUPS架构

（控制面用户面分离架构）。4G 核心网（EPC）CUPS 架构如图 3-33 所示。

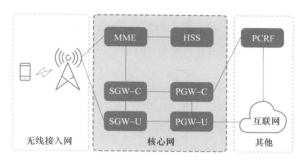

图 3-33　4G 核心网（EPC）CUPS 架构示意图

控制面用户面分离还有另一个重要目的，就是让网络用户面功能摆脱中心化的制约，使其既可灵活部署于核心网（中心数据中心），也可部署于接入网（边缘数据中心），最终可实现分布式部署。

EPC 网络可以支持 3GPP 和非 3GPP（如 Wi-Fi、WiMAX 等）多种接入方式，是支持异构网络的融合架构。EPC 网络示意图如图 3-34 所示。在此架构下，短信、语音等传统的电路域业务将借助 VoLTE 模式进行承载，也可以采用 CSFB

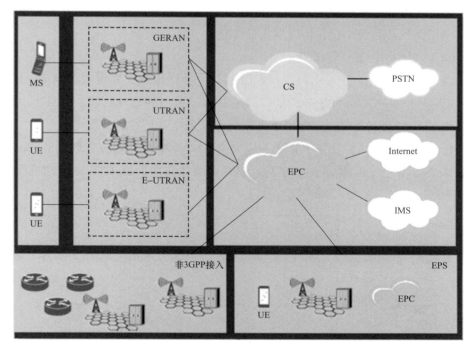

图 3-34　EPC 网络示意图

（电路域回落，circuit switched fallback）的方案使用原有的电路域完成语音业务。
EPC 网络架构如图 3-35 所示。综上所述，EPC 网络是 4G 移动通信网络的核心
网。它属于核心网范畴，具备用户签约数据存储，移动性管理和数据交换等移
动网络的传统能力，并能够给用户提供超高速的上网体验。概括来说，EPC 具
备如下特点：

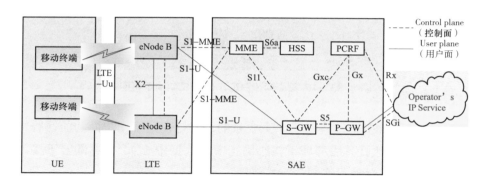

图 3-35　EPC 网络架构图

Operator's IP Service—运营商的 IP 服务

（1）核心网趋同化，交换功能路由化。

（2）业务平面与控制平面完全分离。

（3）网元数目最小化，协议层次最优化。

（4）网络扁平化，全 IP 化。

接口连接方面，引入 S1-Flex 和 X2 接口，移动承载需实现多点到多点的连
接，X2 是相邻 eNB 间的分布式接口，主要用于用户移动性管理；S1-Flex 是从
eNB 到 EPC 的动态接口，主要用于提高网络冗余性以及实现负载均衡。

接入网 E-UTRAN 没有了 RNC，原来由 RNC 承担的功能被分散到了 eNodeB
和 MME/S-GW 上，结构更加扁平化。EPC 网络的接入网 E-UTRAN 示意图如图
3-36 所示。

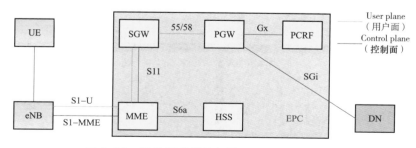

图 3-36　EPC 网络的接入网 E-UTRAN 示意图

4G 核心网 EPC 应可以部署在 x86 通用服务器、ARM 架构和云平台，提供电信级的数据交互能力，为煤矿、石化、市政、武警、公安、电力、煤矿、部队等行业专网用户提供安全的核心网服务，也满足运营商、虚拟运营商和宽带服务运营商等多种应用场景。

部署方式：

（1）集中式部署，EPC 网元节点集中部署在一台公共的服务器集群中，架构设计简单，部署简易；可提高设备利用率和降低运营成本，具有可靠性、一致性和稳定性。

（2）分布式部署：在分布式部署中 EPC 控制面网元集中部署，而 EPC 用户面网元、应用 / 内容缓存服务器、网络对等接入点逐层分布部署；支持容灾备份，实现数据的高可用；具有弹性、扩展性和敏捷性。

（3）云化部署：基于 NFV 技术，EPC 可实现网元功能虚拟化，灵活部署在各大主流虚拟化平台上，例如 VMware、OpenStack、K8S 和 Docker 等，并支持云上服务；实现集中化管理，降低管理成本；提高硬件资源使用率。

智慧能源（煤矿）解决方案示意图如图 3-37 所示。

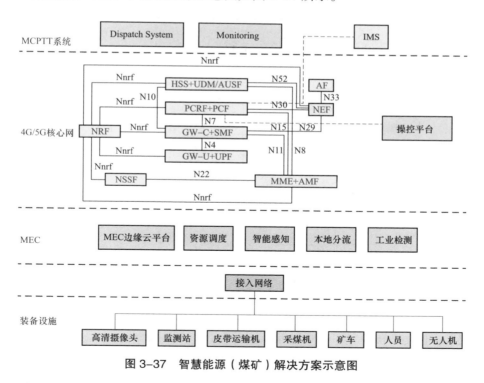

图 3-37　智慧能源（煤矿）解决方案示意图

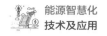
3.3.3 5G 核心网（5GC）

5GC 对用户面和控制面分离，采用服务化架构设计，主要由网络功能（NF）组成，采用分布式的功能，根据实际需要部署，新的网络功能加入或撤出，并不影响整体网络的功能。5G 系统架构被定义为支持数据连接和服务，使部署能够使用诸如网络功能虚拟化（NFV）和软件定义网络（SDN）之类的技术。5G 系统架构应利用已识别的控制平面（CP）网络功能之间基于服务的交互。

5GC 主要包含 UPF、AMF、SMF、UDM、AUSF、PCF、NSSF、NRF、NEF、LMF 等网元。5GC 控制面采用服务化架构（service based architecture，SBA），控制面功能基于模块化，拆解重构为多个网络功能 NF，针对每个网络功能 NF 定义服务。5GC 将数据面和控制面分离，用户面归一为 UPF，为和 MEC 边缘计算结合奠定基础。

5GC 网络架构如图 3-38 所示。

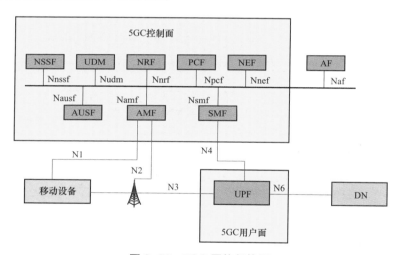

图 3-38 5GC 网络架构图

5G 采用了全新的架构，打破了原来的层级结构，不再使用大而全的集成化节点，而是将相关的功能分别拆解，各司其职，通过参考点接入，它们被称为网络功能（NF）。

网络功能常见的有 AMF、SMF、UPF、UDM 等，NF 可以随时新加入和退出，只要资源池中还有其他相同的网络功能，就不会影响网络，这极大地方便了组网部署。也便于负荷分担、升级等。

5G 在工业中的应用主要体现在：工业应用、智能制造、智慧工业园区。5GC 的应用如图 3-39 所示。

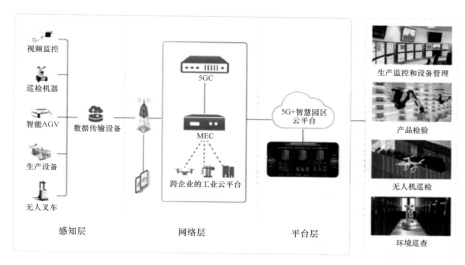

图 3-39　5GC 应用示意图

（1）工业应用。提升远程操控工业设备的安全性与效率：安保巡检、远程采矿、远程施工、运输调度。

（2）智能制造。提升工业生产管理水平：环境监控、物料供应、产品检测、生产监控、设备管理。

（3）智慧工业园区。提升工业园区管理水平：安全管控、制造管控、智慧交通。

在工业互联网领域，5G 工业应用专网解决方案，可帮助企业在工厂内部实现多用户和多业务的隔离和保护，满足工厂内信息采集以及大规模机器间通信的需求。5G 工厂外通信可以实现远程问题定位以及跨工厂、跨地域远程遥控和设备维护。

5G 可满足工业机器人的灵活移动性和差异化业务处理的高要求，提供涵盖供应链、生产车间和产品全生命周期制造服务。智能工厂建设过程中，5G 可以替代有线工业以太网，节约建设成本。

5G 工业专网可通过两种方式实现，分别为混合专网和独立专网，如图 3-40所示。

（1）第一种：部署独立于移动运营商的 5G 公共网络的物理隔离的专用 5G网络（5G 孤岛）（就像在企业中建立有线 LAN 或 Wi-Fi WLAN）。在这种情况下，企业或移动运营商可以建立专用的 5G 网络。

（2）第二种：通过共享移动运营商的 5G 公共网络资源池来构建私有 5G 网

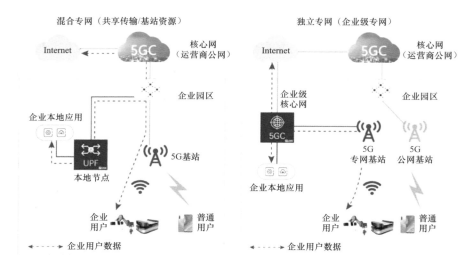

图 3-40　5G 工业专网的实现方式示意图

络。在这种情况下，运营商将为企业建立专用的 5G 网络。

4G/5G 通信解决方案如图 3-41 所示。

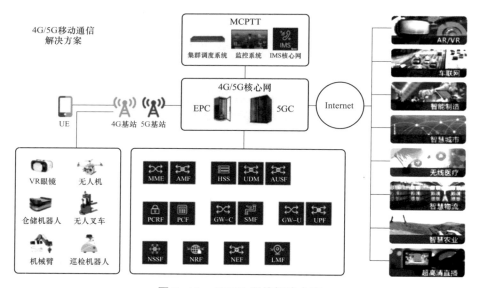

图 3-41　4G/5G 通信解决方案

5G 专网部署模式如图 3-42 所示，分为混合专网和独立专网。

（1）混合专网，以 5G+MEC 和数据分流技术为基础，通过核心网用户面网元 UPF 的下沉和私有化部署，为用户提供部分物理独享的 5G 专用网络。

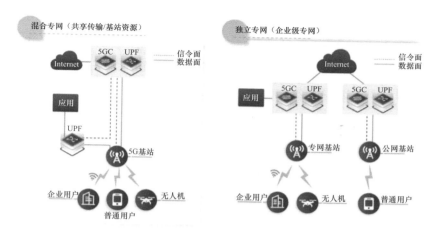

图 3-42　5G 专网部署模式示意图

（2）独立专网，利用 5G 组网、切片和边缘计算等技术，采用专有无线设备和核心网一体化设备，为行业用户构建一张独享的增强带宽、低时延、物理封闭的专用网络，采用用户数据与公网络数据完全隔离，且不受运营商公网影响。

切片本质上是运营商提供给租户的逻辑专网，租户定制的网络、计算和存储资源节点布放其间。一个完整的切片上可能既有运营商提供的网络功能，也有租户定制开发的网络功能。

5GC 端到端网络切片是指将网络资源灵活分配，网络能力按需组合，基于一个 5G 网络虚拟出多个具备不同特性的逻辑子网。每个端到端切片均由核心网、无线网、传输网子切片组合而成，并通过端到端切片管理系统进行统一管理。5GC 端到端网络切片如图 3-43 所示。

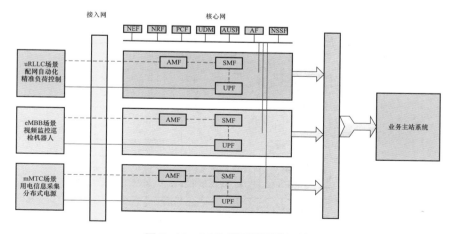

图 3-43　5GC 端到端网络切片

　　网络切片是 SDN/NFV 技术应用于 5G 网络的关键服务。通过网络切片技术可将一个物理网络切分为多个逻辑网络实现一网多用，使其能够在一个共同的基础设施上构建多个专用的、虚拟的、隔离的、按需定制的逻辑网络。5G 网络切片整体架构如图 3-44 所示。

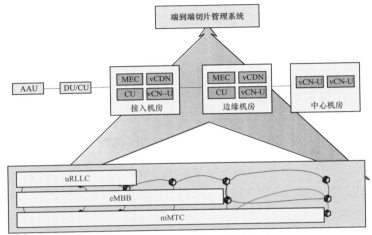

图 3-44　5G 网络切片整体架构

　　5G 核心网（5GC）网络切片可以根据每个用户的请求进行区分，使运营商可以根据服务水平协议（SLA）管理每个用户有资格使用的服务。每个网络切片都通过单网络切片选择辅助信息（S-NSSAI）进行唯一标识。可满足大容量、低时延、超大连接以及多业务支持的需求。5GC 网络切片示意图如图 3-45 所示。

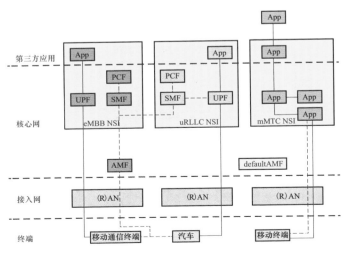

图 3-45　5GC 网络切片示意图

第4章
能源智慧化基础平台

当前，能源行业正全面迎来数字化、智能化转型发展的机遇期。作为支撑能源体系实现从传统到智慧的跨越发展的基石，能源智慧化基础平台具有举足轻重的战略地位和作用。

构建能源智慧化基础平台，需要充分考虑不同平台或中台的定位和发展现状，制定协调一致的建设规划和推进路径。平台的设计和演进需要统筹各方的互联互通需求，同时还需要完善统一的安全管理和运维监控机制，将其紧密结合，消除系统鸿沟，释放协同效应。

能源智慧化基础平台关乎数字化能源建设的整体布局和战略构想，其设计需要以能源业务需求为导向，深入研究不同中台的业务贡献和价值支撑机制，制定切实可行的体系规划方案。在技术和业务双轮驱动下，推进协调发展，打造智慧能源系统的中坚力量，赋能能源产业实现高质量发展。

4.1 基础平台概述

能源智慧化基础平台由感知平台、网络平台、数据平台、技术平台和业务平台构成，其关键构成如图4-1所示。其中感知平台提供海量异构节点的连接能力；网络平台提供可靠、安全的基础设施；数据平台实现对多源数据的有效管理与应用；技术平台输出可重用的技术服务；业务平台面向用户进行业务创新。这些平台各司其职，相互协同，共同输出强大的端到端服务能力，实现数字化、网络化、智能化转型。

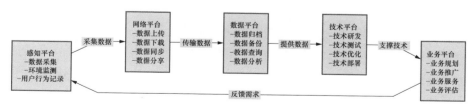

图4-1　能源智慧化基础平台关键构成

能源智慧化基础平台的发展路线如图4-2所示。通过精心设计的建设路线、合理的分步实施策略、灵活的集成技术适配以及完备的测试验证，确保各平台

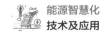

平稳协调发展，逐步实现功能互联互通。

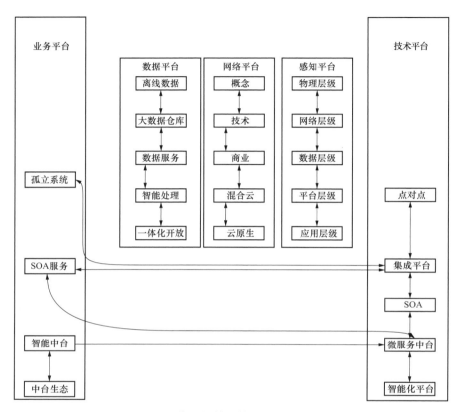

图 4-2　能源智慧化基础平台发展路线

4.2　感知平台

4.2.1　概念

感知平台又被称作物联管理平台，通过物联网、设备互联（M2M）等现代信息通信技术，实现对能源系统中的各类设备、设施、资源的连接和数据采集，进行实时监控管理和控制。感知平台的关键特征是实现人、机、物的连接，通过集中监控和管理大量节点，构建起能源系统的"神经网络"。通过实时自动采集各种环境数据和设备运行数据，可以实现对能源系统的实时监测、跟踪和管理。

具体来说，感知平台可以对能源系统中的核心设备、关键基础设施、重要资源等进行广泛的数据采集和连接，如电力系统中的发电机组、输电线路、变电站，石油天然气系统中的管道、存储设施、压缩机等。感知平台采用各类物联传感器实现对这些物理实体的数字化感知和状态捕捉，还可以根据需要建立信息化的执行系统，实现对设备和系统的自动化控制。庞大的物联终端就构成了一个高效的信息采集和控制网络。

感知平台的定位目标是通过物联网和互联网技术，构建起横跨能源生产、供给、使用等全过程的精细化感知和连接网络，实现对能源系统中关键设备、资源、环境的全面监测和智能化管理，以提高系统的可视化、可控性和自动化水平。

具体来看，感知平台主要解决以下需求或痛点：

（1）实现对关键设备、资源的全生命周期监测。传统能源系统无法对关键设备实施细粒度的全生命周期监测，存在设备状态和运行数据的盲区。构建物联平台后，可以对关键设备进行持续的输入和输出参数监测，掌握设备的实时状态和运行规律，实现全生命周期精细化管理。

（2）提高系统可视化水平。传统能源系统无法实现对庞大设备和资源的实时状态进行集中式可视化监测和管理。有了物联平台的支撑，能源企业可以将所有的关键设备、资产等以数字化方式展现在监控平台上，对系统运行状态一目了然。

（3）支持系统的远程集中控制。传统能源系统的控制和管理存在地域分散，无法实施精细化远程控制。物联平台可以通过连接现场设备，使这些设备实现远程接入和控制，提高管理的便利性，实现集中化的精细运维。

（4）构建自动化闭环管理和优化。在获得设备全面数据的基础上，物联平台可以引入智能算法，对设备状态进行预测和诊断，并可触发自动化的控制指令，优化系统运行，实现对能源系统的动态优化和自动化闭环管理。

（5）挖掘设备运维数据价值。海量的设备监测数据可以基于大数据技术进行挖掘，发现设备故障模式，指导设备预测维护和状态检修，减少事故，降低维护成本，提高系统经济效益。

（6）提升能源管理的智能化水平。物联平台为能源管理注入智能化因素，依托物联感知、云计算、大数据、人工智能（AI）等技术，使传统的管理方式由经验驱动向数据驱动演进，极大地提升管理的科学化和智能化程度。

（7）促进新商业模式和新业态发展。面向第三方，物联平台可通过开放数据接口，支持更多创新应用和新商业模式的开发，如共享能源等，拓展新的能源经济形式。

总之，感知平台通过实现全面感知，将推动能源系统实现由有限监测到全面可视化、由分散管理到集中控制、由被动响应到主动优化、由静态状态到动态闭环的进化，使能源系统管理实现智能化和服务化转型，助力能源体系高质

量发展。

4.2.2　功能应用

作为实时监测平台，感知平台可以对接各类物联网终端和传感器，实现对能源系统的参数运行状态、设备健康状态、环境参数等的实时监测和预警。其高频率的数据采集能够让运维人员随时掌握能源系统的状态，实现对关键参数和指标的实时监视跟踪。一旦监测数据超出预警阈值，平台能够快速判断设备故障隐患，进行及时预警提示或自动处理。通过这种实时监测能力，运维水平得到提升，系统风险得到主动防控。同时，预测分析功能实现对未来趋势的预判，为系统调度优化和决策提供关键支撑。

感知平台还是一个运维管理平台，可以通过远程监控对设备进行实时控制，构建精细化的日常运维管理体系，提高运维效率。平台实现对庞大设备、资源的统一连通，运维人员可以随时查看资产状态，并可以根据需要进行远程控制操作。通过大数据进行贴近实际的运维节拍制定，实行精细化动态管控。此外，平台能够提供自动化的运维方案生成和优化建议，辅助人工智能，从而大幅降低运维决策难度。

同时，感知平台也是数据中台的重要支撑，实时采集的大量基础性数据可以支持构建更高层次的数据应用。庞大的物联网终端持续产生海量数据，这些宝贵的数据资产是实现精细化管理的基础。这些数据可以进一步汇聚到数据中台，进行清洗过滤、集成组织，提供给各类模型和算法平台，以实现智能分析应用。经过处理的数据也可以开放给第三方，实现更大价值。

最后，感知平台保障基层控制，可以对接基层工控系统，保障基层的自动化控制和管理。在复杂的能源系统中，工控系统承担着基层设备和过程的自动化监控与运行。感知平台与工控系统对接，可以提供更丰富的监测数据支持，也可以辅助优化基层控制策略，形成更好的协同效应，以提高整体系统运行效率和经济性。

总的来说，感知平台在能源智慧化体系中的关键定位体现在多个方面。从感知能力的提供，到实时监测和预警，再到运维管理和数据中台支撑，最后到基层控制的保障，感知平台都发挥着无可替代的作用。可以说，物联感知是能源智慧化的基石，也是构建整个系统智能的前提。感知平台为整个系统提供了广泛的"眼"和"耳"，使得精细化的智慧化管理成为可能。

4.2.3　核心技术

感知平台的核心技术主要由几个关键部分构成。首先是物联网技术，它包含各种物联网传感器、执行器、有线和无线通信技术以及识别和定位技术。这些技术使得平台可以全面感知电网中的关键设备、电站中的重要系统以及用户侧的用能设备。通过在物理设备上安装传感器，并采用射频识别（RFID）、全球定位系统（GPS）等技术，人们可以实现对目标的精确识别和定位，同时可通过设置执行器来控制和修正设备状态。通信网络技术能够连接海量节点，构建高速稳定的传输通道。这些物联网核心技术能够对能源系统中的关键对象进行标识、连接、状态检测，构建起能源系统的数字神经网络。

紧接着是 M2M 技术，它实现了机对机的智能连接和通信，从而构建起管理平台与设备终端之间的通信桥梁。在物联网中，用户需要实现管理平台与上万个智能终端之间的可靠连接和高效通信。M2M 技术通过优化的网络协议，实现了机器设备间的自动发现、注册以及智能互联，大大简化了设备接入和连接流程。同时，M2M 采用数据优化传输机制，确保海量设备通信的稳定性。M2M 技术打通了设备互联的通道，使管理平台可以实现对庞大设备的监控控制。

此外，工业互联网技术可实现管理平台与工控系统的对接，构建起信息化和工控化协同管理。工控系统具有自动化的控制和管理能力，而感知平台提供大量实时数据和强大的数据分析功能。二者通过工业互联网技术良好对接，就能发挥更大协同作用，形成 1+1>2 的效应。管理平台可以为工控系统提供更丰富的监测参数作为控制输入，工控系统也能实时反馈控制状态。两者协同优化，最终提升能源系统的安全性和经济性。

为了支持大规模物联网终端接入，并提供强大的数据存储计算服务，人们利用了云计算技术。物联网产生了极其庞大的数据集，对计算和存储提出了更高要求。而云计算通过虚拟化手段实现了 IT 资源的灵活调度，可以弹性扩展计算和存储，支持海量物联网终端的接入，并提供强大的数据处理分析功能。

大数据技术在平台中也发挥了重要作用，它支持海量异构数据的采集、传输、存储与挖掘分析。物联网生成大量低价值密度的数据，依靠大数据技术，这些数据可以实现高效集合，并进行深入整合分析，释放数据的价值。

在保障物联网数据的安全性、可靠性和实时性方面，采用了数据安全技术。物联网数据关系到能源系统安全运营，必须采用加密、访问控制、数据校验等技术手段，提高数据传输和存储的安全性，防止篡改，保证关键数据的可靠性。此外必须保证数据的实时性，确保在关键时刻能够提供即时的数据支持。

最后，工程师还依赖于人工智能技术，通过机器学习和深度学习等方法，让管理平台能够自动学习和优化决策。这些技术使管理平台能够从海量历史数据中学习规律，预测未来趋势，并在此基础上优化运行策略，从而提高能源系统的效率和稳定性。上述这些核心技术的综合运用，使得感知平台具备了全面感知、智能连接、自动化控制、大数据分析以及安全管理等能力，为能源系统的智能化管理提供了强大支持。

4.2.4　发展阶段

感知平台的发展大致经历以下几个阶段：

第一阶段：物理层级。这是物联管理的基础，主要解决终端设备的接入问题，实现对各类物理对象的标识和连接。典型技术包括 RFID、传感器、二维码、GPS等，可以实现精确定位，并收集基本的物理数据。此阶段奠定了物联管理的物理基础。

第二阶段：网络传输层级。在实现物理对象接入的基础上，还需要解决海量异构节点如何进行网络互联互通。这需要广泛的通信网络覆盖，以及高效稳定的网络传输协议。典型技术包括 4G/5G 宽带通信和先进的 M2M 传输协议等。网络是物联管理的血脉。

第三阶段：数据汇聚层级。海量物联网终端产生大量底层数据，需要实现数据的高效汇聚，以供进一步处理和分析。这需要高扩展的云计算平台，以及大数据存储、流式处理等技术实现数据集中和存储。这是构建物联管理数据基础的关键。

第四阶段：平台功能层级。在具备物理网络和数据基础上，需要进一步通过平台软件，构建具备智能分析和管理功能的感知平台，以实现更高层次的应用。这需要利用云计算、大数据、AI 等技术构建功能丰富的平台。这是物联管理的核心所在。

第五阶段：应用创新层级。在功能完备的基础上，可以进一步针对行业特定需求，开发创新应用。这需要利用平台开放能力，实现与行业系统融合，提供特色智能服务。这是物联管理的最高层次。

可以看出，感知平台从底层到上层，逐步演进和丰富，从基本的物理识别，到网络互联，再到平台功能，最后实现创新应用。新技术的引入更是不断推动这一层次式进化，使平台功能不断强化。这种由点到面的逐步丰富，是感知平台技术演进的典型特征。

4.2.5　应用场景

感知平台的应用场景丰富多样，首先在能源供给侧的设备监测和运维中发挥了重要作用。例如，风电场的风机监测和电厂的发电设备监测等，通过物联网对发电设备进行密集式监控，实时跟踪工作参数、异常情况以及设备健康度。

这不仅可以实时响应异常，降低故障率，还可以利用大数据分析设备运行参数，预测故障风险，并进行预知维护。这种方式极大地提高了发电设备的可靠性和可用性，同时还能根据数据进行远程精细化管理，优化设备运行，降低运维成本。

在能源使用侧，感知平台同样具有重要应用，如工业用电监测、建筑能耗监测、电动汽车充电桩监测等。物联网传感器可以实现对实际能源使用情况的精细化采集，发现异常用能和节能潜力。以工业用能为例，可以实现对每条产线的实时用电监测，根据数据分析指导生产计划制定和工艺优化。对于建筑能源可以实时监测暖通系统（HVAC）系统运行，进行故障诊断与检修指导，实现建筑能效的持续优化。

对于能源基础设施的监测，如电网的传输线路、变电站的监测、管道的流量压力监测等，物联网同样具有重要作用。在电网节点上布置物联网设备，可以实时监测电压、电流、温度等数据，为电网运行状态评估、故障预测、电网重构规划等提供支持。对于油气管道可以通过分布式的流量压力传感器，监测管道工作状态，防止出现异常。

此外，感知平台还可以应用于能源环境监测，如空气质量、水质量、碳排放监测等。通过物联网关联各类环境传感器，可以实现对环境参数的实时监测，这为评估能源系统的环境影响，制定绿色低碳规划方案，提供了重要支撑。

在智慧能源微网的物联管理以及智慧用电监测和管理方面，感知平台也发挥了重要作用。微网中的光伏、风电、储能等都可以通过物联网实现精细化监管，还可以结合用电数据，进行微网供需优化管理和智慧用电管理，提高微网经济环保性能。

4.3 网络平台

4.3.1 概念

网络平台也常被称为云平台，采用虚拟化的方式，将存储、计算、网络等 IT 资源池化，形成弹性伸缩、可分享的资源服务，构建一个开放的、分布式的、高扩展的基础设施，为能源智慧化提供基础支撑。其关键特征是资源虚拟化、高弹性、高可用、可扩展、可共享。

网络平台的定位目标是通过虚拟化、服务化的方式，为能源企业快速提供可靠、安全、弹性的基础 IT 设施环境和支持能力，使企业能够以灵活、高效的方式部署和运营信息系统，实现数字化转型，并加速业务创新。

具体来看，网络平台主要解决以下需求或痛点：

（1）按需提供 IT 资源服务。传统企业 IT 需要自建机房，扩容存在困难。网络平台提供可弹性扩展的虚拟资源，企业只需根据实际业务需求弹性使用资源，降低前期投入。

（2）加速系统部署上线。依托网络平台的基础环境及 DevOps（一种开发与运营方法学）自动化流程，企业可以将应用快速部署上云，缩短上线时间，提升业务响应速度。

（3）简化运维，提高运维效率。网络平台实现基础设施的虚拟化和自动化管理，企业无需关注底层设施，可缩减运维成本，将精力更加集中在创新上。

（4）提高系统稳定性和可用性。网络平台具备先进的恢复机制和高可用设计，且应用可跨机房和跨区部署，实现高可用性。关键业务可平稳运行于云端。

（5）加强数据安全管理。网络平台可提供完善的数据加密、备份、权限管理等机制，保障云上数据和应用的安全。

（6）支持业务创新。云上快速、灵活的应用交付能力，可大幅提升企业的业务创新和响应能力，支持快速孵化新业务。

（7）降低 IT 成本。云计算按需分配资源，可显著降低企业的总体 IT 成本和运维成本，提升资源利用效率。

（8）支持移动化。网络平台可为移动应用和远程工作提供稳定的基础支持，推动企业向移动化转型。

（9）促进组织协同。网络平台支持异地多点协同工作，打破区域界限，实现企业高效协作。

总之，网络平台可大幅简化 IT 交付，提高企业应用部署和数据使用的灵活性、智能性和效率，是推动企业数字化转型的关键基础。

4.3.2　功能应用

在能源智慧化体系中，网络平台的作用不容忽视。其主要功能应用首先体现在资源的池化上，通过采用虚拟化技术，可以实现对计算、存储、网络等资源的集中管理，并以服务形式提供给各类应用和业务。这种方式不仅提高了资源的使用效率，还带来了管理的便利性。

网络平台同时也提供了开放的、弹性的、可扩展的基础设施支持，这一点在降低应用部署运维的门槛方面具有重要价值。借助网络平台的支持，用户可以更容易地部署和维护各种应用，减少了技术门槛，提高了效率。作为大规模存储与高性能计算的平台，网络平台在存储与计算方面发挥着重要作用。它可以支撑数据的存储、计算以及各类应用的运行，满足了大数据时代对于存储和计算能力的高需求。

网络平台的另一大优势在于集中管理。通过统一的网络平台，可以实现对底层资源的集中调度监管管理，这种方式提高了管理效率，同时也降低了管理难度。

此外，网络平台也是一个共享平台，让多个业务可以共享基础设施资源。这样不仅降低了资源冗余，同时也提高了资源的利用效率，从而带来了更大的经济效益。

最后，网络平台在安全保障方面也具有重要功能。它提供了云上的数据与网络安全、访问控制、资源隔离等安全保障机制，为用户提供了一个安全可靠的运行环境。这是网络平台在能源智慧化体系中不可或缺的重要角色。

总的来说，网络平台在能源智慧化体系中，无论是在资源管理、基础设施支持，还是在存储计算、集中管理、资源共享以及安全保障等方面，都发挥着至关重要的作用。

4.3.3　核心技术

在能源智慧化的基础架构中，网络平台以网络和基础设施层的角色扮演着重要的部分。网络平台的核心价值在于通过虚拟化技术，为使用者提供灵活且可靠的 IT 资源服务。这个过程涉及一系列的核心技术，如图 4-3 所示。

首先，网络平台依赖虚拟化技术，包括计算虚拟化、存储虚拟化和网络虚拟化等，来实现资源的池化。这种技术将服务器、存储、网络等物理资源转化为可编程、可统一管理的抽象资源，从而打破了对具体物理资源的依赖，实现了异构资源的统一管理，为云服务的后续发展奠定了基础。

其次，网络平台利用分布式技术，例如分布式存储和分布式数据库等，实现了高度的扩展性。通过构建集群，分布式技术可以实现海量的存储和计算能力的横向扩展，同时也提高了系统的可用性。网络平台正是依赖分布式技术实现大规模的资源池。弹性计算也是网络平台的核心技术之一。它可以根据实际的负载需求，自动调整计算资源的分配。比如，当需求增长时，能够自动增加实例；当需求减小时，又能自动回收资源。这种方法实现了计算能力的高弹性。服务化技术是网络平台将资源能力以服务形式对外开放的关键技术。网络平台基于虚拟化改造了底层资源，进一步以服务形式封装资源能力，如数据库服务、对象存储服务等，方便应用系统调用。

此外，容器与微服务技术实现了应用和服务的轻量级封装与快速交付。容器化可以实现应用的轻量级打包和部署，而微服务化则实现了应用的组件化拆

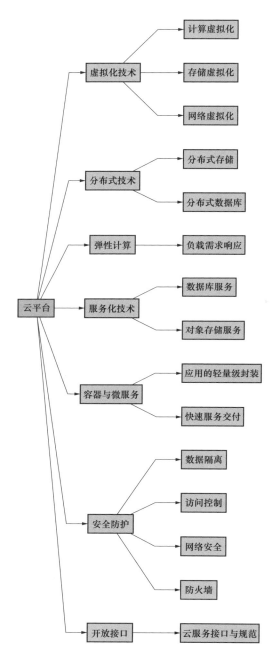

图 4-3 网络平台（云平台）核心技术架构

分，从而实现快速持续交付。这些技术与云的动态资源调度相结合，可以大幅提升交付效率。

在安全层面，网络平台采用了一系列的安全机制，如数据隔离、访问控制、网络安全、防火墙等，通过数据加密、VPN（虚拟专用网络）隧道、VLAN 网络隔离等技术手段，确保云上应用和数据的安全，构建起完善的安全防护体系。

最后，网络平台提供了开放接口，开放统一的云服务接口与规范，实现与上层应用的对接。标准化的云服务接口有助于上层应用的快速对接使用，也方便了不同网络平台之间的互操作。

总的来说，网络平台的核心技术包括虚拟化、分布式计算、弹性计算、服务化、容器与微服务、安全防护和开放接口等。这些技术共同构建了一个灵活、稳定、可扩展的网络平台，为上层应用提供了丰富的云服务。

4.3.4 发展阶段

在云计算的发展历程中，网络平台经历了多个阶段的演变，从最初的概念性阶段，到现在的行业云阶段，其发展不仅见证了技术的进步，还反映了市场的变化和需求的提升。

最初，云计算仅是一个概念，它提出了一种全新的服务模式，包括按需服务、易扩展、资源虚拟化和服务测量等特性，这些特性为网络平台的发展奠定了理论基础。在这个阶段，人们对云计算的理解还停留在概念层面，尚未形成具体的技术实现和商业应用。然而，这个阶段的理论探索，为后续的技术研发和商业运营打下了坚实的基础。

随着虚拟化、分布式存储和高速网络等技术的进步，云计算进入了技术探索阶段。在这个阶段，云计算的理论开始转化为技术实现，诸如亚马逊 AWS、微软 Azure 等公有云服务应运而生。这些公有云服务通过技术手段实现了资源的池化和简单的自动化管理，标志着云计算从理论到实践的重要一步。

接下来是商用加速阶段，云计算的商业价值开始得到广泛认可，云服务提供商的数量和规模快速增长。在这个阶段，网络平台的功能逐步完善，不仅包括云服务器、存储、数据库，还拓展到了大数据、AI 等领域，实现了全栈服务。同时，平台的自动化和运维管理也在不断优化，提升了服务的质量和效率。

随后，网络平台进入了混合云阶段。在这个阶段，公有云之外的私有云和混合云解决方案也开始出现。这使得企业可以根据自身的实际需求，选择适合的部署模式。此外，网络平台的功能也在向管理、安全、开发者服务等方向拓展，提供更全面、更高效的云服务。

近年来，云原生成为网络平台发展的新趋势。云原生通过微服务、容器、K8s（一种开源容器化应用）等技术，实现了更轻量化和自动化的云应用部署和管理。在这个阶段，网络平台以开放的姿态，支持敏捷的应用开发，极大地提升了开发效率和服务质量。

最新的发展阶段是行业云阶段。在这个阶段，网络平台正在向各个行业深度拓展，提供满足特定行业需求的平台服务。这一阶段的特点是网络平台不再仅是提供基础设施，而是实现了与具体行业应用的深度融合，从而为各行业提供更大的价值。

总的来说，网络平台的发展从最初的概念提出，到后续的技术探索、商用加速、混合云、云原生，再到现在的行业云，每个阶段都是一个重要的里程碑。这个发展过程不仅反映了云计算技术的进步，也揭示了云计算的发展历程从一个理论概念到实际应用的全过程。

4.3.5 应用场景

网络平台的应用场景多种多样，涵盖各行各业，尤其在能源领域，更是发挥了其无可比拟的优势。

（1）网络平台为大数据平台和人工智能平台提供了极为强大的服务。这是因为这类平台常常需要处理和训练海量的数据，而网络平台正好能提供几乎无限的计算资源来进行复杂算法的处理，以及实现模型的快速训练。同时，云存储的弹性扩展、复制和备份数据的功能，也在很大程度上保证了数据的安全性。此外，网络平台还提供了数据分析、机器学习等 PaaS（平台及服务）服务，这些服务可以直接为上层应用提供增值服务，辅助构建智能化应用。

（2）网络平台也可托管能源管理系统等应用。这样的关键业务系统部署在网络平台上，就可以获得基础环境自助服务、快速部署上线、弹性扩容、高可用、故障自恢复、安全隔离、操作系统定制、自动监控等一系列运维优化功能。这些功能不仅可以使研发团队更加专注于业务创新，快速响应业务变化，也可以利用云原生技术进行微服务和容器化改造，实现灵活编排和持续快速交付，大幅提高系统的敏捷性。

（3）网络平台还在工业互联网基础设施中发挥着重要的作用。在电力、石油、化工等行业，都需要建设复杂的工业互联网，以实现生产系统的数字化和智能化。这时，网络平台可以提供数字化基础环境，构建起生产系统的"数字孪生"。这样不仅可以实现预知维护、远程控制、协同优化等功能，提高系统运行的效率、质量、安全，也可以作为工业互联网的基础，提供了中央数据存储、弹性计算、网络安全、统一认证等功能，成为工业互联网建设的理想基础设施选择。

（4）网络平台对于虚拟电厂的构建也有着至关重要的影响。虚拟电厂需要充分仿真电力系统拓扑模型和物理特性，进行多方案比对分析，这就对计算力和存储提出了极高的需求。而网络平台就能提供这些弹性资源。云仿真等技术也有利于进行团队协作。同时，网络平台还提供了丰富的辅助工具和功能模块，可以极大降低虚拟电厂等专业仿真平台的开发难度。

（5）基于位置的能源服务是网络平台的另一大应用场景。这类服务需要大量管理和分析地理位置数据，也需要海量的计算来支持实时定位和服务。网络平台中包含了非常丰富的地理信息数据资源，以及弹性的计算资源来支持复杂算法，是理想的技术支撑。

（6）网络平台还可以支撑能源物联网等应用。大量的能源物联网设备需要云计算支持构建连接网络、传输数据、存储数据、分析处理。网络平台提供了工业级的高容量信息交换和实时数据处理能力，是物联网的理想基础环境。此外，网络平台还提供流式数据分析、消息服务等方便物联网应用开发。

（7）通过网络平台可以实现 SaaS（软件运营服务）、PaaS 服务模式。网络平台的合二为一的功能使应用系统由销售产品转为提供服务，大幅降低接入使用门槛，获得更好的用户体验和应用敏捷性。

总的来说，云计算是能源数字化转型的有力引擎，其丰富的功能特性将有效推动能源系统的数字化、服务化、智能化和融合化。无论是从提高业务效率，还是从保障数据安全性等方面考虑，网络平台都是能源领域进行数字化转型的理想选择。

4.4　数据平台

4.4.1　概念

数据平台也被称为数据中台，是能源智慧化基础架构中的数据管理和应用平台，面向海量异构数据的存储、处理和分析应用。通过数据的集中管理与挖掘，构建数据驱动的智慧化决策能力。

具体来说，数据中台可以对来自能源系统各个环节的海量结构化和非结构化数据进行汇聚，构建起统一的数据资产库；还可以对数据进行清洗、校准、标注、关联等治理，提高数据质量。同时使用切合实际的模型对数据进行多维分析和挖掘，发现数据价值，获得关键业务洞察。这些挖掘出的知识可以反哺业务系统，建立数据驱动的决策机制。数据中台也可以对外以服务接口的形式开放数据应用和分析模型，支持更多创新应用。同时，还将实施必要的数据脱敏、加密等措施，保证数据安全。

数据中台的定位目标是面向企业的海量互联数据，通过数据的集中管理、治理和智能化应用，提供可靠、统一、开放、安全的数据服务，支持数据驱动业务优化和创新，推动企业实现从经验型到数据型的转变。

具体来看，数据中台主要解决以下需求或痛点：

（1）构建统一可信的数据基础。解决企业多系统孤立，数据分散混乱的现状，通过数据的集中管理，形成可信可用的统一数据基础。

（2）提高数据质量和价值。实现对低质量数据的处理和提升，使之成为可直接应用的优质数据产品，释放数据价值。

（3）支撑业务系统的数据需求。业务系统可以直接调用需求数据，不再重复建设自己的数据存储，降低成本。

（4）赋能业务创新。依据丰富的数据资产，可以进行挖掘建模，赋能业务进行产品和模式创新。

（5）提供智能数据服务。在数据应用方面，提供智能预测、精准用户画像、异常检测等智能算法模型服务，注入业务系统智能元素。

（6）加速分析应用开发。通过良好的数据服务接口与开发工具，可以快速对接开发各类业务数据应用。

（7）支持数据开放应用。基于开放数据服务接口，可支持更多外部创新应用的产生。

（8）保障数据安全合规。实施必要的数据脱敏、访问控制等机制，保护数据安全，保证符合法规要求。

（9）降低数据管理成本。通过统一的数据中台，可以减少重复建设和管理成本。

总之，数据中台通过提供稳定、安全、开放、易用的数据服务，将助力企业建立数据驱动的新型决策和运营模式，提升组织的智能化水平。

4.4.2　功能应用

在智慧能源体系中，数据中台扮演了至关重要的角色，通过提供全面、开放、智能的数据管理和应用能力，推动能源行业实现数据价值释放和决策的优化。它的功能应用具有广泛性和深度，包括数据聚合、治理、应用支撑、开放共享，以及数据驱动决策和持续进化等方面。

（1）在数据聚合方面，数据中台具有强大的能力，它可以面向多源异构数据提供高效的数据采集接口，无论是实时流式数据还是批量数据，都能够被它高效地汇聚。并且，它还会进行必要的校验和清洗，以实现采集数据的规范化。这种聚合能力不仅构建了坚实的数据基础，同时也为后续应用奠定了基础。通过深入的数据采集和管理，数据中台可以为后续的数据应用和分析提供丰富而准确的信息源。

（2）数据中台可以构建完善的元数据体系，实施数据标准化管理，进行细粒度的数据资产标注、分类、指标绑定、数据血缘循迹等。这种细致的数据治理不仅保证了数据的准确性和一致性，也使得数据的使用和理解更加方便。此外，数据中台还将应用各类数据安全技术手段保证数据合规性和可控性。同时，它还会监测数据质量维度并进行质量报告，以确保提供高质量的数据服务。这种全面而细致的数据治理，无疑将数据的价值最大化。

（3）在数据应用支撑方面，数据中台以业务需求为导向，应用先进的模型和算法，开发出预测系统、异常检测系统、辅助决策系统、数据挖掘系统等，使原始数据转化为可直接应用的业务价值。这些应用可以打包为 PaaS 服务，便于业务系统对接使用。这种应用方式，有效地将数据的价值转化为实际的业务成果，使得数据不是存储在数据库中的"死"数据，而是可以真正为业务决策和优化提供支持的"活"数据。

（4）在开放共享方面，数据中台将面向内部不同系统和外部合作伙伴都开放数据服务接口，构建统一的数据交换中心，推动数据资源的开放式流通与共享应用。还可以运用数据市场等模式鼓励不同方面对数据进行增值应用。这种开放和共享的思路，不仅能够推动内部的数据流通和应用，也能够将数据的价值最大化，使得数据成为企业的重要资产。

（5）在数据驱动决策方面，中台生成的各类数据应用可以无缝对接到业务系统之中，为业务用户提供准确的决策依据和建议，指导更科学的决策制定，最终优化系统运行效果。这种数据驱动的决策方式，不仅使得决策更加科学和准确，也为企业的运营优化提供了强大的支持。

（6）中台跟踪前沿技术进展，不断丰富应用形式，以满足日新月异的业务数据需求，实现平台功能和应用的持续升级。这种持续进化的能力，保证了数据中台始终处于最前沿的技术状态，能够满足不断变化和提升的业务数据需求，以便更好地服务于企业的运营和决策。

数据中台的这些主要功能应用，无论是在数据管理还是在数据应用，甚至在数据开放共享等方面都表现出了其强大的能力和潜力。这些功能应用不仅可以为企业提供更高效、更准确的数据服务，也可以为企业的决策提供更科学的依据，最终推动企业的运营效果的优化。同时，数据中台的持续进化保证了其始终能够适应和满足不断变化的业务数据需求，保持其在数据管理和应用上的领先地位。因此，数据中台在智慧能源体系中的功能应用，实现了数据的价值最大化，推动了企业的决策优化，提升了企业的运营效果。

4.4.3　核心技术

在智能化基础架构中，数据中台核心价值在于为业务提供稳定、统一、开放且可靠的大数据服务。数据中台的核心技术涵盖了包括大数据存储、数据处理技术、数据分析挖掘、数据服务、数据安全、元数据管理以及数据质量管理等，如图4-4所示。

对于大数据存储来说，其主要使用诸如大数据文件系统、时间序列数据库以及图数据库等技术，以便存储和管理各类数据。例如，高容错性文件分布系统（HDFS）主要用于结构化的大数据，时间序列数据库则专注于高效地存储时间序列数据，而图数据库则用于存储关系型数据。这些存储技术被广泛应用于大数据处理和管理中，为后续的数据处理和分析提供了基础支持。

在数据处理技术方面，海量数据的并行处理技术如流式计算、离线计算等，都是数据中台的重要组成部分。例如，Spark Streaming、Flink等技术可以用于实时流数据处理，而MapReduce、Spark Batch等技术则适用于批量离线数据处理。微批处理方式的使用则兼具了流处理和批处理的优势，使得数据处理更加灵活高效。

数据分析挖掘也是数据中台的核心技术，主要包括数据可视化、机器学习、深度学习等分析技术。数据可视化技术如报表、公告板等，使得业务人员能更好地理解数据。机器学习模型可以进行预测、分类、聚类等分析，深度学习技术则可以对图像、语音、视频等非结构化数据进行智能处理。

在数据服务方面，数据开放接口、数据中间件等数据服务化技术是非常重要的。通过使用REST API、RPC等技术，数据中台可以对外开放数据服务接口，实现数据的共享和传输，构建异构系统间的数据传输与共享的企业服务总线。

数据安全是数据中台不可忽视的一部分，主要涉及访问控制、数据脱敏、数据加密等技术。例如，通过角色权限控制、访问控制列表（ACL）等方式进行访问控制，确保只有经过授权的用户才能访问数据。对于敏感数据，可以进行脱敏、匿名化处理，并对重要数据进行加密存储和传输。

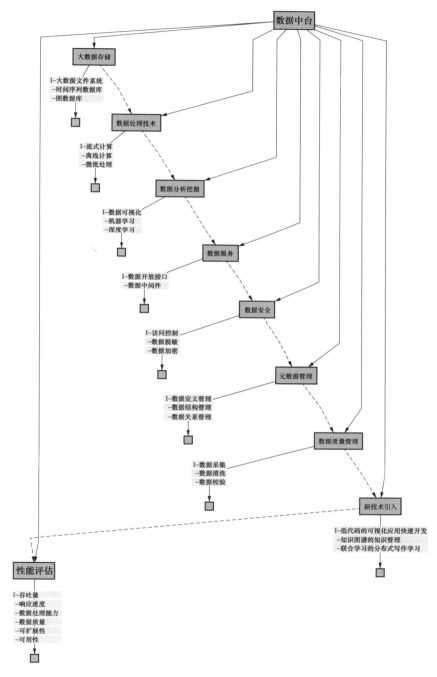

图 4-4　数据中台核心技术架构

元数据管理和数据质量管理则是数据中台的另两项关键技术。元数据管理主要实现对数据定义、结构、关系的有效管理，构建详尽的元数据库对数据进行注册和管理，用于支撑数据查询、使用、监控，实现了对大数据的有效治理。数据质量管理则包括数据采集、数据清洗、数据校验等技术，针对不同来源的数据进行采集前的数据校验，采集时清洗，采集后进行进一步的统计分析，如完整性检查、一致性检查等，从不同维度监控数据质量。

随着技术的不断进步，数据中台也在不断引入新的技术，如低代码的可视化应用快速开发、知识图谱的知识管理和联合学习的分布式协作学习等，以进一步提升数据应用能力。

4.4.4　发展阶段

数据中台的发展历程是一场从简单到复杂，从局部到全面的进化旅程。在这个过程中，可以清晰看到一条逐渐融合、智慧化并向开放一体化方向发展的趋势。

最初，数据中台的形态主要是离线数据仓库。这个阶段的主要任务是构建企业的数据仓库，对结构化的业务数据进行提取、清洗、转换，然后加载到关系数据库中。这样，数据就可以被构建成企业报表、分析应用等形式，供各种业务和决策使用。虽然这个阶段的数据中台具有很高的稳定性，但由于它主要依赖离线数据处理，因此分析的延迟性较大，不能满足实时或近实时的数据分析需求。

随着数据量的爆炸式增长，以及数据类型和来源的日益多样化，数据中台逐渐发展到了第二个阶段：大数据仓库。这个阶段的数据中台开始使用如Hadoop等大数据技术，构建能够存储多源异构数据的数据湖。这一改变使得数据的存储和管理能力大大提升，可以容纳更大量、更多样的数据。然而，由于这个阶段的数据中台对数据还没有进行统一的组织和管理，因此业务利用的难度仍然较大。

在数据湖的基础上，数据中台发展到了第三个阶段：数据服务。这个阶段的数据中台开始进行数据治理，构建元数据，通过数据开放服务接口对内外提供数据服务。这意味着业务部门可以直接通过接口获取所需的数据，大大降低了数据获取的难度，提高了数据的利用效率。这个阶段的数据中台不再仅是数据的存储和管理平台，而是变成了数据的服务提供者。

随后，数据中台进入了第四个阶段：智能处理和应用。在具备了良好的数据基础之后，数据中台开始进行深度的数据应用开发，利用机器学习、深度学习等技术开发出智能预测、判断、辅助决策等算法应用。这样，数据中台就可以为业务提供智能决策服务，帮助业务更好地理解数据，发现数据的价值，提高业务的决策效率和准确性。

最后，数据中台发展到了第五个阶段：一体化和开放。这个阶段的数据中台通过技术融合，实现了实时流式计算和离线数据处理的结合，可以进行实时和批量混合处理。同时，通过开放接口和平台化能力，它可以向内外部用户开放数据服务和应用，实现数据和应用的共享。这个阶段的数据中台已经成了一个全面、开放、智能的数据服务平台。

总的来说，数据中台从构建离线数据仓库开始，经历了大数据仓库、数据服务、智能处理和应用，最终发展到一体化和开放的阶段，这一过程既是技术的进步，也是对数据价值的深入挖掘。随着技术的不断发展，用户期待数据中台能够提供更强大、更便捷的数据价值服务，为业务的发展提供更强大的支持。

4.4.5　应用场景

在典型的应用场景中，数据中台的作用表现得尤为突出，特别是在构建能源领域多源异构数据的仓库这方面。数据中台不仅能够大规模存储各类结构化业务数据、半结构化设备数据、非结构化环境数据等，构建全面的能源行业数据资产，同时还能对这些数据进行关联，以便在综合应用中得到全面的实现。

有了这样的数据仓库，就能轻而易举地开发出一系列数据应用，如电力负荷预测、用能分析、预警系统等。这些应用的开发离不开机器学习、深度学习等技术的支持，通过这些先进的技术，工程师能够开发出负荷预测模型、用电异常预警模型、设备故障预警模型等，直接为业务决策服务。这些模型能够减少对经验的依赖，使决策过程更加科学。

然而，数据中台的应用并不止步于此。在能源交易、调度决策等领域，数据中台也能起到重要作用。交易决策和调度决策对数据的需求量极大，数据中台能够提供全面、准确、及时的相关数据服务，以支撑规划人员制定最优决策方案。

同时，数据中台还能支持 AI 模型训练平台的开发，提供弹性的模型训练管理服务。由于数据中台具备强大的数据存储和计算能力，以及完整的模型生命周期管理功能，因此它可以支持大规模的 AI 训练任务进行，并实现验收测试、模型部署全流程管理。

此外，数据中台还能支撑监控预警系统、远程控制系统的开发。这类系统需要与庞大设备实时连接，进行数据采集和传输，都可基于数据中台的服务能力进行快速构建。

另外，数据中台能为业务系统提供报表、大屏等数据可视化产品。数据中台可以抽象出各类维度的数据指标，构建丰富的可视化组件，通过拖拽组装的方式快速构建出生动的报表、监控大屏等。

最后，数据中台还能通过开放接口，对外提供数据服务，支撑监管决策和科研应用。数据中台构建开放的数据服务层，授权的合作方可以直接调用数据接口获得需要的数据集，以支持更多创新应用。

总的来说，数据中台在智慧能源建设中扮演着不可或缺的关键角色，它将推动能源行业实现数据驱动和智能决策。在未来的发展中，用户期待数据中台能够发挥出更大的作用，帮助人们更好地理解和利用数据，提高决策的效率和准确性。

4.5 技术平台

4.5.1 概念

技术平台也被称为技术中台，是能源智慧化基础架构中的通用技术能力开放平台，通过服务化和组件化构建一系列可重用的基础软件组件、接口与功能模块，并以服务形式对内对外开放，支撑快速灵活的应用和业务系统开发。关键特征是通用性、开放性、可重用性。技术中台可以极大地提升应用开发效率。

具体来说，技术中台可以对能源企业中通用的业务功能和技术能力进行抽象和封装，组装成一个个服务化的解决方案组件，以面向内部各专业公司、部门的应用开发提供重用。这些通用组件可包括用户管理、组织机构管理、业务流程、数据报表、地图可视化等，使用统一的开放接口对外开放服务。应用开发只需要调用这些组件服务，通过配置即可快速构建业务系统，大大简化开发难度，提高开发效率。与传统从零开始开发不同，中台方式可以节省重复基础工作，开发人员只关注业务创新。中台还将持续吸纳感知、云、数据等新技术，为行业应用赋能。

技术中台的定位目标是面向企业内部共性和重复性的技术能力需求，通过对这些技术能力的抽象和服务化再利用，帮助企业快速高效地研发、交付和运维业务应用，实现 IT 系统的共建共享和敏捷迭代，推动企业的数字化转型。

具体来看，技术中台主要解决以下需求或痛点：

（1）提高应用开发效率。技术中台提供可复用的业务组件和基础功能服务，使开发团队可以通过简单配置和组装的方式进行应用开发，无需从零开始搭建，大幅提升开发效率。

（2）降低应用维护成本。中台实现了基础技术能力的服务化和可重用，企业不再需要独立维护这些共性功能代码，从而减少重复工作，降低维护成本。

（3）加快响应业务变化。中台以组件化方式提供业务功能，应用可以通过增减组件快速进行功能调整，大幅提高对业务变化的响应速度。

（4）支持敏捷迭代开发。中台的服务化和自动化测试能力，赋能了应用的敏捷迭代开发，使其可以快速交付新版本和新增功能。

（5）提升新技术利用能力。中台可快速吸纳和适配新技术，如人工智能、大数据等，使所有上层应用都可以快速使用这些新技术。

（6）促进技术创新复用。中台内部实现技术创新的组件和服务可以最大程度复用，避免重复投入。

（7）降低应用部署运维成本。中台实现了应用和服务的自动化部署运维，减轻了复杂的应用运维过程。

（8）提高应用质量和稳定性。中台具备完善的测试框架和运维机制，保证应用质量。服务治理保证应用的高稳定性。

（9）支持组织协同和创新。中台打破了系统孤岛，支持组织内部共享服务能力，促进协同创新。

总之，技术中台是实现 IT 系统敏捷性和高效协同的关键所在，将显著提升企业数字化转型的速度和质量。

4.5.2　功能应用

技术中台在能源智慧化体系中的应用广泛且深入，它的功能和应用都是为了实现更高效、更灵活、更便捷的服务。

（1）技术中台可以提供通用服务，这包括用户管理、组织管理、权限管理等基础服务。这些服务是对通用业务功能模块的重用，能够有效降低重复开发的工作量，提高开发效率。在这些通用服务的基础上，技术中台还提供了一系列的技术组件，包括算法组件、模型组件、工具组件等，这些都是可重用的技术组件，业务部门可以根据需要组合使用，实现快速、灵活的开发。

（2）技术中台可以提供统一的接口服务。通过开放的 API 接口，业务系统与中台可以实现相互对接，这样就可以屏蔽内部服务的复杂性，让业务更加专注于自身功能的开发和优化。这种接口服务的提供方式，实际上是一种服务导向的设计思想，它大大提升了业务系统的开发效率和灵活性。

（3）技术中台在开发支持方面的作用。技术中台通过组件化和低代码技术，提高了应用的快速开发能力。具体来说，技术中台提供了图形化的开发环境，开发人员可以通过配置流程来实现业务，这大大提升了开发效率，同时也降低了开发的难度。

（4）技术中台还在运维方面提供了大量的支持。技术中台提供了自动化部署、监控、运维等服务，这不仅降低了应用的运维成本，也提高了运维的效率。中台具备 DevOps 能力，可以实现从源码到部署上线的全流程自动化，这样一来，运维人员的压力就大大减轻了。

（5）技术中台还沉淀了一些可复用的架构设计模式，这些模式可以指导应用进行规范化的开发。这些沉淀下来的架构最佳实践，可以帮助应用进行合理高效的系统设计。不仅如此，技术中台还支持微服务化改造，这使得应用可以通过服务化拆分来快速重组，以应对新的功能需求。技术中台还支持无服务器函数计算等新技术接入，这使得应用可以更快速地响应新的需求和技术。

总的来说，技术中台通过通用能力的开放，极大地提升了应用开发的效率，使得能源企业能够快速推出创新的应用和业务，对于推动能源行业的智慧化发展起到了重要的作用。

4.5.3　核心技术

技术中台的构建离不开一系列核心技术，如图 4-5 所示。首当其冲的是服务化架构，其中包括微服务和服务网格等核心技术。在这种架构下，系统被拆分为粒度更细的业务微服务，实现了服务的解耦和弹性伸缩。服务网格则负责保证服务间的高效通信，形成一个稳定可靠的分布式服务架构。这样的设计把复杂的业务流程拆解为多个独立的部分，既方便了管理，也提升了系统的弹性。

紧接着，组件化框架的使用进一步加强了技术中台的通用性和灵活性。通过抽象出通用需求，形成一系列基于可视化配置和组装的业务组件，这些组件封装了各类相关功能，可以像搭积木一样，根据业务需求进行插拔和组合，从而快速搭建出业务系统。这种方式不仅提高了开发效率，还增强了系统的可维护性和可扩展性。

为了保证软件的质量和效率，开发自动化技术也在技术中台中发挥了重要作用。通过设置自动化流水线，包括源码编译、代码质量检查、自动化测试、静态代码分析、自动构建和部署上线等环节可以快速产生高质量的软件并交付。这种自动化的开发过程不仅提高了开发效率，也确保了软件的质量。

在部署环节，应用容器技术如 Docker 和 Kubernetes 等也起到了关键作用。通过将应用打包为容器化单元可以实现轻量级的部署。同时，利用 Kubernetes 进行容器编排管理，实现了服务的自动扩缩容、滚动升级、故障自恢复等功能，

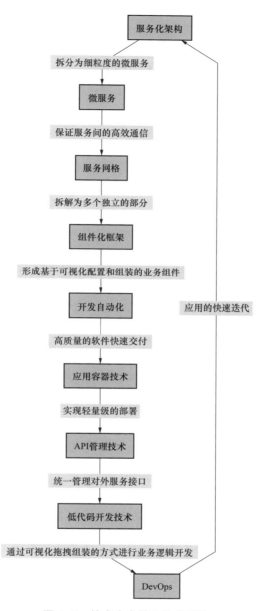

图 4-5　技术中台核心技术架构

大大提高了系统的稳定性和可靠性。

　　在对外服务输出方面，技术中台使用了 API 管理技术，包括开放 API 网关、服务注册发现等。通过 API 网关可以统一管理对外服务接口，进行权限控制、流量管理等操作。同时，通过服务注册中心可以动态发现和负载均衡服务，提

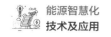
升了服务的灵活性和稳定性。

为了进一步提高开发效率，技术中台还采用了低代码开发技术。开发人员可以通过可视化拖拽组装的方式进行业务逻辑开发，大幅度提高了开发效率。这种方式让非专业开发人员也能参与到开发过程中，大大加快了软件的开发和迭代速度。

最后，技术中台还融入了 DevOps 的理念，结合开发、运维、质量监控等环节，实现了应用的快速迭代。通过加强团队协作，对整个开发过程进行持续优化，可以快速响应需求变更，加快交付速度。

总的来说，技术中台的各项核心技术为企业的数字化转型提供了强大的支持。通过服务化架构、组件化框架、开发自动化、应用容器、API 管理、低代码开发和 DevOps 等技术的集成应用，技术中台使 IT 系统具备了更强的商业响应性，能够快速支持业务需求的变化。这一切都显著提升了企业的数字化转型效率，使得企业在面对市场变化时更具备竞争力。

4.5.4 发展阶段

在探讨技术中台的发展历程时，会发现它经历了六个阶段的演变，而每个阶段都代表了一种对于技术和业务模式的深刻理解和改进。

回顾早期的应用系统，它们之间存在大量的点对点接口，这种架构让系统间的功能调用变得非常复杂，因为每个系统都需要与其他多个系统进行单独的交互。这种设计模式不仅使得系统间的通信变得复杂，而且对接口的维护和升级也带来了巨大的难度。然而，随着技术的进步，人们开始意识到这种设计模式的局限性，并开始寻找更有效的解决方案。

这就引出了技术中台的第二个发展阶段，也就是集成平台阶段。在这个阶段，工程师开始构建企业服务总线等集成平台，实现了系统间接口的统一管理。这样，系统间的对接变得更简单，每个系统只需要与集成平台进行交互，而不再需要和其他各个系统进行单独的交互。然而，这个阶段的中台仍然主要以接口集成为主，未能充分实现业务的复用。

随后进入了第三阶段，即面向服务架构（SOA）的组件化阶段。这个阶段开始推广面向服务架构，对通用的业务功能进行组件化拆解，使得这些功能可以在不同的系统中被重用，从而提高了开发效率。然而，这个阶段的中台的组件粒度仍然较粗，未能达到微服务的粒度。

随着进一步发展，技术中台进入了第四个阶段，即微服务中台阶段。这个阶段开始采用微服务架构，并将技术中台的理念融入进来。工程师进行了更细粒度的服务拆分，并实现了核心业务的微服务化。这个阶段的中台提供了基础能力的开放平台，使得各个系统可以有更多的自由度和灵活性。

然后来到了第五个阶段，也就是智能化和平台化阶段。在这个阶段，中台开始从提供静态服务组件向提供智能化服务转变，如 AI、大数据等能力的开放。同样，中台也开始结合行业知识图谱，实现了能力开放的平台化。这个阶段的中台不仅能提供更高级的服务，而且也能更好地适应业务的需求。

最后进入了技术中台的最新阶段，即中台生态阶段。这个阶段的中台不仅提供了丰富的服务，还形成了一个生态系统，能够更好地适应和推动行业的发展。

技术中台的发展历程是一个不断深化和扩展的过程，每个阶段都代表了工程师对于技术和业务模式的更深入的理解和改进。随着技术中台能力的不断丰富，人们期待它能向一个开放、智能、生态化的中台技术和应用平台演变，实现与行业的深度融合，为企业和行业的数字化转型提供更强大的支持。

4.5.5　应用场景

在探讨技术中台的典型应用场景时，首先需要理解它的核心功能和优势，这将有助于更好地把握其在不同场景中的应用。技术中台的一项重要职能是为各种核心系统，如能源管理系统、调度系统和交易系统等提供支撑。这是通过中台的通用业务服务组件实现的，这些组件包括组织用户管理服务、工作流服务、地图显示服务等。通过直接调用这些服务，开发人员可以大幅缩短开发周期，提升工作效率。

此外，技术中台还可以提供 AI 算法服务，助力业务实现智能化。中台将各类 AI 算法模型，如负荷预测、设备故障预警、用户画像等，进行封装，使得业务可以直接调用这些 AI 能力服务，并在应用中快速嵌入智能决策。这种方式不仅提高了决策的科学性和准确性，也极大提升了工作效率。

技术中台还可以为移动端和 Web 应用提供统一的基础技术服务。这些服务包括单点登录、移动报表、地图导航等前端通用技术服务。这些服务的存在，使得移动应用和 Web 应用都可以快速地使用这些服务，大大简化了开发过程，提高了开发效率。

同时，中台还可以通过开放 API 服务，支撑第三方应用接口的对接。中台对外开放数据、功能等服务接口，第三方可以基于这些 API 快速对接，构建创新应用。这种开放性的设计，使得第三方可以轻松地进行创新开发，促进了业务的发展和创新。

再者，中台还可以支撑工业互联网应用的快速开发。它提供通用的设备接入管理、数据采集、设备双子模型等服务组件，工业互联网应用可基于这些直接快速构建。这一特性，使得工业互联网应用的开发变得更为快速和简单，提高了开发效率和质量。

技术中台还提供通用基础软件组件实现复用。这些组件包括工作流、报表、身份认证等，可以实现业务系统间的多次复用，从而减少重复开发，提高开发效率。

最后，技术中台还可以支撑自动化运维，实现高效运营。中台具备 DevOps 能力，可以通过 CI/CD 流程自动化实现应用建构、测试、部署，使数字化系统保持高效、稳定运行。

总的来说，技术中台在架构理念、平台能力、组件化和开放 API 上，可以大幅提升企业 IT 系统的交付效率、灵活性和智能化水平，加速数字化转型。

4.6　业务平台

4.6.1　概念

业务平台，通常指的是业务中台，是面向特定业务领域，通过对数据和技术能力的业务逻辑组合集成，形成可直接面向用户、支撑业务需求的中台服务平台。业务中台立足特定领域业务场景，对内对外提供领域特定的业务服务能力和数据服务能力。

具体来说，业务中台是在深入理解行业业务场景的基础上，进行数据和技术的业务化重组，以期构建起一个面向行业用户的业务服务创新平台。例如针对能源领域，可以构建面向供应商的营销中台，通过集成客户数据、产品数据、营销工具等对内为销售团队提供一站式营销服务；还可以构建面向能源用户的服务中台，通过集成账单、用能分析、增值服务等，为用户提供统一的服务体验和能源管理。业务中台的价值在于充分利用技术能力解决特定领域的业务痛点，以业务需求为中心进行技术重组，最终提供领域特定的创新业务服务。

业务中台的定位目标是立足于行业核心业务场景，通过对业务流程和数据的再造和重组，形成面向用户需求的创新业务服务平台，实现业务的快速重构升级和创新输出，助推企业业务形态的转型发展。

具体来看，业务中台主要解决以下需求或痛点：

（1）推动业务模式创新。依托中台快速重组业务要素，可以实现业务模式的创新，如从产品销售向服务创新转型。

（2）支持业务快速重构。中台可以快速对接和组装业务系统的功能服务，大幅提升业务重构和创新的响应速度。

（3）降低业务系统接口成本。中台统一对外输出服务，隐藏内部系统复杂性，降低系统对接维护成本。

（4）提升业务系统灵活性。中台以服务和组件方式提供业务功能，增加了形成新的业务组合的灵活性。

（5）加速业务创新迭代。中台支撑业务快速组装和测试，加快业务试验验证，abbreviate 业务创新迭代周期。

（6）改善用户体验。中台面向最终用户提供一致的使用体验，整合不同系统的业务能力。

（7）打破数据孤岛。中台消除业务系统数据隔阂，形成统一的业务数据服务。

（8）提升数据驱动决策。中台数字化业务系统，产生大量结构化数据，用于支撑业务决策。

（9）降低中后台成本。通过中台方式提升业务配置化和中台治理自动化，优化流程，降低中后台成本。

总之，业务中台是实现业务快速创新和整体转型的关键节点，将推动企业向客户导向、数据驱动的智能化组织演进。

4.6.2 功能应用

在能源智慧化体系中，业务中台功能应用主要体现在以下几个方面。

（1）业务中台充当业务服务平台的角色。其核心任务是为外部提供一站式的业务系统服务，实现业务能力的全面开放。这是通过提供统一的业务服务界面，集成多元后台业务系统的能力，从而达到业务一站式对外输出的目标。这种设计让业务系统的使用和管理更为简单和高效。

（2）业务中台可以实现业务处理与数据分析的融合。这是通过将业务流程和数据流程有机结合，挖掘数据洞见，以指导业务决策。这种方式既满足了业务需求驱动的数据应用，也提高了数据的利用效率和价值。

（3）业务中台也是提升业务智能的重要平台。依托 AI、大数据等先进技术，中台可以实现海量数据的聚合分析，基于此构建智能决策模型，从而推动业务系统向智能化方向演进。这不仅提升了业务处理的效率，也提高了决策的准确性。

（4）业务中台还是业务创新的重要驱动力。中台可以集成业务要素，加速新业务的孵化，如基于中台快速实施精准营销、个性化客户服务等创新业务。这种方式既满足了市场的变化需求，也为企业的发展注入了新的活力。业务中台还可以推动多业务领域的业务数据和服务的对接融合。中台可以实现业务系统间的数据共享、功能互操作，破除业务孤岛，促进业务融合创新。这种方式提高了业务系统间的协同效果，促进了业务的整体发展。

（5）业务中台还负责推动业务中台建设的标准化。中台将制定统一的业务流程、数据、接口等标准，规范中台建设，提升治理水平。这种标准化的管理方式，不仅提高了治理效率，也保证了业务的稳定和可持续发展。

总的来说，业务中台在连接业务与技术之间起着举足轻重的作用，将推动能源企业实现业务模式的转型升级。

4.6.3　核心技术

业务中台核心技术架构如图 4-6 所示。首先，构建业务中台的核心技术之一是领域建模。这是一个对业务领域进行精细、准确建模的过程，需要深入了解和分析业务领域，并将其转化为可供使用的数据模型。领域建模可以帮助企业准确地描述和表达其核心业务逻辑，创建一套完整的数据模型，为后续的业务管理和技术实施提供依据。

为了实现这一目标，企业需要进行业务服务化，这是将企业的业务能力进行细粒度地拆分的过程，并将其封装为可复用、可组合的业务服务。这种服务

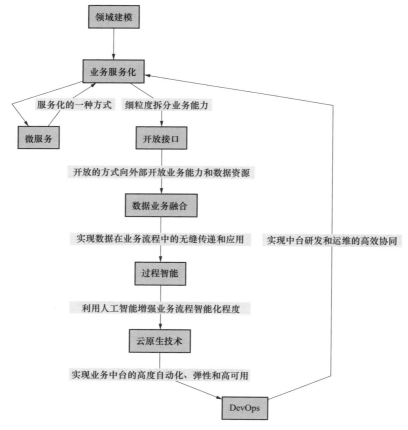

图 4-6　业务中台核心技术架构

化的方式能够提高业务的灵活性、可扩展性和可复用性，使业务能力得以有效地管理和调度。微服务是实现业务服务化的一种典型方式，通过将不同的业务功能拆分为独立的服务单元，每个服务单元负责一项具体的业务功能，通过内部通信和外部接口调用将服务整合起来，形成一个完整的业务系统。

另外，数据业务融合也是必不可少的一环。这是将业务流程和数据流程进行有机对接，实现数据在业务流程中的无缝传递和应用的过程。在传统的业务处理中，数据通常存在割裂的状态，不同部门之间的数据无法实时共享和交换，导致信息孤岛的问题。通过数据业务融合，企业可以实现业务流程和数据流程之间的有效对接，将数据流程在业务流程中进行展现和应用，从而提升业务处理的效率和准确性。

为了实现以上目标，开放接口的提供至关重要。开放接口可以让企业的业务能力和数据资源以一种统一、开放的方式向外部开放，与第三方应用进行集成和交互。通过提供领域 open API 和数据集市，企业能够与合作伙伴、客户和供应商进行更加紧密的合作，实现共赢的局面。

与此同时，利用人工智能技术增强业务流程的智能化程度，也被称为过程智能。随着人工智能技术的不断发展和应用，越来越多的企业开始将其应用于业务流程中，实现流程的自动化和智能化。云原生技术是另一个关键的技术领域，它可以帮助企业实现业务中台的高度自动化、弹性和高可用。通过云原生技术，企业可以更好地应对业务的快速变化和不确定性，实现业务中台的自动化管理和高可用性的保证。

最后，DevOps 是实现中台研发和运维的高效协同的关键手段。在业务中台的构建中，研发和运维是两个不可或缺的环节。通过 DevOps 的理念和实践，企业可以实现研发和运维的高效协同，提高业务中台的研发效率和运维效率，确保业务中台的稳定运行和持续优化。

4.6.4　发展阶段

在企业的发展过程中，业务中台的建设和演进经历了一系列重要的阶段。在最初的阶段，可以看到企业中存在着大量的孤立系统。这些系统各自独立，数据和功能之间的隔离使得无法实现业务的协同。每当需要系统间进行交互时，都需要建立大量的点对点接口，这无疑带来了扩展和维护的困难。然而，这样的局限性在接下来的阶段得到了一定的改善。

随着企业的发展，人们开始意识到这种孤立的状态对业务效率和协同性的影响，于是进入业务中台的第二阶段，即集成平台阶段。在这个阶段，企业开始构建如企业服务总线等集成平台，使得不同的系统间可以实现数据的互通，从而提升了系统间的协同性。虽然这个阶段的主要特点仍然是以数据接口为主，但业务系统已经不再那么孤立，可以说是一个重要的进步。

然后，随着服务化思想的提出和普及，企业开始进入到了业务中台的第三阶段，即 SOA 阶段。在这个阶段，企业开始使用 SOA 的服务化思想，将通用的业务功能制定为服务，通过服务的互调用来实现业务的重用和组合，这极大地提高了开发的效率。然而，由于这个阶段的服务粒度比较粗，对业务的聚合能力有所限制。

在企业的发展中，微服务的概念开始广泛被接受和采用，于是企业进入到了业务中台的第四阶段，即微服务中台阶段。在这个阶段，企业进一步细化了业务服务的粒度，采用了轻量级的框架来重构业务中台。与前几个阶段不同的是，这个阶段的中台可以直接面向用户，实现了业务的快速集成和创新。

然后，随着人工智能和大数据的快速发展，企业开始进入到了业务中台的第五阶段，即智能化中台阶段。在这个阶段，中台不仅在微服务的基础上进行了深化，更是在 AI 和大数据能力的推动下，开始构建业务的智能化决策服务，使得中台开始向智能化的方向演进。

最后，企业进入业务中台的第六阶段，即中台生态阶段。在这个阶段的推动下，中台的能力得到了极大的丰富，从而演变为一个面向用户的智能化业务服务生态平台。

总的来说，企业在发展过程中，通过不断的技术创新和业务整合，使得业务中台从最初的孤立系统阶段，经历了集成平台、SOA、微服务、智能化中台到中台生态这几个阶段，最终形成了一个能够提供智能化业务服务的生态平台。这个过程不仅大大提高了企业的业务效率，也为企业的持续发展提供了强大的支持。

4.6.5 应用场景

在现代社会，业务中台的应用场景非常丰富，其不仅可以根据不同领域和行业的需求进行定制和应用，更可以深度聚焦特定业务领域，帮助企业实现更加智能化、服务化和生态化的转变。下面介绍一些业务中台的典型应用场景。

（1）构建面向能源客户的营销服务中台。在这个应用场景中，能源企业可以通过构建营销服务中台，对客户数据进行整合和分析，以实现对客户的细分、个性化营销和服务。这样做的目的是提供更准确、更合适的产品和服务，从而提升客户满意度和忠诚度。在这个过程中，企业可以通过深度学习客户的需求和行为，进一步优化产品和服务，从而实现客户满意度和忠诚度的双重提升。

（2）构建面向电力用户的用电服务中台。这个中台的主要功能是实现对电力用户的管理和控制，提供用电监测、用电咨询、用电优化等服务。为了实现这个目标，企业需要对用户用电数据进行深度分析和预测，帮助用户合理用电，提高用电效率，实现节能减排的目标。这也就意味着，通过构建用电服务中台，能源企业不仅可以提供更好的服务，还可以实现节能减排的环保目标。

（3）构建面向运维人员的运维服务中台。这个中台的主要职责是提供运维管理、设备维修、故障排除等服务。运维人员可以通过中台系统，实时监控设备运行状态，快速定位和解决问题，从而提高设备的可靠性和可用性。这样一来，不仅可以保证设备的正常运行，还可以有效提高设备的使用效率。

（4）对于调度人员来说，构建面向他们的调度服务中台也是至关重要的。通过这个中台，能源企业可以实现对能源供应和配送的集中管理和调度。调度人员可以通过中台系统，实时监控能源供需情况，优化能源调度方案，提高能源的利用效率和供应的可靠性。这样做的目的是确保能源供应的稳定，同时也可以提高能源的使用效率。

（5）构建能源交易中台也是非常必要的。通过构建这个中台，企业可以实现交易的自动化和标准化，提供交易平台和相关服务，实现能源买卖双方的快速撮合和交易，从而提高交易效率和透明度。

（6）对于能源企业来说，构建电力营销业务中台可以帮助他们实现产品创新和营销创新。企业可以根据市场需求和客户反馈，不断开展产品创新，提供个性化的电力产品和服务，从而提高产品竞争力和市场占有率。

（7）需要强调的是构建综合能源服务中台的重要性。随着能源行业正朝着综合能源服务的方向发展，构建综合能源服务中台成为一种趋势，能源企业可以通过这个中台实现能源业务的融合创新。企业可以将电力、热力、气体等不同形式的能源进行整合和优化管理，提供一体化的能源解决方案，实现能源的高效利用和可持续发展。

总的来说，业务中台的强大功能在于它可以深度聚焦特定业务领域，帮助企业实现更加智能化、服务化、生态化的转变。无论是面向能源客户的营销服务中台，还是面向电力用户的用电服务中台，或是面向运维人员的运维服务中台，抑或是面向调度人员的调度服务中台，甚至是能源交易中台，电力营销业务中台，以及综合能源服务中台，它们都是业务中台在各自领域内的典型应用，都在各自的领域内起到了极其重要的作用。

4.7 平台之间的互联互通

能源智慧化的基础平台不是单独建设的，不同平台或中台之间的互联互通非常有必要。能源智慧化基础平台体系通常包括感知、网络、数据、技术和业务等多类中台。这些中台各司其职，相互支撑，共同构成一个有机的基础能力生态。各中台需要高度协同互联，通过接口相互对接，实现数据和服务的对流与融合。同时，还需要统一的安全管理和运维监控机制，将各中台有机结合。只有不同中台平稳有序互联互通，才能发挥协同作用，提供完备的端到端服务能力。否则，中台间出现隔阂就会使得基础平台存在"鸿沟"，最终无法有效支撑业务系统建设。因此，在设计基础平台体系时，必须充分考虑各中台的互联互通需求，通过顶层设计和系统整合，使中台协同为业务创造更大价值。

（1）互联互通可以提高数据共享化，打破数据孤岛。过去基础平台存在大量数据孤岛，业务系统之间无法共享利用数据，造成了数据断层和业务隔阂。通过构建互联互通机制，可以实现不同基础平台之间的数据无缝连通，将分散的数据统一起来，为上层业务系统提供统一高质量的数据服务，支持跨系统的综合数据分析应用。这将助力打破以往的系统数据孤岛，推动数据的开放共享和价值最大化。

（2）互联互通可以显著降低系统互联成本。以前基础平台存在大量点对点接口，接口数量多、变更频繁，这带来了极高的系统对接成本和维护成本。通过互联互通方式，可以简化接口，统一进行数据和服务互通，大幅降低系统对接成本和后续维护成本。还可以重用已有服务，减少重复建设。这将显著降低基础平台开放对接的成本。

（3）互联互通将提高系统协同效率。过去系统间相对隔离，业务协同依赖大量人工操作。互联互通改变了这一情况，系统间可以快速交换信息，自动触发业务流程，大幅提高多系统协同的效率。这可优化业务流程的时效性，提供更及时、高质量的服务。

（4）互联互通还能够支持端到端业务执行，使复杂的业务过程往往需要跨多个基础平台协同完成，保证端到端业务流程的顺畅执行；促进业务与数据创新，促进业务与数据创新，打通数据和业务系统壁垒，可以支持创新应用对更多系统数据进行自由组合创新，加速业务数据创新，有利于业务功能之间操作共享，快速实现业务模式的创新迭代；提高资源共享度，过去独立和封闭的中台导致资源难以共享，互联可以实现不同基础平台间的存储、计算、网络等资源共享，优化资源分配配置，显著提高资源利用效率；加强安全管理一致性，以前基础平台独立实施安全管理，存在安全策略不一致的问题。互联互通后，可以扩大安全管理范围，实现统一且高效的安全监管。

推进能源智慧化基础平台的互联互通，需要全面考虑各个中台的发展现状和进度，做好总体规划和有序推进，确保中台之间协调一致，避免出现"孤岛"项目。首先，要充分了解各个中台的业务定位和职能作用，识别其对接口和数据共享的需求点。这需要进行中台需求调研和梳理。其次，要基于业务和数据需求依赖关系，评估各中台发展现状，明确哪些中台处于早期阶段，哪些中台功能更加完备。这需要进行中台发展评估。然后，要合理制定中台建设路线图，对早期建设的中台，先简化其对外接口；对核心成熟的中台，优先建设其开放能力。这需要进行中台建设规划。再者，中台开发和对外接口需要分阶段和分步骤推进，重点中台和主要业务接口先行开发，次要中台和辅助功能后续补充，逐步丰富接口能力。

具体而言，上述中台之间可按以下步骤同步建设：

（1）物联感知平台要优先开放设备和资产的基本监控数据接口，以及相关设备管理 API，用于对接网络平台和数据中台。

（2）网络平台要提供基础的计算存储服务访问接口，用于与各类中台进行初步对接集成，支持资源弹性调度。

（3）数据中台要优先开发关键业务主题领域的数据模型，对数据来源进行抽象和封装，输出重要业务数据集市服务。并提供开发工具让技术中台和业务中台进行对接。

（4）技术中台要优先对接网络平台和数据中台，获得基础能力，并开发统一的应用开发框架，通过框架封装实现对数据中台的链接。

（5）业务中台要基于技术中台的基础框架进行开发，使用其中的基础服务能力，并需要优先定义关键业务流程，链接到数据中台，形成最小可用产品。

（6）中台间需要建立统一的身份认证和权限管理机制，实现单点登录和授权管控。这要跨各中台平台进行集成实现。

（7）需要建立中台间的数据传输标准，如通用数据模型和接口规范等，降低中台数据互通障碍。

（8）利用集成平台进行应用集成，通过适配转换屏蔽中台系统的差异，对外提供统一能力。

第 5 章
能源智慧化应用

5.1 发电

5.1.1 火力发电智慧化应用

1. 火力发电的发展现状

火力发电是利用化石燃料燃烧产生热能，再将热能转化为电能的过程。火力发电具有供应稳定、规模灵活等优势，成为许多国家主要的电力供应方式之一，也是当今世界主要的电力供应方式之一。

火力发电的基本原理包括燃烧、热能转化和发电三个关键步骤。燃烧产生的高温、高压蒸汽推动涡轮机转动，从而驱动发电机发电。目前，燃煤发电和燃气发电是火力发电的两种主要方式。燃煤发电技术成熟，但排放物问题引起了环境和健康的担忧；燃气发电则具有清洁、高效等特点，但燃气资源有限。此外，新兴的火力发电技术，如航空发动机发电和煤化工余热发电也在不断发展。

在火力发电企业，智能电厂建设正在兴起，通过在泛在感知、智慧管理、智能管控等各个层面的体系化建设，最终达到火电厂全生命周期的智能管控。智能电厂的建设是一个复杂的系统，不能一蹴而就，需要根据自身实际情况制定合理的建设规划，寻找适合的建设路径。

随着 IT/ 互联网技术的不断发展，为了能够使发电企业的现有电厂实现现代化、智能化发展，国家加大了对智能电厂的建设力度，虽然智能电厂具有很强的前瞻性，但是现在对智能电厂的定义还比较笼统。从广义方面来看，智能电厂的生产要以数字技术、信息技术为依托，以电气自动化技术为基础，实现智能传感、全自动智能化生产控制以及生产管理的功能，使电厂能够实现节能环保、安全的高质量、现代化发展之路。此外，智能电厂还要借助于信息化、智能化手段，运用大数据技术，实现电厂的电力产出的可视化监控、智能化故障反馈与处理、电网安全的自动化监察以及智能化的电费收缴等任务。从上可知，智能电厂主要基于互联网信息化技术，以数据收集与处理为核心，通过创新管理与技术手段，不仅能够实现对数据的深度挖掘，还实现了电厂各控制系统实现独立运行与协同发展，确保电力企业生产的安全化、生产管理的时效化、生产过程的高效化，使企业能够实现高质量发展的目标。从狭义上来看，智能电厂就是实现电厂管理、电力的智能化生产，确保企业盈利。智能电厂必须充分借助当前发展迅猛的互联网信息技术以及配套设备，实现发电厂的数字化、智能化生产。将智能技术经过不断地同发电设备的匹配、适应并逐步完善与优化，使电厂能够完全实现自动化生产以及智能化管理的目标。在智能化管理的作用下，通过数据中心对来自企业各部门数据的全面收集、整理与分析，对流程、制度、设备、资源等进行不断完善创新，最终完成云端电厂的管理模式。

2. 能源智慧化在火力发电中的应用

随着技术的不断发展，火力发电行业正在迎来智慧化应用的浪潮。智慧化应用通过信息技术、自动化控制等手段，对火力发电过程进行智能优化和自动化管理，提高发电效率和环境友好性。

在煤电容量电价机制政策推动下，火力发电机组的灵活性调节能力亟须进一步提升，也就要更进一步提升火力发电行业智慧化应用水平，包括降低燃料消耗、减少污染物排放、提高设备利用率等。然而，智慧化应用也面临着数据隐私、网络安全等挑战。

火力发电智能电厂建设思路包括以下几方面：

（1）转变思维，增强市场意识。过去发电企业售电，按照政府确定的发电计划和上网电价，由电网企业统购统销，只需要和政府有关部门及电网企业进行联系。改革后，发电企业要直面市场，和电力用户进行直接交易，在与同行竞争中把电能销售出去，要与电力交易中心和众多电力用户打交道，形势和以前大不相同了。所以首先要转变思想观念，增强市场意识，建立客户意识，主动走出去，参与市场竞争。学习和熟悉市场经济规律、电力交易规则，研究市场竞争策略，在竞争中获取利益、实现发展。

（2）稳定和降低燃料成本。我国目前中央和地方大型发电企业，电源结构总体上以煤电为主。煤炭燃料成本是火力发电成本中的大头，占度电成本 80% 左右。要积极与煤炭企业签订长期协议，平滑煤炭价格市场波动风险。煤电企业与煤炭企业实现战略重组，建设大型"煤炭 + 火电"能源集团，可以为煤炭稳定销路、为火电稳定成本，在一个集团内部实现煤炭和火电优势互补，共同抵御市场风险。还可以通过参加煤炭市场的金融期货套期保值，来对冲煤炭市场价格波动风险，这在国际上是通行做法。

（3）全面加强精细化管理。火电企业除了燃料成本外，人工成本、设备折旧、财务费用在度电成本中占 10%~15%，这方面通过加强管理，降低成本上也有比较大的挖掘潜力。要加强机组的能耗管理，淘汰能耗高的小火电机组，或将小火电机组改为供热机组。对发电资产进行资产重组或优化组合，对老电厂进行售出，发电利用小时低的情况下，可以在内部实施发电权替代。在发电厂建设的时候，就要考虑降低设备的采购成本，这样每年折旧费就能降低。要控制人工成本，就要计算集团内部每台发电机组的生产效率、劳动效率，对生产效率、劳动效率低的电厂，要研究改进的措施办法，对实在难以提高的，要考虑内部优化重组或资产售出。

（4）功能先进实用，提高工作效率。智能电厂建设必须遵循实用性原则，以应用为主导，实事求是，加强信息化与火力发电企业的深度融合，杜绝"走过场"和盲目发展。加大系统集成、资源整合、信息共享的力度，既要充分利用成熟的信息系统成果和资源共享，又要开发适配满足新需求，消除相互分离的"信息孤岛"。选取实用性好的功能模块进行建设，如：锅炉四管防磨防爆系统，通过数据分析，对锅炉泄漏进行预判，科学制订检修维护计划。

（5）系统安全可靠，配置灵活通用。充分考虑网络信息安全，在软硬件系统方面要具有良好的网络安全体系和数据备份策略方案，以确保整体网络系统的安全性；同时，各子系统要符合各种形式通信标准及通用开发平台的接口标准，使整个系统具有良好的可移植性、可扩展性、可维护性和互联性，保证系统间数据的集成与交换，满足应用功能深化以及企业进一步发展的管理需求。

（6）样板示范先行，打造行业标杆。借助已有的信息化系统的建设经验，综合考虑各电厂实际情况，形成多种类型、不同模式、技术成熟度高的智能化应用模块，示范先行；选取试点电厂打造成智能电厂的标杆，积累经验、培养人才，为进一步推广、应用和打造行业标杆奠定基础。

智能电厂新技术发展包括以下方面：①在安全方面，表现出通过对智能机器人以及三维定位、智能两票、电子围栏等新技术的应用来实现对误入设备间人员的监控和报警、对错误操作的提醒以及通过智能决策来确保生产管理的安全；②在经济方面，主要表现在智能电厂中结合信息化和工业化的同时，通过状态监测以及故障诊断技术等新技术的应用，在改变传统的粗放型管理模式而实现降本增效的同时，实现了对机组设备异常的及时发现和准确定位与处理，实现了机组运行成本的降低以及对系统运行的节能优化，实现了水电厂经济效益的提升；③在环保方面，通过在水电厂中进行智能控制技术的应用来实现对生产成本的精准控制以及环保设施运行水平的提升，而且通过大数据技术来对系统进行运行优化，确保机组始终保持最佳运行状态，实现其环保效果的提升。

在今后相当长时间内，火力发电在我国仍将占据主要地位，因此以火电厂为研究对象，通过智能电厂示范工程建设形成智能电厂建设规范及标准，向国内外推广智能电厂技术，推进国际标准修订，不仅有助于提升企业现代化管理水平，提高企业经济效益，增强企业核心竞争力，同时可加大发电企业的国内外影响力，推动电力行业的技术进步。

5.1.2　海上光伏发电智慧化应用

1. 海上光伏发电发展现状

我国海岸线长 1.8 万 km，按照理论研究，可安装海上光伏的海域面积约为 71 万 km^2。按照 1/1000 的比例估算，可安装海上光伏装机规模超过 70GW。全球单体最大水上漂浮式光伏电站"丁庄水库光伏发电项目"，总装机容量为 40MW，分成 16 个发电单元，占地 6000 多亩。

中国首个深远海漂浮式光伏实证项目 500kW 实证项目成功发电，位于山东省烟台市海阳市南侧海域，离岸 30km，水深 30m。

中国最大的海岸滩涂光伏工程"象山长大涂光伏项目"，由中国水利水电第十二工程局有限公司承建，也是第一个滩涂光伏项目，占用水面面积约 4516 亩，装机容量为 300MW。

中国首个海水抽水蓄能电站"宁德浮鹰岛的海水抽水蓄能电站"拟装机容量为 42MW，能满足 25.2MW 光伏发电系统的储能需求。

白沙岛海上漂浮式光伏项目，设计容量为 2.69MW，占用海域 50 亩，以科研示范作用为主，由国能（浙江）能源发展有限公司、中国电建集团华东电力勘测设计有限公司、浙江海洋大学等多方组成攻关团队，合作完成项目。除科研示范作用外，该项目投产后平均每年上网电量 3.077GWh，可节约标准煤 1009.2t，减少排放二氧化碳 3067.7t。

2023 年 11 月，由中国电建所属华东院勘察设计的全球最大海上光伏项目——山东东营垦利 100 万 kW 海上光伏项目目前在东营广利港正式开工，该项目是目前全球最大的海上光伏项目，也是国内首个吉瓦级海上光伏项目，是国内首批真正建设在离岸海面上的规模化光伏电站。东营垦利 100 万 kW 海上光伏项目是山东省 2022 年桩基固定式海上光伏重点项目。该项目建成后，预计年发电量为 17.8 亿 kWh，相当于减少标煤消耗 59.45 万 t，减排二氧化碳 144.1 万 t。

台湾彰化 181MW 漂浮式光伏电站，在 2020 年投产后成为世界上最大的水上光伏发电场，而且也是本行业的第一个商业项目融资。

目前现阶段海上光伏以桩基式为主（滩涂、潮间带），海上漂浮式电站建设还处于从 0 到 1 的过程，当前海上漂浮式光伏造价较高，但由于桩基固定式海洋光伏电站是将发电设备固定在近海或滩涂区域，主要适用水深较浅的海域，在迈向较深海域时会面临技术以及经济性上的较大压力；而漂浮式海洋光伏电站相应的适用范围更广，或将成为未来海洋光伏电站的主流形式。

发展前景向好的同时也要注意海上光伏所面临的一系列问题。一方面是光伏用海确权，其面临着用海案例少、实际经验不足、配套政策不足以及缺乏专项规划等用海问题。另一方面则是面临着海洋环境风险，例如烟雾与高湿、海风与海浪、恶劣气象条件及海洋灾害等，这些环境风险则带来了技术、经济等多方位的挑战。

2. 能源智慧化在海上光伏发电中的应用

近年来我国光伏发电在应用场景上与不同行业相结合的跨界融合趋势愈发凸显，水光互补、渔光互补等应用模式得到了不断推广。自 2007 年日本建立了首个实验性海上光伏项目以后，全球的海上光伏产业开始起步，在 2017 年之后，海上光伏项目成为光伏领域的热点，海上光伏产业进入快速发展阶段，尤其是水面漂浮光伏，近年来得到了大力发展，目前国内的漂浮光伏装机容量在 1.3GW 以上，占全球漂浮光伏安装容量的一半以上。随着海上光伏产业在内陆淡水体中逐渐发展成熟，向海洋发展必然成为趋势之一，因此在海洋中探索光伏产业的可行性成为该行业一个新的热点。

目前，海上固定桩基式光伏已经发展成熟，主要在滩涂区域，在国内沿海各省均有建设。在海上漂浮式光伏方面，截至 2022 年，全球海上漂浮式光伏装机容量达到 10GW，相比 2021 年的 1.6GW 增长量为 525%。国内目前处于初期阶段，2021 年 7 月，国内首个近海漂浮式光伏电站在海南万宁完成实证试验，三峡集团已于 2022 年"揭榜挂帅"海上漂浮式光伏示范项目。

陆上光伏有占地面积大、远离负荷中心造成弃光、分布式光伏给电网带来系统风险等一些弊端。在我国沿海地区，利用海上风电风机之间广阔的海域，开展海上漂浮式光伏发电项目，对克服陆上光伏发电的问题极具优势，同时还能为经济发达地区的高用电需求提供能源结构改善途径，具有良好的市场投资前景。目前光伏电站建设成本为 4.5 元 /W，平均成本为 0.44 元 /kWh；预计 2025 年光伏发电的平均成本将接近 0.2 元 /kWh。光伏产业将成为未来增长最快的新能源方向，海上光伏已经成为全球普遍认可的新能源发电形式。光伏产业技术的进步、用海政策的成熟和规模化将大幅拉低海上光伏项目的成本，进一步推动海上产业和技术的发展。

海上漂浮式光伏电站具有不占用土地资源、可与海上风电、储能、海产养殖等产业相结合的优势，且随着光伏产业的发展、国家政策的引导及海上漂浮技术的进步，国内会有越来越多的能源企业进军海上漂浮式光伏电站行业。在探索并研究海上漂浮式光伏的背景下，推进海上漂浮式光伏示范项目的建设对积极开发可再生能源具有重要的意义，可以预见的是，浮式光伏的市场空间巨大，将成为继地面、屋顶应用之后的第三大场景。

5.1.3 海上风力发电智慧化应用

1. 海上风力发电发展现状

根据中国可再生能源学会风能专业委员会统计，2022 年全国（除港、澳、台地区外）新增装机 11098 台，容量 4983 万 kW。其中，陆上风电新增装机容量 4467.2 万 kW，海上风电新增装机容量 515.7 万 kW。截至 2022 年底，累计装机超过 18 万台容量达到 396 亿 kW。其中，陆上累计装机容量 36 亿 kW，海上累计装机容量 3051 万 kW。根据全球风能理事会（GWEC）发布，2022 年全球风电新增容量达到 7760 万 kW。其中，陆上风电装机 6880 万 kW，海上风电装机 880 万 kW。中国风电新增装机容量占全球新增装机容量近 60%，中国成为名副其实的风电第一大国。中国海上风电发展经历了以下几个阶段：

（1）初期探索阶段（2010—2014 年）。起步较晚，成本较高，经验不足，发展缓慢。

（2）稳步发展阶段（2015—2018 年）。国家发展和改革委员会发布了《关于海上风电上网电价政策的通知》，经验积累，技术发展，装机总量迅速增长。

（3）三年抢装阶段（2019—2021 年）。政策驱动，跨越式发展，带动产业链需求，完善产业链结构，实现零部件国产化。

（4）平价上网阶段（2022 年至今）。国补取消，省补接力，迈进平价时代，持续降本增效成为发展关键。

保守预估未来 2~3 年，我国 11 个沿海省份规划的"十四五"海上风电开发目标超过 54GW，扣除 2021 年和 2023 年实际新增装机容量，未来 3 年年均新增装机量将不低于 11GW；2025 年我国海上风电年度新增装机将达到 12~17GW，行业年均复合增速达到 44%。

"空间型、漂浮式、功能化"是海上光伏的未来发展趋势。全球海上光伏发展迅猛，市场需求高速增长使规模化成为必然趋势，而规模化促进了度电成本进一步降低，成本降低有利于更大规模的普及形成增长闭环。海上光伏已成为全球清洁能源重要组成部分，对于节能减排、全球能源转型和实现碳中和具有重要意义，我国海岸线总长度超过 1.8 万 km，理论上可开发海上光伏项目的海洋面积能达到约 71 万 km²，可安装海上光伏超百 GW。海上光伏既符合节能减排、能源结构转型的需求，又与海洋资源的合理开发利用理念相契合，并且资源储量和技术发展都使得海上光伏具备规模化开发的潜力，商业化前景广阔。

海上光伏将经历一个由近及远的发展过程，从最适合起步的避风海域开始发展，然后随着技术和产业链的成熟，逐渐扩展到更深更远的海域，进入更恶劣的环境。目前，海上光伏的技术仍处于起步阶段，如何从技术层面控制风险、优化投资，还需要更基础的研究探索。现阶段海上光伏平台主要采用固定式和漂浮式两种基础形式：固定式基础在浅水区和潮间带具有较好的经济性，但向深水发展面临巨大的安全性和经济性挑战，漂浮式基础则因具备出色的海域适应性而成为必然选择。近年来我国近海新能源开发空间日渐紧张，海上光伏特别是漂浮式海上光伏不占用陆上土地空间，适合在沿海地区进行大规模部署，中国已在山东、江苏等省份率先启动千万千瓦规模的海上光伏部署及漂浮式海上光伏的示范实证项目。欧洲如挪威、西班牙、荷兰等国家正在积极探索海上漂浮式光伏的创新技术，持续开展新技术的研发与海试。根据目前国内外的发展态势判断，海上漂浮式光伏将很有可能成为未来全球光伏市场的又一支柱方向。漂浮式光伏平台是未来海上光伏产业向深远海规模化发展的重点发展方向。海上光伏发展潜力巨大，尤其是海上风电＋海上漂浮式光伏是个全新的方向。另外，光伏平台的平面特征和发电特点，使其既可独立发电也能够与海上风电、波浪能、潮流能等其他海洋能源融合发展，实现高效互补的综合利用。随着海上光伏装机容量的提升，大规模、不稳定的光伏接入将会影响电网的可靠性和稳定性。储能系统凭借其在调峰、调频以及平滑新能源发电出力等方面的优势，可让光伏发电稳定可控，帮助解决新能源大规模并网的难题，因此，"光储融合"具有较好的发展前景。同时，伴随着远海漂浮式光伏项目的开发，结合制氢、储氢、运氢技术的"光氢融合"也是一个重要发展方向。未来的海上光伏将与海上风电、储能、制氢及海洋水产养殖等产业结合，实现价值最大化。

"漂浮式海上光伏＋海水淡化"（包括淡化后电解水制绿氢）是海上新能源与海水资源利用领域的重要产业创新与融合发展方向。部署漂浮式海上光伏需在海洋中安装大面积浮动式支撑结构，这种结构是海水淡化和海上制氢生产系统天然的搭载平台，可有效降低海上海水淡化及制氢系统的结构建造成本，并带动漂浮式海上光伏技术的创新发展。西班牙大力发展用于抽水、海水淡化的漂浮式光伏项目，西班牙政府将在沿海地区投资超过 3 亿欧元用于加强海水淡化，约超过 7.5GW 容量的漂浮式光伏将部署在公共水域上，发展前景十分可观。中国正在加快推进海上光伏项目建设，助力"碳"战略目标实施和海洋强国建设。2023 年 6 月，自然资源部发布《关于推进海域立体设权工作的通知（征求意见稿）》，鼓励对海上光伏等用海进行立体设权，推动海上光伏等新能源与海水淡化、海水制氢、海洋养殖、海洋油气田绿色电能供应等海洋经济产业融合发展。山东、浙江等省份也先后出台了关于海上光伏用海及海域立体使用的有关通知，规范海上光伏的用海管理，助推海上新能源领域的产业发展。2023 年 11 月，国家能源局委托中国水利水电规划设计总院在江苏盐城组织召开"中欧海上新能源发展合作论坛"，论坛覆盖海上风光等新能源、海水制氢等多个前沿领域，为下一阶段中欧海上新能源合作开辟了新的方向。

2. 能源智慧化在海上风力发电中的应用

（1）海上风电运维技术。关于海上风电运维检修管理的研究主要集中于海上风电机组运维上，主要原因是海上风电机组故障率更高、海上风电机组可靠性差、海上风电场运维费用更高。

海上风电场的平均风速大、年利用小时数高，但同时海上风电场设备更易受到盐雾、台风、海浪、雷电、冰载荷等恶劣自然条件影响，风电机组部件失效快，部件的使用寿命缩短。另外海上风电场离岸较远，不便于频繁地日常巡视，因此，海上风电机组设备故障率显著高于陆上风电。据统计，海上风电机组的年平均可用率只有 70%~90%，远远低于陆上风电机组 95%~99% 的可用率。

海上风电场大多地处海洋性气候和大陆性气候交替影响的区域，这些区域天气及海浪变化较大。由于海上运输设备（如运维船、直升机等）受天气影响很大，当浪高或者风速超过运输设备的安全阈值时，出于安全考虑，运维技术人员无法进行风电机组的维护。这导致在海上进行风电机组维护作业的时间大大缩短，并且具有很大的随机性。据统计，以现有的技术水平每年能够接近海上风电机组的时间不足 200 天，并会随着海况条件的恶化而减少。

海上风电机组维护需要租赁或购买专用的运输船、吊装船和直升机等。因此，零部件的运输和吊装成本远高于陆上风电。另外，海上风电机组的维护受限于海况条件，往往不能对风电机组进行及时有效的维护，从而造成一定电量损失，间接增加了海上风电机组的运维成本。

风电场维护策略分类方式很多，根据欧洲标准化协会规定，风电机组的维

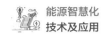
护可以分为事后维护、计划维护、状态维护三类。

根据不同风电场的机组故障率和维护成本制定适合于每个风电场的维护计划，其中机组故障率通过海上风电机组的技术参数与海上风电场所处地区的天气状况进行预测，每个风电场有不同的维护间隔，能够很大程度上提升维护经济性。目前对于已经投运的海上风电场，通常固定采用每年1~2次的维护周期。但实际根据故障统计数据，机组的故障率在全生命周期内呈浴盆曲线，即初期、晚期故障率高，中期故障率低，在全生命周期内采用固定的维护间隔往往维护经济性较差，应对处于不同阶段的机组采取不同的维护间隔。

结合海上风电机组全生命周期内的失效曲线，将机组维护分为多个阶段，提出了海上风电机组分阶段计划维护策略，对于处于不同运行阶段的机组实行不同的维护频率。研究结果表明，分阶段计划维护策略与传统维护策略相比能够减少维护次数，在一定程度上降低维护成本。

考虑海上风电机组的特殊性，采用蒙特卡洛流程仿真方法，建立了海上风电机组组合维护模型，该组合模型主要面向高故障率、低耗时的小型故障，实例分析显示该方法可降低维护运输成本5%以上。

在考虑运维经济性和机组可靠性的条件下，定义了维护优先数，并采用数据包络分析方法进行求解，以确定机组各部件的计划维护方式及先后顺序。算例结果显示对于多风电机组的风电场而言，分级优化可以大大节省维护时间。天气因素对海上风电机组维护的可达性产生很大的影响。

考虑了天气、季节因素对风电机组可达性产生的影响，构建了机会模型以对不同的天气制订不同的计划维护策略。算例结果表明，考虑天气的计划维护策略能够显著降低运维成本。

1）国内海上风电海底电缆运维检修管理研究现状。海底电缆的工作运行环境十分复杂，长期受到海水侵蚀、洋流冲击，破坏海缆的绝缘结构和隔水能力，可能会导致漏电流的产生，以及海缆故障损坏位置过热等现象。尤其是船舶作业、抛锚、捕鱼等活动的人为外力作用导致海缆扭曲、断裂等现象经常发生，影响海底输电网络的正常运行。

关于海上风电海底电缆的研究主要关注海缆的截面选型、敷设施工、在线监测及过电压保护等，鲜见有关于海上风电海底电缆运维检修管理的研究。

除了海上风电之外，国内有部分关于海岛供电、跨海联网海底电缆运维检修管理的研究分析。

统计表明，95%的海缆损坏是人类开展渔业、航运等海洋活动造成的。通过对肇事数量、肇事船型、肇事位置、肇事原因等进行多维度分析，梳理出肇事情况规律，强调对海缆路由监视警戒区的途经船舶应重点监视，指导后期海缆运维工作。

嵊泗电网海缆运维经验，针对海底电缆特殊的运行环境，综合考虑监视、巡视、预警、协同、宣传等管理维度，通过政府主导形成覆盖多部门的政企联动工作机制。"六位一体"的运维模式主要包括船舶自动识别系统（automatic identification system，AIS）、常态化巡视、智能提醒、港企协同、全域宣传、政企联动等内涵，形成对海缆的综合性保护。海上风电变电系统运维检修管理，目前仅有江苏如东海上风电柔性直流输电工程海上换流站的建设经验，经调研，相关的运维管理主要参考了陆上柔性直流换流站和海上升压站的运行维护管理模式。现阶段，海上风电升压站相关运行维护管理研究主要集中在运维管理系统开发、直升机平台的设置以及运维模式研究等方面。

海上风电变电系统运维相关管理系统，针对海上升压站运维与陆上变电站运维存在的较大差异，有必要开发专门的海上风电运维管理系统，以提升运维效益，降低运维成本。针对我国海上风电场滩涂和浅水海床多等特点，探索科学、合理、高效、可行的运行维护管理模式，是海上风电急需研究的课题。

2）海上风电功率预测技术。当前海上风电机组功率预测的主要方法分为三类，即基于天气预报信息的方法、基于统计模型的方法，以及基于历史数据的方法。基于天气预报信息的功率预测方法主要根据数值天气预报所预测的风速、风向等参数，参考风电场站的测量数据以及风电场本身特征，从而给出风电场功率的预测模型；基于统计模型的方法则主要将风场的实测数据、历史数据等建立出对应的映射关系，以历史数据为支撑进行系统的学习与训练；基于历史数据的方法主要是通过增加中间隐含层环节的处理，发现历史风速数据随时间的变化规律，从而对未来时间点的风功率进行预测。这三类功率预测的方法均具有一定局限性。基于天气预报信息的方法高度依赖数值天气预报的准确性和时效性，无法超越原始数据涉及的时间尺度；基于统计模型的方法则以历史数据为基础，对突发功率、突发情况的处理效果不佳；基于历史数据的方法则忽略了风向、风速等数据，对实际现场环境的灵敏度较差，准确性较低。考虑到海上风电的高风速、高变化的特性，获取高精度风场数据就显得尤为重要。通过激光智能雷达进行风速实时检测和风资源预测，从而实现对优化调度进行实时的风况指导。通过机舱激光雷达实现前馈变桨距运行，输入高精度测量数据进行智能模型套用及计算，从而进行风资源的超短期、短期预测，为多尺度场

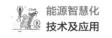
站级功率预测提供计算依据，是后续研究方向的趋势。

3）海上风电尾流控制技术。目前所采用的风力机尾流模型大部分都是基于远场尾流的自相似速度剖面假设以及动量守恒定律所推导出，并不能准确描述近场尾流的变化。而在尾流的扩张和偏转模型中，存在大量的经验参数和模糊部分，只能依据经验进行初选，通过结果偏差进行反向迭代。海上风电尾流控制技术未来的发展方向是建立稳态和动态的海上风电场站级尾流模型，从而量化估计机组间因尾流效应导致的功率损失和载荷变化。通过模态分析和时域、频域分析手段，量化尾流效应对于机组整体载荷的影响，实现机组设计－载荷校验－运行维护一体化协同优化，与运维技术相结合，提高机组的运行寿命和检修周期。

4）设备智能监测运维技术。海上风电场站的智能在线监测系统主要的任务是进行信号的读取、处理和诊断决策。监测系统主要分为状态监测和故障诊断两部分，其中监测部分通过提取反映海上风电系统运行状态的准确信息，从而进行故障的分类和识别。故障诊断部分则通过理论分析和人工工程经验相结合的方法，构建完善的监测和诊断标准，从而准确识别系统处于正常工作状态或超出警戒范围的故障运行状态。未来，随着通过智能监测运维技术的逐步应用，将进一步促使海上风电场站从原本的矫正性维护转变为预防性维护，从而降低检修频次、增强系统的抗故障强度。状态在线监测和智能故障分析将成为未来风机维护系统的重要组成部分，应用于越来越多的海上风电场站。

（2）海上风电并网输电技术。随着海上风电的逐步大规模开发，海上风电以其输出稳定、发电量大、空间资源广阔、单机容量大、对环境负面影响较小等众多技术经济优势，逐渐成为用于满足我国东南部沿海快速增加负荷需求的重要能源形式。但相比于陆上风电场，海上风电场的电力输送难度较大，成本较高，同时由于长距离输电，会产生更严重的电能质量问题。如何在保证并网稳定性的同时，增大单位成本的输电容量，是海上并网输电技术需要重点解决的问题。

1）高压交流系统送出技术。高压交流系统输电是指通过升压变压器和长距离电缆进行交流系统的远距离输电。高压输电应用于海上风电场站，主要是指将各个风电机组输出的中压交流电能，通过升压变压器和长距离海底电缆，输送到陆地高压交流电网。风电机组出口变流器既可以是双馈机型对应的部分功率变流器，也可以是直驱或半直驱机型对应的全功率变流器。海上高压交流输电方式具有短距离输电建设成本较低、交流输电技术成熟、与现有设备兼容性好等优点。但理论研究和工程实践表明，传输有功功率一定时，相比于高压直流输电，远距离输电的交流输电线路造价及线损不再具有优势；交流海底电缆具有较为明显的电容充电效应，从而增加了无功功率损耗，占用了线路总体容量，从而限制了电缆的有效负荷能力；采用交流系统输电和并网，使得海上风电场与陆地大电网相连，两者其中之一的故障将直接对另一方造成影响，难以做到故障的隔离处理。

2）柔性直流送出技术。柔性直流系统输电即基于自换相电压源型换流器的高压直流输电（voltage source converter based high voltage direct current transmission，VSC-HVDC）技术。从拓扑角度，柔性直流输电区别于传统直流输电，即基于线换相换流器的高压直流输电（line commuted converter based high voltage direct current transmission，LCC-HVDC）。VSC-HVDC 解决了 LCC-HVDC 本身具有的较难克服的缺点，主要包括大型滤波器带来的换流站体积、造价及运行维修费用的大幅提高，加装大量无功补偿设备所带来的额外成本，以及由电网换相电流所导致的潜在的换相失败率和故障率的提升。整体而言，VSC-HVDC 技术比 LCC-HVDC 更加适用于大规模海上风电并网应用。

柔性直流技术采用由全控电力电子器件 IGBT 构成的电压源换流器作为交直流换流元件，可适合用于海上大规模风电场站。VSC-HVDC 具有如下优势：

a. 用自关断器件 IGBT，可以完成自换相，无需所连交流电网提供换相容量，可以向弱电网或无源电网供电，适合于海上风电并网。

b. 有功功率和无功功率可独立控制，甚至可以向所连交流电网提供一定量的无功功率，起到静态无功补偿的作用，可减少甚至不需要无功补偿装置。

c. 所需滤波装置容量相对较小，减小了换流站的体积；易于实现潮流反转，方便扩展为多端系统。

d. 换流变压器结构由于谐波含量相对较低，制造较为简单。

e. 在海上风电的离岸距离超过 80km 甚至更远，输送容量为 500MW 以上时，采用 VSC-HVDC 技术将更具有经济优势。

3）低频系统送出技术。海上风电高压交流输电线路一般为电缆，电缆中三相线路排列紧密，相对架空线路而言线路的电抗降低、电容增加，若使用传统高压交流输电技术（high voltage alternating current，HVAC）并网，线路中将流过较大的容性电流，导致线损增加并堵塞线路容量。因此 HVAC 在长距离输电场景下具有局限性，一般只应用于近海风电场并网。低频交流技术（low frequency alternating current，LFAC）通过降频减轻了线路中的容性电流，提升线路输送容量。与柔性直流输电相比，海上风电并网采用低频输电系统时，LFAC 系统采用海上升压站，无需建设海上换流站，且陆上换流站相较柔性直流换流站而言，制造和维护成本都大幅降低。同时，由于不需建设海上换流站，可提高输电系统的运行可靠性，减少海上检修设备的工作量，缩短停电时间，提高海上风电的发电小时数。

4）紧凑化轻型化平台设计技术。海上风电场站的大规模 AC/AC 变压或 AC/DC 变流环节都集成在海上平台上。由于海上平台的投资占比较高，如何在保证可靠性的同时降低海上平台的成本，是当前海上风电降本增效、实现平价目标的重要一环。海上升压 / 换流平台可分为固定式平台和浮式平台。固定式平台由导管架、通用平台和上部功能模块（一个或者多个）组成。导管架支撑通用平台，通用平台支撑上部功能模块；导管架、通用平台、上部功能模块可分别由不同的单位设计、建造。由于远海大规模风电场站场址环境恶劣（高盐雾、高潮湿）且远离陆地，换流平台体积、质量大，平台上部组块质量超过 10000t，施工建设需动用国内有限的大吨位的船舶资源，施工建设成本巨大，因此在设备及整体换流站平台研究设计时，需从降低成本方面考虑，尽可能进行设备元件及布置优化，在满足技术要求的前提下，减少平台体积和质量。对于高压大容量紧凑型海上风电换流站平台，国外技术已经相对成熟，目前至少已有 10 个工程建成，其中欧洲走在前列，最大直流电压等级为 ±320kV。我国在这方面也处于积极探索阶段，江苏如东海上风电场柔性直流输电工程海上换流站采用 ±400kV 柔性直流系统，工程已于 2021 年底建成投运。在海上升压站或换流站平台的建设过程中，应采用更为合理的电气接线方案和设备选型方案，从而减少施工运维成本，也是实现轻型化和紧凑化平台设计的关键。一般海上升压站或换流站采用钢结构的 3 层或 4 层建筑形式，底层放置电缆与辅助设备，第 1 层放置大重量的一次设备，第 2 层放置二次设备，第 3、4 层及顶层根据实际需求放置其他设备。未来我国海上风电的并网输电技术将从传统的交流输电逐步转变为依托海上公共电网，以柔性直流输电为主、低频输电为技术突破点的新一代输电并网技术。同时，海上升压站和换流站的集约化和模块化技术也将逐步应用于海上输变电系统中。

5.1.4　海洋能融合发电智慧化应用

1. 海洋能融合发电技术现状

随着对可再生能源需求的增长，海洋能作为一种巨大的能量资源备受关注。波浪能、潮汐能和温差能是海洋能发电的三种主要形式，具有稳定、高能量密度等特点。智能电网技术是目前广泛应用于海洋能源开发中的一项技术，它通过将传统的电网和信息通信技术有机结合，实现了对能源的高效利用和管理。智能电网可以根据能源的供需情况自动调整能源的分配，提高能源利用率，减少能源浪费。同时，智能电网还能够实现电网的自愈能力，提高电网的鲁棒性和可靠性。

（1）波浪能发电。波浪能是利用海洋波浪的动能转化为电能的过程。常见的波浪能发电技术包括浮动式装置、压力差装置和摆动装置等。智慧化应用可以通过数据分析、预测和优化控制等手段，提高波浪能发电的效率和可靠性。

（2）潮汐能发电。潮汐能是利用潮汐水流的动能转化为电能的过程。潮汐能发电技术包括潮流涡轮机、水轮机和压力差发电机等。智慧化应用可以通过智能监测、预测和调度等手段，提高潮汐能发电的可预测性和稳定性。

（3）温差能发电。温差能是利用海洋中温度差异产生的热能转化为电能的过程。温差能发电技术包括海水深冷技术、温差发电机和热泵发电等。智慧化应用可以通过智能控制和优化，提高温差能发电的效率和稳定性。

2. 能源智慧化在海洋能融合发电中的应用

（1）海上智慧运维。海洋能作为可再生能源的重要组成部分，具有巨大的潜力和优势。智慧化应用在海洋能发电中具有广阔的应用前景，可以应用于设备监测维护、数据分析与预测、智能电网调度等方面，提高海洋能发电的效率、可靠性和可持续性。

智能电力技术指将信息技术与电力系统相结合，实现对电力系统的监测、管理和控制的技术手段。在海洋能源开发中，智能电力技术的应用可以提高系统的可靠性、安全性和经济性，降低运维成本，并提供实时数据分析和故障诊断等功能。智能电力技术主要包括智能电网、智能电能表、智能电池等。

智慧化应用为海洋能发电行业带来了许多益处，包括提高发电效率、减少运维成本、优化能源调度等。然而，智慧化应用也面临着技术成熟度、数据安全等挑战。

1）智能电网在海洋能源开发中起到了关键作用。智能电网是一种基于信息技术的电力系统，可以实现对能源的高效调配和优化利用。在海洋能源开发中，智能电网可以通过对海上风电、潮汐发电等能源的接入和调度，实现对能源的灵活控制和有效利用。同时，智能电网还可以通过智能电能表的使用，对能源消耗进行精确测量和计费，促进节能减排。

2）智能电能表被广泛应用于海洋能源开发中。智能电能表是一种能够实现电能计量、数据采集及远程通信等功能的电力测量装置。在海洋能源开发中，智能电能表可以实现对发电设备和用电设备之间的能量流动进行实时监测和计量。通过智能电能表，能源管理人员可以了解到能源的实际使用情况，对能源消耗进行精确控制和管理。同时，智能电能表还可以与智能电网相结合，在发电设备负载平衡、故障检测和电能质量管理等方面发挥重要作用。

3）智能电池在海洋能源开发中也具备广泛应用前景。智能电池是一种能够自动控制充放电过程、提供安全保护和远程监控的电池技术。在海洋能源开发中，智能电池可以作为储能装置，对风能、潮汐能等不稳定能源进行储存和平衡。智能电池可以根据海洋能源的供需情况，自动调节充放电过程，实现能源的高效利用和稳定输出。通过智能电池技术的应用，可以解决海洋能源波动性大、不稳定性强的问题，进一步提高能源的利用效率和供应可靠性。

智能电力技术在海洋能源开发中的应用也需要进行评估。评估可以从技术可行性、经济可行性和环境可行性等方面进行。技术可行性评估主要包括对智能电力技术在海洋环境下的适用性和稳定性进行评估。经济可行性评估可以考虑智能电力技术的投资回报率、运维成本和长期效益等因素。环境可行性评估可以从减少传统能源消耗、降低碳排放等角度进行评估。通过综合评估，可以更好地了解智能电力技术在海洋能源开发中的应用效果和影响。

智慧能源无人机也是解决海洋能源开发中的难题的重要利器。

1）智慧能源无人机在海洋能源开发中的一个重要应用是风能发电。风能发电是海洋能源开发的一种重要形式，但传统的风力发电机需要安装在地面上或者浅水区域，受到地理环境限制较大。而使用智慧能源无人机，可以将风力发电机安装在海洋中远离海岸的地方，利用更加稳定和强劲的海上风力资源。智慧无人机可以监测和测量风速、风向以及其他气象参数，帮助确定最佳位置和方向，从而提高最大化风能发电的效益。

2）智慧能源无人机在海洋潮汐和浪能发电中的应用。潮汐和浪能是海洋能源中极具潜力的两种形式，然而，它们的开发需要高度准确的测量设备。智慧无人机可以通过搭载各种传感器，实时监测潮汐和浪能的变化，并将数据传输至控制中心，帮助开发者更好地理解和把握海洋能源资源，提高能源利用效率。

3）智慧能源无人机在海洋能源设施的维护和检修中的应用。由于海洋环境恶劣以及海上风浪较大，海洋能源设施容易受到腐蚀、损坏或者需要进行定期检修。传统的维护方式常常需要大量的人力、物力和时间成本。而应用智慧能源无人机，可以通过搭载摄像机和机械臂等设备，实现对海上设施的巡检、维修和清理等工作。这不仅可以大大减少安全风险，提高工作效率，还能够为海洋能源开发者降低成本。

智慧能源无人机的应用为海洋能源开发带来了极大的便利和创新。通过实时监测和测量海洋能源资源，无人机可以帮助确定最佳位置和方向，最大化能源利用效率。同时，无人机还可以在海洋能源设施的维护和检修中发挥重要作用，为开发者节省人力和成本。随着技术的不断进步，智慧能源无人机将在海洋能源开发中发挥越来越关键的作用，为人类提供更加清洁和可持续的能源解决方案。

（2）海洋牧场。2019 年 11 月，在哥本哈根欧洲海上风能大会上，欧洲风能协会发布了《我们的能源，我们的未来》报告，规划至 2050 年装机容量450GW，其中北海、大西洋和波罗的海海域规划装机容量 380GW，地中海区域规划装机容量 70GW，海上风电将结合海水制氢、海洋牧场等新模式，成为未来能源发展的核心。

清洁能源是符合国家绿色产业发展要求的热点领域，党的十九大报告指出："构建市场导向的绿色技术创新体系，发展绿色金融，壮大节能环保产业、清洁生产产业、清洁能源产业。推进能源生产和消费革命，构建清洁低碳、安全高效的能源体系。"海洋牧场作为我国海洋生态保护和可持续开发利用的代表，已经有较为扎实的原理和技术研究，海洋牧场和海上风电等清洁能源融合发展将会极大提高海域空间利用效率，是高效利用海洋清洁能源和实现生物资源恢复并举的绿色融合发展产业。

近年来，受环境变化和人类活动影响，近海生态环境衰退严重，日益危及海洋生态系统的健康和渔业资源的可持续性。海洋牧场是修复海洋资源环境的有效手段，海洋牧场是基于生态学原理，充分利用自然生产力，运用现代工程技术和管理模式，通过生境修复和人工增殖，在适宜海域构建的兼具环境保护、资源养护和渔业持续产出功能的生态系统。在国家政策支持、科研及产业人员的共同努力下，我国海洋牧场建设已经初见成效。

目前，以德国、荷兰、比利时、挪威等为代表的欧洲国家已于 2000 年实施了海上风电和海水增养殖结合的试点研究，其原理为将鱼类养殖网箱、贝藻养殖筏架固定在风机基础之上。海上风电的水下设施类似于海洋牧场建设骨架礁体，对其有效利用将实现集约用海的目标，为实现海上风电和多营养层次综合养殖融合发展提供了典型案例。虽然欧洲国家在多年前已经将海上风电与海水养殖相结合发展，但是两种产业结合发展还不够完善，仍存在很多问题，欧洲发展的系列案例从原理到模式仍不够系统化。

因此，提出海洋牧场与海上风电融合发展的科技愿景，即通过实验研究海上风电设施与海洋牧场生态系统的互作机制，探索海上风电与海洋牧场在生态效果和经济效果方面实现共赢的方式，建立海洋牧场与海上风电融合发展新模式，使海洋牧场与海上风电相辅相成、共同发展，让海洋牧场产业发展也可靠风前进、扬帆起航，实现清洁能源与海产品安全高效产出。与此同时，除海上风电之外的波浪能、潮流能等清洁可再生海洋能源也具有较强的与海洋牧场融合的潜力。

自 2015 年起，我国海洋牧场建设进入快速发展期，2018 年底，我国已完成 64 处国家级海洋牧场建设，产生直接经济效益超过 319 亿元、生态效益超过 604 亿元，年度固碳量超过 19 万 t，年可接纳游客超过 1600 万人次。

2022 年的中央一号文件，第一次提出了"建设海洋牧场，发展深水网箱、养殖工船等深海养殖"。《国家级海洋牧场示范区建设规划（2017—2025 年）》修订版，提出 2025 年在全国创建国家级海洋牧场示范区 200 个，截至 2022 年 12 月，共有 169 个国家级海洋牧场获得批准认证。

但是，伴随我国海洋牧场产业规模日益扩大，现代化海洋牧场构建原理与新能源融合技术的研究滞后已成为制约海洋牧场发展和产业升级的因素，成为当前最突出和亟待解决的问题。因此，现代化海洋牧场发展必须克服一系列"卡脖子"问题，强调统筹规划、科学布局、原位修复、机械化与自动化、监测保障、融合发展、功能多元、空间拓展，通过发展生态环境效益和生态系统健康评价体系、研发应用高新技术、集约化利用空间、三产融合发展、全过程精细化管理等手段，实现海洋牧场科技原创驱动，引领我国乃至世界海洋牧场发展潮流。为了解决海上风电与结海洋牧场融合的现实难题，亟须建立海洋牧场与海上风电融合发展技术体系，研发增殖型风电基础装备，开发环境友好型风机设施，构建"蓝色粮仓＋蓝色能源"的现代化海洋牧场发展新模式；开发海洋牧场智能微网系统，保障海洋牧场的能源供给，实现海洋牧场与海上风电融合发展的可视、可管与可控，进一步实现海域空间资源的集约高效利用，兼顾清洁能源产出与渔业资源可持续发展。

充分利用现代信息技术，将海洋牧场核心技术群模型化开发，利用超算数据分析能力，建立海量的海洋牧场大数据分析处理技术，开发基于大数据的人工智能系统，实现系统处理、集成仿真以及智能学习推理，为海洋牧场提供更准确更高效的技术服务体系。集成智能感知传感器、环境监测装备、生物监测及行为调控装备，构建海洋牧场物联网生态圈；突破机械化和智能化的海洋农牧作业机器人或机械设施，降低高强度和高风险环节的人力投入比例。

进一步加强海洋牧场与清洁能源融合等工程示范。统筹海洋渔业和能源开发，建立海上风电与海洋牧场融合发展的新模式，开创"水下产出绿色产品，水上产出清洁能源"的新局面，让产品与能源共同产出，使海洋资源得到更高效的利用，探索出一条可复制、可推广、可发展的海域资源集约生态化开发的"海上粮仓 + 蓝色能源"新模式。这将为我国新旧动能转换综合试验区建设提供新思路，为国家海岸带地区可持续综合利用提供科学依据和典型范例，为学科融合、领域结合增加一个新的成功案例，实现生态效益、经济效益和社会效益的统一。

另外，通过海底智能微网实现输能及通信，结合水声通信技术，将"海洋牧场 + 海上风电"产业各智能装备组网互通，通过水上通信节点，实现整个系统组网的目标，以实现海底电缆通信、水声通信、电磁通信、卫星通信相结合的"空天地海"通信网络，既可以与外部电网并网运行，又可以孤立运行，同时也可以扩展海缆获得通信宽带分配，形成一个能够实现自我控制、保护和管理的自给系统，并可基于此通信网络远程精准反控海洋牧场生产活动各环节，提升生产效率，反馈生产活动状况以便及时解决处理，保障海洋牧场高效运转。结合海洋牧场水动力环境，积极开发波浪能、潮流能等其他海洋清洁能源，并网输入系统，优化电力来源结构，保障海洋牧场供电安全及应急供电，降低海洋牧场运行成本。

（3）海上风电立体开发融合。放眼全球，"海上风电 +"模式的应用已十分广泛，相对更早开始海上风电商业化发展的欧洲国家早在数年前就开始了海上风电融合储能、制氢、制氨等领域的尝试，但业界普遍认为，即使在全球范围内，海上风电融合其他产业的新兴模式目前仍面临着高昂成本、基础设施不足等发展瓶颈，如何从这一新兴赛道上脱颖而出，成了目前能源企业关注的一大重点。

为了推动海上风电立体开发融合的实践创新，2023 年 6 月 1 日，自然资源部发布《自然资源部办公厅关于推进海域立体设权工作的通知（征求意见稿）》（以下简称《征求意见》）公开征求意见。《征求意见》指出，明确可以立体设权的用海类型海域是包括水面、水体、海床和底土在内的立体空间。在不影响国防安全、海上交通安全、工程安全及防灾减灾等前提下，鼓励对海上光伏、海上风电、跨海桥梁、养殖、温（冷）排水、浴场、游乐场、海底电缆管道、海底隧道、海底场馆等用海进行立体设权。

2022 年，我国海上风电新增并网装机容量 515.7 万 kW，累计并网规模达到 3051 万 kW。在项目容量和电价确定的基础上，资本金内部收益率完全取决于风机年等效满发小时数和风场建设单位千瓦造价；以现阶段海上风电场建造成本，单独开发海上风电项目资本金内部收益率远低于 8%；未来海上风电大型化、立体融合开发是必然趋势。

因此，海上风电立体开发融合的总体思路为在主体能源侧以海上风电为依托，协调发展海上光伏、波浪能、温差能；以沿海需求为导向，形成海水淡化、海水制氢、海洋牧场、工业园区等产业互补；整体能源开发建设需要深度融合各项能源，使风电服务于整个能源综合体。

1）海上风电＋海上光伏。我国海上光伏理论可安装量容量超 70GW，现有项目储备容量超 500 万 kW。2025 年，山东规划海上光伏 1200 万 kW 左右；江苏全省海上光伏累计并网规模力争达到 500 万 kW 左右。

海上风电与海上光伏相辅相成，参考内陆地区风光电场的经验，海洋光伏可充分利用海上风电机位间隙，并与海上风电共用海底电缆、变压器、升压站及储能相关设施，能够有效降低海洋新能源项目的投资成本及维护成本，从而带来投资回报率的提升。

2）海上风电＋波浪能。海上风电与波浪能的两种联合利用方式：共享式（共享海域与基础设施）与集成式（集成化多功能平台）。

共享式海上风电与波浪能联合利用的特点：波浪能和海上风电装置是相对独立的，这意味着阵列对它们的基础形式没有特定要求，可以实现多样化（振荡水柱、振荡浮子和越浪式均可）；波浪能与海上风电装置各自具有独立的基础平台，不复用安装基础；需要有先进的、发电场一级的输配电与电力管理系统，调节负荷与输出；波浪能装置吸收和转换波浪能有助于降低海上风电机组受到的波浪载荷；可共享安装和运维力量，降低运维成本，但波浪能装置仍需要大幅提高设备可靠性；波浪能将起到防波和消波作用。

集成式海上风电与波浪能联合利用的特点：能源岛模式。能源岛是在人工建造的大型海上固定式或浮式结构上，集成多种可再生能源利用形式，形成互补式、规模化的发电优势能源岛被视为未来海上大规模利用可再生能源的方式。

波浪能与海上风电的技术与产业成熟度差距较大，从成本和发电规模来看目前两者还难以达到比较理想的匹配利用方式。

3）海上风电 + 工业园区。海上风电 + 工业园区的融合方案与应用可使产业链前移，贴近应用场景；降低海上风电成本，促进海上装备制造业发展；对规模化产业形成聚集效应；实现能源就近消纳，减少外送通道占用。

4）海上风电 + 海水淡化。我国沿海 11 个省（区、市）创造了 55% 的国内生产总值，而水资源总量仅占全国的 27%，55 个沿海地级以上城市中有 51 个为缺水城市，12 个海岛县全部为缺水县，水资源供需矛盾突出。

国家发展和改革委员会印发的《海水淡化利用发展行动计划（2021—2025年）》提出，到 2025 年，全国海水淡化总规模达到 290 万 t/天以上，新增海水淡化规模为 125 万 t/天以上，其中沿海城市新增海水淡化规模为 105 万 t/天以上，海岛地区新增海水淡化规模为 20 万 t/天以上。

海水淡化的机理可将其分为蒸馏法和膜法，目前已得到广泛应用的是多级闪蒸、多效蒸馏、反渗透海水淡化技术。以反渗透技术为例，其电耗范围为 $2\sim5kWh/m^3$，电耗占反渗透运行成本的 50%~75%，产水成本的 40%~60%，因此电力价格变化对海水淡化的成本影响较大。

目前，海水淡化的成本可控制在 4~6 元 /t。如果采用海上风电直接用于海水淡化，其成本将进一步降低。

5）海上风电 + 海洋牧场。2022 年 11 月底，明阳智能宣布东方 CZ9 海上风电场示范项目正式动工，将建设成"海上风电 + 海洋牧场 + 海水制氢"创新开发示范项目，成了海南首个海洋能源立体化融合开发示范项目。而在 2023 年 1 月，明阳已经在广东阳江沙扒深海渔业养殖实验区完成了首次收鱼，全国首次成功实践了"海上风电 + 海洋牧场"的立体融合开发。

2023 年 4 月，全球首台"导管架风机 + 网箱"风渔融合装备在浙江舟山开工建设，并于 2023 年下半年在阳江明阳青州四海上风电场项目中安装投运。该项目为国内首个"海上风电 + 海洋牧场 + 海水制氢"一体化项目。"导管架风机 + 网箱"融合一体化装备以风机导管架为支撑平台，配置高性能网衣系统及智能化养殖系统，形成集海上风力发电、深远海养殖于一体的"风渔"融合智能化装备，可有效提高海域资源节约集约化开发水平，降低资源开发成本，提高项目整体收益。其养殖水体约为 $5000m^3$，可养鱼约 15 万尾。

6）海上风电 + 海水制氢。综合发展海上风电制氢技术，制取的绿氢可以应

用于电力、化工、交通等领域，助力实现"双碳"目标。

欧洲对于理论概念、项目实践都走在世界前沿，国内海上风电制氢项目较少，以科研课题居多。谢和平院士团队联合相关企业，于福建兴化湾海上风场开展的海上风电无淡化海水原位直接电解制氢技术海上中间性试验获得成功。

从目前国内企业布局来看，风电企业"跨界"制氢已然成了一股风潮。在业界看来，风电企业参与制氢有望通过产业链一体化推动氢能规模化发展，进而推动绿氢进入平价时代。不久前，上海电气旗下制氢装备公司正式揭牌，同时下线包括单体产氢量 1500m³/h（标准状态）碱性电解装备在内的两款制氢装备，氢能业务布局渐渐显露。

明阳智能美国研发中心研发的微纳米结构化电极电解海水制氢技术通过在阳极涂上富含负电荷的涂层的方式直接电解海水制氢，相对于传统电解制氢技术节省了海水淡化环节，极大地降低了生产成本，首台氢能设备于 9 月 28 日在广东阳江下线。与同等级设备相比，产氢能损更低，在大规模制氢项目的应用中，单位产能设备投资可以减少 30%。

5.2 输电

输变电技术是现代电力系统中的关键环节，它主要包括输电和变电两个方面。输电是将电能从发电厂输送到用电地点，而变电则是将输送过来的电能进行适当的转换和分配，以满足不同用电需求。传统的输变电模式面临着输送距离远、输电损耗大、输电效率低、运行维护成本高等问题，而输变电技术在智能电网中的应用则能很好地解决这些问题。

输电智慧化应用可以提高输电系统的可靠性、安全性和运营效率。首先，通过智慧化应用可以实现对输电系统的实时监测和远程控制，及时发现故障并进行处理，提高系统的可靠性和安全性。其次，通过大数据分析和人工智能算法，可以对输电系统进行优化调度，合理分配电力资源，降低能源损耗。此外，智慧化应用还可以对输电设备进行预测性维护，提前发现设备故障并进行修复，减少停电风险。

输电智慧化应用主要依靠物联网技术、大数据分析和人工智能等技术手段。物联网技术可以实现对输电设备的实时监测和远程控制，建立起终端设备与监控中心的连接。通过大数据分析处理海量的输电数据，提取有价值的信息，为输电系统的运行和调度提供支持。而人工智能技术可以构建预测模型和智能控制算法，实现对输电系统的预测、优化和故障诊断等功能。

在社会经济快速发展的过程中，国家对电力系统运行安全提出了严格的要求，要想提高输电线路运行的稳定性和安全性，需要结合时代发展的要求，加强对智能在线监测系统的设计和研发，并优化系统总体、软件、硬件等功能。作为保证电力系统运行安全的重要因素，输电线路监测需要将信息技术等融入其中，让线路在线监测更加现代化和智能化，满足新时代发展要求。

5.2.1　输电系统发展现状

特高压输电是指电压等级在交流 1000kV 及以上和直流 ±800kV 及以上的输电工程，具有输电距离远、容量大、损耗低和效率高等优势，能够显著提高电网的输送能力。截至 2023 年底，我国共建成特高压线路 37 条，17 条交流 20 条直流，"十四五"期间，国家电网公司规划建设特高压工程"24 交 14 直"，涉及线路约 3 万 km，变电换流容量 3.4 亿 kVA，总投资 3800 亿元，截至 2023 年 10 月，国家电网公司区域已规划、已开工的特高压项目有"7 交 8 直"，特高压投资建设景气度有望延续。

智能电网中的输变电技术可以实现远程监控和控制。通过在输电线路和变电站中部署传感器、监测设备和通信设备，可以实时对电网的运行状态进行监测和分析。这样电力公司可以远程掌握电力系统的运行情况，及时调整运行策略，提高电力系统的可靠性和运行效率。通过智能化的监控系统，可以实现对电网的远程控制，如通过远程开关控制等，实现对电网设备的合理管理和调控。

智能电网中的输变电技术可以实现故障快速定位和自动恢复。传统输变电系统中，一旦发生故障，需要人工检修和处理，耗费时间和人力。而在智能电网中，通过在输电线路和变电站中部署传感器和故障检测设备，可以实时监测线路的状态和故障信息，一旦发生故障，系统可以快速定位故障点，并自动切换到备用线路或采取其他措施进行故障处理，实现电力系统的自动恢复和故障隔离，保障电力供应的连续性。

智能电网中的输变电技术还可以实现电网的容量提升和负荷均衡。传统的输变电模式中，输电线路的传输能力有限，可能会受到负荷变化的影响。而在智能电网中，通过动态监测用户用电量和电网负荷，可以及时调整电网的输电功率和负载分配，实现负荷均衡，避免输电线路过负荷和线损过大的问题。智能电网中还可以实现电力系统与可再生能源、储能技术等新能源设备的无缝集

成，提升电网容量，提高电能利用效率。

输变电技术在智能电网中的应用能够实现远程监控和控制、故障快速定位和自动恢复、电网容量提升和负荷均衡及提高电网的安全性和可靠性等多方面的应用。随着智能电网技术的不断发展和成熟，相信输变电技术在智能电网中的应用将会发挥越来越重要的作用，为能源供给的可持续发展提供有力支撑。

5.2.2 输电系统智慧化应用

1. 特高压输电技术

特高压输电技术主要包括两个类，一种是特高压交流输电技术，一种是特高压直流输电技术。特高压交流输电技术是 1000kV 或 1000kV 以上等级的电压交流输电工程及其相关的技术。输送容量、输送距离、节约占地走廊和降低线路损耗是特高压交流输电技术的优势和特点。特高压交流输电的关键技术大概有五个方面：①可以对过压电的深度进行控制，一般都是采用断路器、并联电抗器、高性能的避雷器等；②应用了有机外绝缘这种新技术，采用了高强度瓷、玻璃绝缘子、特高压复合绝缘子等；③有效控制电磁环境，这可以将噪声的影响、电磁辐射的影响、电晕损失等有效地降低；④大规模仿真运算特高压稳定的水平，可以对电网的运行性能进行评估，对电网的运行策略进行制定；⑤特高压交流专用设备的应用。比如高压并联电抗器、特高压专用单体式单相变压器等。

特高压直流（ultra-high voltage direct current）是一种在特高压水平下进行直流输电的技术，具有输电损耗小、输电距离远、占地面积小等优点。特高压直流送端系统是指将电能从发电站输送到特高压直流输电线路的系统，其运行场景对于保障电网的稳定运行和电能传输的高效性具有重要意义。

但是伴随特高压交直流快速发展，"强直弱交"问题突出，电网安全面临挑战。"强直弱交"的特点会导致系统短路容量较低，电压稳定问题严重，为避免大规模新能源脱网，会采取限制直流输送功率及新能源出力水平的措施。

常规直流输电常常发生"换相失败"。"换相"是直流转换为交流的关键环节，由于交、直流系统间的交互影响，受端交流电网常规故障导致的直流换相失败，在对受端造成巨大有功、无功冲击的同时，会将能量冲击传递到送端，严重情况下甚至可能造成送端系统稳定破坏。换相失败流程分析如图 5-1 所示。

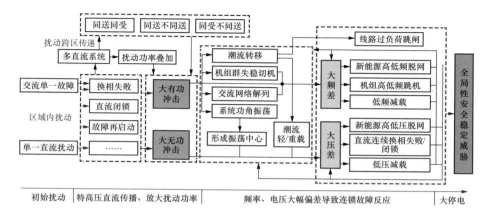

图 5-1　换相失败流程分析

下面围绕特高压直流送端系统的典型运行场景展开阐述，包括系统组成、运行过程、关键技术等方面的内容，深入了解特高压直流送端系统的运行情况。

（1）特高压直流送端系统组成。特高压直流送端系统由多个主要组成部分构成，包括发电机组、换流变压器、换流站、直流输电线路等。下面将分别对这些组成部分进行介绍。

1）发电机组。发电机组是特高压直流送端系统的起始点，通常由一台或多台发电机组成。发电机通过机械能转换为电能，并将其输送到换流变压器。

2）换流变压器。换流变压器是特高压直流送端系统的关键组件之一，主要用于将交流电能转换为直流电能。换流变压器通过控制换流阀的开关状态，实现电能的双向转换。

3）换流站。换流站是特高压直流送端系统的中继站，用于将电能从发电机组输送到直流输电线路。换流站内部包括换流阀、滤波器、控制系统等设备，用于实现电能的稳定转换和滤波。

4）直流输电线路。直流输电线路是特高压直流送端系统的最后一部分，用于将电能从换流站输送到特高压直流输电线路。直流输电线路通常采用高强度的绝缘材料和导线，以确保电能的稳定传输。

（2）特高压直流送端系统运行过程。特高压直流送端系统的运行过程可以分为发电、换流、输电等关键步骤。

1）发电。特高压直流送端系统的发电过程与传统的发电过程类似，主要通过发电机将机械能转化为电能。发电机组产生的交流电能通过输出端口输送到换流变压器。

2）换流。换流过程是特高压直流送端系统中的关键步骤，主要通过换流变压器将交流电能转换为直流电能。换流变压器通过控制换流阀的开关状态，实现电能的双向转换。

3）输电。输电过程是特高压直流送端系统中的最后一步，主要通过直流输电线路将电能从换流站输送到特高压直流输电线路。直流输电线路采用高强度的绝缘材料和导线，以确保电能的稳定传输。

（3）特高压直流送端系统关键技术。特高压直流送端系统的运行离不开一系列关键技术的支持，下面将对换流技术、绝缘技术、控制技术等关键技术进行介绍。

1）换流技术。换流技术是特高压直流送端系统中最为核心的技术之一，主要包括换流变压器和换流阀的设计与控制。换流技术的发展直接影响着特高压直流送端系统的运行效率和稳定性。

2）绝缘技术。绝缘技术是特高压直流送端系统中的另一项重要技术，主要用于保证直流输电线路的安全运行。绝缘技术包括绝缘材料的选择、绝缘结构的设计等方面，其目的是减少电能传输过程中的损耗和故障。

3）控制技术。控制技术在特高压直流送端系统中起着至关重要的作用，主要用于实现系统的稳定运行和电能的高效传输。控制技术包括控制系统的设计、监测设备的配置等方面，其目的是提高系统的可靠性和安全性。

2. 柔性输电技术

柔性输电技术也有两种不同的技术类型，分别是直流柔性以及交流柔性。柔性输电的发展以电力电子技术，特别是以高电压大电流半导体器件的发展为基础。也就是说所谓柔性输电是将电力系统由机械控制转变到电子控制，是电力系统的一场新技术革命。柔性直流输电系统核心设备包括柔性直流换流阀、直流控保、柔性直流换流变压器。其中，换流阀是直流电和交流电相互转化的桥梁，其核心是将 IGBT（绝缘栅双极晶体管）驱动板卡等压接在一起组合成的一个完整柔性直流模块；对于功率比较高、容器比较大的电子器件主要使用的是交流柔性输电技术，这些输电器件不仅能够有效地对输送电能的质量进行控制，还能够对无功功率进行补偿，很好地保证了输电工作的顺利进行。另外柔性输电技术还可以进行快速的无功功率调节，有效保证了电力的输送以及电力系统的稳定性。但是由于对该技术的研究不是很深入，所以该技术并没有广泛地被应用于智能电网的建设中，只是在个别的工程中进行了应用。因此，需要进一步对柔性输电技术进行研究和分析，使该技术更加地完善、在智能电网中的应用更加广泛。

灵活交流输电系统（FACTS）是近年来出现的一项新技术，是"应用电力电子技术的最新发展成就以及现代控制技术实现对交流输电系统参数以至网络结构的灵活快速控制，以期实现输送功率的合理分配，降低功率损耗和发电成本，大幅度提高系统稳定性、可靠性"此项技术已进入"成形期"，被专家预测为"现代电力系统中三项具有变革性的前沿课题之一"，也是实现电力系统安全、经济、综合控制的重要手段。

柔性直流输电（VSC–HVDC）主要是基于电压源换流器的高压直流输电，是以 IGBT 等全控器件为核心功率器件的第三代直流输电技术。柔性直流输电距今已有三十多年的发展历史，目前已在风电送出、电网互联、无源网络供电和远距离大容量输电等场景取得了充分发展和工程应用，其输电能力已经达到特高压等级。

柔性输电比原来的输电技术提高了电力系统的输电能力和经济性，这是因为受稳定条件的限制，原来的电网输送功率仅为其热极限功率的 50% 左右。应用电力电子技术的柔性送电，可以大大提高输电系统的稳定性，输送的功率可以接近网络的热极限功率，使现有电网的输电能力增加 20%~40%。在不增加输变电设备的条件下提高输电能力，就大大地提高了输电系统的经济性。

柔性输电技术所需要的电力电子器件有：可控串联补偿器（又叫晶闸管串联补偿器，主要作用是按系统需要改变网络阻抗，从而控制潮流）；动态静止无功补偿器和静止无功发生器（用来连续控制无功补偿器以控制网络的电压频繁升降波动）；晶闸管控制的制动电阻（仅叫晶闸管动态制动装置，主要作用是根据发电机转速要求，及时投入合适的阻值，使发电机保持在同步转速安全运行，保护发电机不受损伤）；可控避雷器（采用电力电子交流开关与无间隙氧化锌避雷器共同组成可控避雷器，由于可精确设定动作电压且可方便地改变设定动作值，可广泛使用于各种动态过电压限制器）；综合潮流控制器（可同时具有串、并联补偿和移相等几种功能）；可控相位调节器（仅称晶闸管控制相位调节器，也叫移相器，由于电力电子开关容量比机械开关大，可以不受转换功率的限制，在调节性能和容量上可充分满足系统的要求）。此外还有可控并联电抗器、短路电流限制器和同步振荡阻尼器等。

目前柔性直流在电网互联、远距离输电、新能源送出、中低压配电四类主要场景得到了广泛应用。柔性直流四类场景如图 5-2 所示。

图 5-2　柔性直流四类场景

（1）电网互联场景。柔性直流应用于电网互联，实现两个电网电力交换，并提高已有交流电网安全稳定水平。电网互联可实现互供电力、互通有无、互为备用，可减少事故备用容量，增强抵御事故能力，柔性直流不增加交流短路电流，不受交流系统短路容量限制，可快速灵活调节潮流，是电网互联的重要技术手段。电网互联场景如图 5-3 所示。

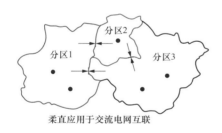

柔直应用于交流电网互联

国内外已建成的柔直背靠背联网工程

工程名称	容量	交流电压	投入时间
美国Eagle Pass工程	36MW/±15.9kV	132kV	2000
澳大利亚Murraylink工程	220MW/±150kV	132/220kV	2002
爱沙尼亚Estlink工程	350MW/±150kV	400/330kV	2006
英国Britain–Ireland工程	500MW/±200kV	400kV	2013
鲁西背靠背柔直工程	1000MW/±350kV	500kV	2016
渝鄂背靠背柔直工程	1250MW/±420kV	500kV	2019
中南通道柔直工程	1500MW/±400kV	500kV	2022

图 5-3　电网互联场景

以下是两个电网互联典型应用：①鲁西背靠背柔性直流工程（首次将柔性直流用于西电东送主通道，实现电网分区柔性互联）；②广东电网背靠背柔性直流工程（应用于广东电网负荷中心，实现不同交流电网区域交流系统故障的隔离，提供快速功率控制与紧急功率支撑，增加电网稳定性）。两个电网互联典型应用如图 5-4 所示。

（2）远距离输电场景。柔性直流运行控制、拓扑结构和核心器件的发展，促进了电压等级及输电距离的提升，双阀组串联拓扑与 3000A 等级器件研制，将柔性直流电压提升至 +800kV，容量提升至 5000MW，加装直流断路器或"全桥 + 半桥"混合拓扑，可阻隔直流故障电流，实现远距离架空线故障的清除和

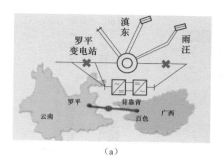
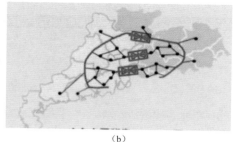

图 5-4　两个电网互联典型应用

（a）鲁西背靠背柔性直流工程；（b）广东电网背靠背柔性直流工程

快速重启。远距离输电场景如图 5-5 所示。

国内外已建成/建设中的柔直远距离架空线输电工程

工程名称	容量/电压	输电距离(km)	直流故障清除	投入时间(年)
纳米比亚 Caprivi Link 工程	300MW/-350kV	970	交流断路器清除时间1.5s	2010
张北直流	300MW/±500kV	666	直流断路器 3ms开断电流	2020
昆柳龙直流	500MW/±800kV	1452	全半桥，主动降压清除150ms 电流过零	2020
德国 ULTRNET	500MW/±320kV	340	全半桥，主动降压清除	建设中

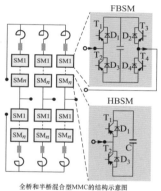

全桥和半桥混合型MMC的结构示意图

图 5-5　远距离输电场景

远距离输电典型应用—昆柳龙直流工程：落点广东的第 10 回直流输电工程，将乌东德电站（世界第 7 大水电）的电力输送至两广负荷中心，受端采取特高压柔性直流技术；世界上首次将柔性直流用于远距离、大容量、架空线输电。

（3）新能源送出场景。在海风能源开发中，大容量集中送出策略显著降低了单位开发成本，柔性直流技术已成为深远海风电送出的主流方案。在深远海风电柔性直流送出过程中，直流海缆的独特性在于无充电无功问题，这使得输电距离得以显著延长。国外已建成的海上风电柔性直流工程主要集中在德国，直流电压等级以 +320kV 为主。新能源送出场景如图 5-6 所示。

新能源送出典型应用—如东海风柔直工程是我国首个海风柔直送出工程，电压等级 +400kV，容量 1.1GW。

青州五 / 七柔直工程：采用 +500kV/2GW 柔直送出，预计 2024 年建成，将

国内外已建成的海上风电柔直送出工程

工程名称	容量/电压	输电距离（km）	投入时间（年）
BorWin1	400MW/±150kV	200	2010
BorWin2	800MW/±300kV	200	2015
DolWin1	800MW/±320kV	165	2015
HeWin1	576MW/±250kV	130	2015
HeWin2	690MW/±320kV	130	2015
syWin1	864MW/±320kV	205	2015
DolWin2	916MW/±320kV	135	2017
DolWin3	900MW/±320kV	160	2017
BorWin3	900MW/±320kV	200	2019
如东海上柔直	1100MW/±400kV	108	2021

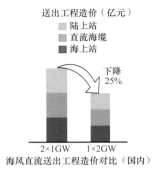

送出工程造价（亿元）
陆上站
直流海缆
海上站

下降25%

2×1GW　1×2GW
海风直流送出工程造价对比（国内）

图 5-6　新能源送出场景

成为世界首个投产的 2GW 海上风电直流送出工程，也是世界容量最大的海风柔直工程。

3. 智慧工地

现阶段电力工程的发展，对新技术的需求越来越关键。目前电网工程具体的工作过程中，使用传统的技术、系统，逐渐不能满足不断扩大电网工程规模的需求了。由此，智慧工地系统开始兴起并在电网工程中不断深化应用。智慧工地系统能够对电网工程的进度、工作质量和安全性进行管理。因此需要对智慧工地在电力工程中的应用展开进一步的研究探讨。

（1）智慧工地相关概述。智慧工地落实具体的管理功能，是通过构建中智慧工地平台以及智慧工地模块而达成的。这里所谓的"平台"就是说智慧工地属于一套完善的系统产品，其中囊括了整套软件与硬件的内容，使用硬件设备可以完成监控及数据采集、平台的统计及分析的工作任务。从而在电力工程的施工过程管理中，实现各类工程信息的互联互通，促进各个工作部门和单位之间的工作协同，将采集到的数据整理归纳后形成安全监控体系，为电力工程后续各项工作内容的开展提供预测和预案。所谓的"模块"指代了电力工程施工过程中人员、设备、材料、工作环境等要素，依托信息系统及硬件设备构筑可实现特定功能的单元。智慧工地纳入的模块越多，就代表系统的整合功能越强，在具体的应用过程中就越能发挥智能化、智慧化的电力工程管理效果。

（2）当前电网工程工作现状。在新时期信息技术快速发展的背景下，人、机器之间的交流互动也更加地频繁。在各工程项目的监督管理过程中，基于积累的大量数据的快速积累、计算能力、算法模型等方面的快速发展，使得电力工程行业对新技术的应用能力得到了快速的发展。电力工程的智慧化工作也逐渐兴起并在应用中得到了发展，大大提升了电力工程项目管理的效率和综合效益。然而当前电力工程对智慧化新技术的应用能力还有一定的不足，与传统建筑行业对技术的应用相比，电力工程管理仅仅是开始应用智慧化技术。目前仅在输变电设备巡检、智能客服应答、智能语音质检方面开始应用智慧化技术，且应用的试点范围不大。在电网基建项目的管理工作中，对智慧化系统技术的应用仍有较大的提升空间。

（3）智慧工地在电网工程中的应用。电网工程中应用的智慧工地系统，整体架构分为设备感知层、数据感知层以及平台应用层。在平台落实应用功能的过程中，主要是借助了云计算的技术，下面将对智慧工地架构中的三大部分分别进行分析。

1）设备感知层。主要功能面向施工现场的部分，被称为设备感知层。其中主要包含了与施工现场设备相连接的各类硬件设备。通过设备的功能，将施工现场各方的施工要素进行紧密地结合，进而采集到施工现场的各种数据。①主要人员管理。这部分的管理内容，主要面向了施工现场相关的人员信息、行为记录内容等。人员信息记录功能的实现，依托于施工现场的标识与识别类设备而实现，能够将施工人员的信息汇总到数据库中。而人员行为记录的数据来源，则是施工现场的考勤记录、安全穿戴记录等数据。通过对施工现场人员行为进行记录，能够多视角监督管理施工现场人员的安全工作行为。②机械管理设备。借助物联网技术，将施工现场用到的各类设备进行关联，提升了对施工设备管理的实际效率。电力工程的施工现场，常用到有较大安全风险的设备，提升设备监测监控能力将大大提升电力工程施工现场的安全性。③物料管理设备。电网工程施工现场可能会用到种类较多的物资材料，这些物资材料在性质等方面存在着较为明显的差异，因此在对施工现场物资材料进行管理的过程中，使用相关传感器设备能够针对材料的实际性质特点，来选择与之相匹配、相适应的感知设备。如果是对新进入施工现场的物资材料进行管理，通过传感器设备也能够准确记录实际的到货数量、使用情况等信息内容。④质量管理设备。这部分内容针对的是电力工程具体的施工质量，管理工作使用了测距、测角、测高仪器，对电力工程施工现场的各类基础数据进行整合和测算，在图像识别、定位的指导下开展了对施工工序、质量合格性的判定过程，在一定程度上有利于保证电力工程施工质量与施工需求相符。

2）数据感知层。数据感知层的主要功能，是将设备感知层采集到的信息处理后储存起来，应用于不同的场景，形成不同的数据感知。①基础信息感知。利用数字标识设备、无线识别设备、门禁考勤设备、定位设备等，记录施工现场各要素的综合感知信息。②作业空间感知。在施工现场借助边沿探测设备，在整体规划设计中将施工场区分为多个网格，这样有利于在后续的实际工作开展中分区域开展工程数据的测量。

3）平台应用层。平台应用层功能是同用户产生交互的过程中实现的：①人员管理模块。用于对施工现场的各类人员信息进行管理，使用大数据技术进行统计，提升电力工程施工现象人力资源调配的客观合理性。②机械监控模块。能够获取来自机械的实时运转数据，并在系统后台对数据进行分析，如果发现机械设备的工作状态异常，能够快速预警，中止危险行为。

（4）应用案例。以某地建设的变电站为例，变电站目标建设成为安全性更高、更具绿色、高效特征的智慧电力工程。构建了包括智能大数据模块、工程现场管理模块、信息系统管理模块在内的智慧电力工程项目管控平台。

在工程的现场监控方面，功能的实现依托于现场设置的考勤设备、人脸识别设备、环境监测设备，能够对工程工作现场的工作人员进行精准的考勤，并且可以保证现场的作业安全、设备正常运行。在一定程度上起到了规避电力工程现场各类生产要素安全风险问题的作用。

在可视化的进度管理方面，该工程应用的智慧管理技术自设计阶段就开始应用，以智慧管理系统为基础开展了项目全过程管理 BIM 优化设计，对工程中用到的设备、人员、材料等要素进行合理分配；开展可视化交底工作，让工程各工作人员都能清楚地了解工程要求、技术方法、安全规定等内容。

该变电站是当地重点发展的电力工程项目，在发展的工程管理、机械化施工，智慧工地建设方面都均比较顺利。但对电力工程投入使用后的优化还应注意以下几点。一是要注意设备选型问题。现阶段针对电力工程建设领域尚未制定出一套完备的智慧工地设备标准，在实际电力工程智慧工地构建时，为了确保设备能够满足工程的实际需求，需要仔细辨别不同厂家、不同规格型号、配置要求的设备，为后续设备选型与匹配提升工作效率。二是要注重沟通问题。开展智慧工地建设以及后期的管理中，应重点强化工作人员对信息化、电网建设、先进技术的经验和知识的掌握能力，提升各部门、各专业工作人员之间沟通的能力和效率，推进相关技术和设备的应用。

综合以上的分析内容，可见当前阶段电力工程在对智慧化技术的应用方面还有一定的提升空间。因此，在接下来的工作中，对电力工程的建设应进一步明确自身工作同建筑工程工作的差异，在建筑工程开展的智慧工地的基础上结合电网工程建设特点，发展出更为节能、系统的智能电网。

5.3 变电

变电是电力系统中的重要环节，负责将输电过来的高压电能转换为适合用户使用的低压电能。随着电力系统的发展和智能化技术的应用，变电站也在不断升级和演变。智慧化应用为变电系统提供了更高效、更可靠、更安全的解决方案。

变电站主要将电能升压或是降压，方便输送和使用电能，并且将多路电源汇集再分配至广大用户，增强供电可靠性。从电厂输出的电，经过变电站升压可以到 500、330、220kV，到了一定距离后再经过变电站的降压，从 500kV 降到 330kV 到 220kV 到 110kV 到 35kV 到 10kV；再经过社区变压器变为工业 380V 或家用 220V。按照变电站的电压等级可以分为枢纽变电站、中间变电站、地区变电站和终端变电站。

5.3.1 变电系统发展现状

随着电网规模和变电设备数量的不断增大，设备监控强度不足、运维管理细度不足、支撑保障能力不足等问题日益凸显。大电网安全与设备运维监控成为电网企业安全生产常抓不懈的焦点，需进一步加强对安全责任、安全防范的重视程度。

随着数字化和智慧化新生产方式的加快到来，给智慧变电站的建设带来新的机遇和挑战。变电站内有很多个设备，其中，变压器主要用来改变或者调整电压，开关设备用来切断或接通电路，以及其他保护设备。根据电力设备的作用，分为一次设备和二次设备，变电一次设备是指直接生产、输送、分配和使用电能的设备；变电站的二次设备是指对一次设备和系统的运行工况进行测量、监视、控制和保护的设备。变电站内主要设备如图 5-7 所示。

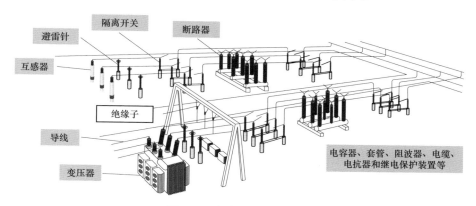

图 5-7　变电站内主要设备

智慧变电站是指在智能变电站基础上，采用主辅设备全面感知、智慧联动、一键顺控、智能巡视、作业管控等技术建设的智慧型变电站。智慧变电站关键技术成功应用后，将实现倒闸操作一键顺控、站内设备自动巡检、人员行为智能管控、主辅设备智能联动、设备异常主动预警、故障跳闸智能决策、设备台

账周期管理等智慧应用；实现运维检修效率大幅提升、设备监测能力全面提升、设备管控方式全面提升；实现变电站监控、巡视、预警、决策、现场安全作业管控智慧提升，达到运维智慧化的效果。

变电智慧化应用可以提高变电系统的可靠性、安全性和运行效率。首先，智慧化应用可以实现对变电设备的实时监测和远程控制，及时发现故障并进行处理，提高系统的可靠性和安全性。其次，通过大数据分析和人工智能算法，可以对变电设备的运行状态进行预测和优化，合理调度电力资源，降低能源损耗。此外，智慧化应用还可以提供智能预警和故障诊断功能，减少停电时间和维护成本。

变电站的现状及发展趋势包含以下几个方面。

（1）变电站的规模不断扩大。随着电力系统的发展和电力需求的增长，变电站的容量也在不断提高。早在 2022 年 4 月，我国的变电站就已经发展到了 1000kV 的水平，且特高压变电站的规模也在增加。这一趋势的原因是提高电力输送的效率和稳定性，提升电网的可靠性。

（2）变电站的自动化水平不断提高。随着智能电网的发展，变电站的自动化程度不断提高。自动化技术的应用不仅可以提高变电站的运行效率，还可以降低运维成本，提高电网的可靠性。目前，智能变电站已经成为研究的热点，通过智能设备、传感器、通信技术等技术手段，实现对变电站的远程监控、自动控制和故障诊断等功能，进一步提升了变电站的性能和可靠性。

（3）变电站的环保性能要求越来越高。随着社会对环境保护的重视程度不断提高，对变电站的环保性能要求也越来越高。传统变电站中使用的硫化气体（SF_6）是一种温室气体，对环境有一定的影响。因此，越来越多的变电站开始使用无环气体绝缘装置，如 N_2 混合气体、干空气等，以减少温室效应和提高空气质量。此外，变电站的设计和建设还会考虑噪声和电磁辐射等环境影响因素，以保护周边环境和居民的健康。

（4）变电站向多能联网的方向发展。随着可再生能源的不断发展和普及，如风电、光伏等新能源的接入与利用，传统的变电站面临着新的能源接入和集成的挑战。为了实现能源的高效利用和多能源互补，变电站需要具备多能联网的功能，即能够实现不同能源之间的互联互通，对电力进行合理分配和调度。这一发展趋势促使变电站向能源互联网的方向发展，提高电力系统的灵活性和可持续发展能力。

总的来说，随着电力系统的发展和社会对电力供应的需求不断增长，变电站在规模、自动化水平、环保性能和能源联网方面都在不断发展和改进。未来，变电站将更高效、智能、环保，为电力系统的稳定供电提供更好的支持。

5.3.2　变电系统智慧化应用

变电智慧化应用主要依靠物联网技术实现对变电设备的实时监测和远程控制，建立起设备与监测中心的连接；依靠大数据分析处理海量的变电数据，提取有价值的信息，为变电系统的运行和调度提供支持；依靠人工智能技术构建预测模型和智能控制算法，实现变电设备的智能运行和故障诊断。

通过有效的利用状态智能化电网能够根据系统的数据对供电性能进行检验为执行机构提供技术支持，根据具体情况提供决策预案，从而实现更好地控制整个电网平台的目的。智能化系统不仅能够满足人们的经济需求，在企业效益和国家环保目标的提升上也有着深刻的作用。最重要的是，它还能够满足人们日渐增加的用电需求，积极推动社会的发展与进步。

智慧变电站是变电智慧化应用的典型案例之一。通过物联网技术和传感器设备，可以实时监测变电站中变压器、开关设备等的运行状态和工作参数。将这些数据通过网络传输到云平台，通过大数据分析和人工智能算法，可以进行设备状态预测和故障诊断。通过远程控制系统，可以实现对变电设备的远程操作和控制，提高设备的可靠性和安全性。

智慧变电站总体架构如图 5-8 所示。

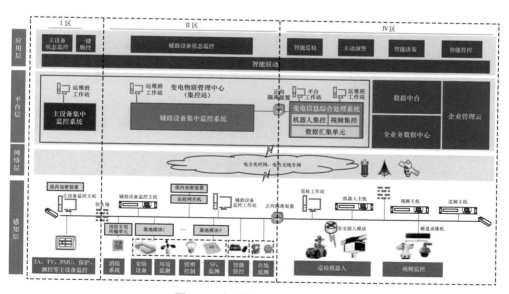

图 5-8　智慧变电站总体架构

变电智慧化应用越来越成熟，越来越广泛，在实现电力系统的高效运行和安全运行方面具有重要的前景。未来，变电系统将更加智能化、高效化，为电力系统的可持续发展和能源转型提供有力支持。

传统变电站和数字化变电站的结构图如图 5-9 所示。

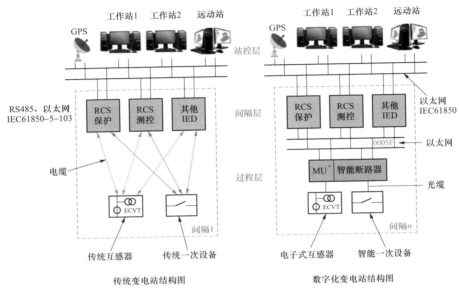

图 5-9　传统变电站和数字化变电站的结构图

1. 智慧变电站边缘设备关键技术

建设智慧物联体系，实现电网各类数据资源实时汇聚与开放共享，大力发展"边缘智能"和边缘物联已成为电力系统打造新一代能源互联网的发展目标。

边缘计算的应用意味着更多处理过程将在本地边缘侧完成，只需要将处理结果上传至云端，可以大大提升处理效率，减轻云端压力，更加贴近本地，可以保障数据的安全性，为用户提供更快的响应。在传统的电力网络中，各个电力终端采集到的数据将传输到主站统一处理。但随着电网规模的扩大，接入的终端设备和产生的数据量不断增多，数据的传输和处理将耗费大量的网络和计算资源，且无法满足时延和安全性的需求。由此，全面扩大边缘计算在感知层的应用，是实现数字化转型的必由之路。

智慧变电站边缘设备是基于边缘计算概念，结合智慧变电站管控业务智能化需求而打造的边缘计算终端设备。可结合"云 + 雾 + 边"的计算平台框架，克服电网输变电的乘数效应对传统的云 + 端的解决方案提出的性能挑战。

从技术架构上，在原有云 + 端的解决方案中，引入雾计算和边缘计算技术，可分担云端负载，实现合理的计算量分工，高效地使用有限的带宽资源，实现低延迟和快速响应。使云端拥有更充沛的计算和存储资源，负责支撑业务以及结合多个雾端（站端）数据处理各种跨雾端（站端）的事务，满足全业务统一数据中心的建设需求。

雾端（站端）部署于现场，负责区域内的数据采集和要高速计算、低延迟的业务场景，代理云端实现各种现场联动操作，减少数据通信环节。智能边缘终端设备以平台化的硬件来支持软件定义的设备功能。根据需求选配，可负责处理计算密集型的计算任务（如现场的图像和视频跟踪识别、时间序列的模式识别等对计算硬件较为敏感的任务）、故障就地分析、设备状态综合监测等就地业务。设备量产和大量部署条件下，可灵活地适应各种不同的业务需要。

（1）技术特点。

1）业务资源、硬件资源高度解耦。

2）设备能力组件化，可灵活按需配置。

3）业务及硬件能力集中化，降低屏柜资源占用。

4）高扩展性，硬件资源可便捷扩容，业务能力可便捷迭代、提升。

5）板卡式设计，可大大降低设备本身的维护。

6）标准化接口设计，使设备的适用性更加广泛。

7）就地计算带来的低延迟、快速响应及高效带宽资源利用优势。

（2）设备能力。

1）多能力网络可选配置。设备自带 RJ45 通信接口，并可根据选配电网络组件，实现 4G、5G、Wi-Fi 等无线通信及 Zigbbe/LoRa 等物联网通信支持。可根据不同业务需求、现场环境合理选配电网络通信方式，提高设备对各种环境支持的灵活度。

2）能力插卡式自由选配。智能边缘终端设备由基板及插卡式能力组件组成，基板可提供底层核心服务组件、供电、通信、数据下发上送等基础支撑，设备各项计算能力、分析能力、算力、业务服务、数据存储等均为独立板卡式设计。

整体设备可根据不同业务需求、现场环境合理搭配出不同规格、不同业务能力的边缘终端设备，可精准匹配业务需求，使得智慧变电站相关的业务需求内容可以更精细地划分；设备选择和搭配更具多样性，从而降低采购成本；也使得设备的维修维护更加便捷。

3）业务即插即用。智能边缘终端设备的插卡式设计，将设备本身做了更加细化的拆分，使得计算能力、分析能力、算力、业务服务、数据存储等硬件及

软件的相关能力，耦合度大大降低，实现了软硬件的按需配置能力。

如智慧变电站巡视任务、识别算法、设备状态在线感知、运维辅助决策等业务功能及其所需硬件资源，都可细化拆分至独立能力板卡。在设备基板的基础支撑上，通过各独立板卡的装配，实现业务能力模块加载、算力扩容、算法扩充等需求的快速匹配，在高扩展性的特点下，实现各类业务及需求的加插即用效果。

板卡化的各类能力组件，可更好地满足需求的多样化；使各项业务的更新迭代变得更加快速、便捷；即插即用的模块化结构，也使得设备故障处理工作仅需对板卡进行独立更换即可，可以大大简化维护成本，提高维护效率。

4）标准化能力输出接口。智能边缘终端设备的各项能力板卡，均按照标准化设计，具备统一接入及输出接口。

在完整体系下，各类板卡可提供智慧变电站边端解决方案，满足智能巡视、设备状态监测、辅助设备控制、设备智能联动等边端各类业务需求。

在设备独立使用或有外部需求时，可根据各类板卡的支撑情况，选配各种业务板卡，实现如识别算法、巡视任务、状态监测、设备控制、联动控制等板卡能力的独立使用。通过标准化输出接口，由外部第三方系统或平台通过以上板卡能力完成自有业务的实现。从而实现智能边缘终端设备的最大化利用，避免计算资源、业务能力等现有投入的资源浪费，提高资产的利用价值。

2. 三维数字孪生技术

（1）数字孪生体系架构。数字孪生技术（substation digital twins，SDT）通常是指综合运用多种技术，以实现物理真实空间与数字虚拟空间的实时双向同步映射以及虚实交互为目的的一种技术。这里的交互是指广义上的交互操作，除人机交互之外，亦囊括了物理世界通过传感器感知数据塑造数字世界，以及数字世界反向通过促动器对物理世界进行改造等交互形式。

一个完整的数字孪生结构应当包括物理、数据、模型、功能和能力五个层级，对应着数字孪生的5大要素——物理对象、对象数据、动态模型、功能模块及应用能力，其中的关键要素是对象数据、动态模型以及功能模块这三部分。数字孪生体系架构及核心要素如图5-10所示。

1）物理层。物理层所包含的物理对象不单指物理实体，同时也包含了对象实体内及对象实体间所存在的运行逻辑、生产关系等真实存在的逻辑规则。

2）数据层。数据层数据集合了对象实体所在物理空间的固有数据和各类感知传感器采集到的各类运行数据。

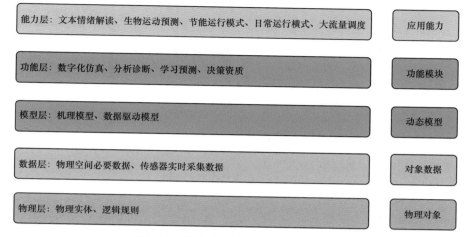

图 5-10　数字孪生体系架构及核心要素

3）模型层。模型层中的模型，包含了对应对象实体的机理模型以及大量的数据驱动模型，模型的关键在于"动态"，这意味着这些模型强调自学习、自调整的能力。

4）功能层。"功能模块"是功能层的核心要素，它是指各模型或独立运行或相互联动所形成的半自主性质的子系统，亦可表述为一个小型的数字孪生模型。半自主性则是对这些功能模块在设计中既具备独立性、创新性，同时又遵循共同的设计规则、规约，相互之间具备一定的统一性的特性表述。数字孪生模型基于此特性可以在灵活扩展、删除、替换以及编辑的同时，具备重新组合的能力，并根据实际需求实现各类复杂应用，演化成熟的数字孪生体系。

5）能力层。结合以上各层能力，最终将特定应用场景中的具体问题以功能模块搭配组合的方式来形成解决方案，在归纳总结后会输出一套专业知识体系，作为数字孪生向外提供的应用能力，也被称作应用模式。借助内部模型及模块所具备的半自主的特性，使其形成的模式亦可在相当程度上展现自适应调整能力，使能力层的应用更加广泛。

（2）数字孪生关键技术。按照一个数字孪生系统所能实现的功能来分，通常可分为以下 4 个阶段，如图 5-11 所示。

1）数化仿真阶段。在仿真阶段，需要对物理空间信息进行精细并准确的数字复现，同时通过物联网技术将物理空间与数字空间进行虚拟与现实的交互。在本阶段，不需要传递的数据完全具备实时性，只需要在短周期内局部汇聚和传递，数字世界接收物理世界的数据并对其进行能动改造基本基于物联网硬件设施。

图 5-11　数字孪生发展阶段

在本阶段主要牵涉到的层级为模型层（特别是构建机理模型）、数据层以及物理层，关键核心技术是物联感知以及数字建模技术。以三维测绘、几何仿真、流程建模等技术为手段，实现物理对象的数字化搭建，复现出对应的机理模型，并基于物联感知技术将对象的物理空间信息传递给计算机。

2）分析诊断阶段。在本阶段，需要满足实时同步的数据传递。将数据驱动模型与物理对象的高精数字仿真模型相融合，全周期动态监控物理空间，结合业务实际需求，构建业务知识图谱，生成各类功能模块，将涉及的数据进行剖析、理解，诊断已发生事件并对即将发生的做出预警和调整。从而实现对物理世界的状态追踪、解析和事件诊断等。

本阶段的关键点在于将数据分析模型与机理模型相结合，以统计计算技术、大数据分析技术、知识图谱技术、计算机视觉技术以及物联网相关技术为核心技术来展开。

3）学习预测阶段。具备学习预测能力的数字孪生结合感知数据的分析结果以及行业动态词典，进行自主学习更新，并参照已知物理对象的运行模式，对未发觉的或未来可能出现的新物理对象在数字空间中进行预测、模拟以及调试。数字孪生在形成对未来发展的趋势判断后，以人类能理解并感知的方式在数字空间中呈现出来。

本阶段的核心是由复数个庞杂的数据驱动模型所构成的且具备自主学习能力的半自主型功能模块，这意味着数字孪生需要做到拟人般灵活感知和解析物理世界，并基于学习理解到的已知知识进行推理，获取未知知识。本阶段涉及的核心技术包括自然语言处理、人机交互、机器学习、计算机视觉等领域。

4）决策自治阶段。到达这一阶段的数字孪生基本可以称为是一个成熟的数字孪生体系。一个成熟的数字孪生体系应当具备决策自治能力。具备不同功能和发展方向但又遵循共同设计规约的功能模块组成了面向不同层级的一个个业务应用能力，它们与一些独立的复杂功能模块在数字空间中进行交互沟通并实现智能结果的共享。随后，作为"中枢神经"的功能模块将各个智能推理结果做进一步归结、整理和分析，预判物理世界的复杂状态，自主形成决策性建议和预测性改造，同时结合实际情况不断地对自身体系进行完善和改造。

在数据类型在此过程中更加复杂多样，并且不断地逼近物理世界的核心，大量的跨系统异地数据交换也必然会伴随而生，甚至会牵涉到数字交易。故而，本阶段核心技术在机器学习、大数据等人工智能领域的技术外，还应当囊括区块链、云计算以及高级别隐私保护等方面的技术。

3. 能源智慧化在智慧变电站中的应用

智慧变电站中，数字孪生首先要解决的是"数据孤岛"的挑战。以往，在电网行业数字化转型的过程中，常见的是各系统、部门的数据信息独立且分散，形成一个个"数据孤岛"；再如，由于数据来源多样化，导致数据格式各异、缺乏标准化，不便于融合利用；此外，还存在数据表达能力不足、缺乏数据交互、难以还原真实场景等顽疾。

而打造以电网模型为基础、基于数字孪生技术的物联管控平台，则可以有效解决这些挑战。在数字孪生应用架构的底层，可以通过智能设备、智能表计等手段广泛采集物理世界的多源数据，形成全场景、跨系统空间的大数据集；在中间层，则以电网中台为基础，对不同来源、不同格式的数据进行融合和处理；最上层，则通过开放的应用程序编程接口（application programming interface，API），让数据可以使能二次开发和集成，服务于数字电网的各个具体场景，营造多平台、跨终端的卓越用户体验。无论是在场地现场的设备巡检、故障排查，控制中心负责的配电站和配电管理，还是运维中心负责的业务流程管控、运维计划安排以及远程运维，都可以实现三维可视化运维。其数据和模型的可视化与互联互通，也为更高层次的场景化应用提供了实现基础。

变电站数字孪生能够为提升变电站设备及环境全景实时感知能力、在线诊断设备健康状态、推动提升设备隐患故障定位和检修效率、实现设备全生命周期管理等提供有力支撑。基于数字孪生系统的运维模式，可有效提升设备运维精益化管理水平，减少现场作业频度，降低现场作业误操作风险；通过对设备状态的精准评估，延长设备寿命周期，实现资产增值。变电站数字孪生样例如图 5-12 所示。

图 5-12　变电站数字孪生样例

　　管理上，能为变电站的运行管理、作业管理、安全管理、施工管理带来全新的业务决策模式变革；业务上，以数字孪生技术的应用落地，通过信息系统分析决策，数字孪生变电站实时运行状态的反馈，支撑变电站内业务仿真与实时智能控制，真正由预防性检修向预测性检修转变，使运维管理更高效、生产作业更精准、成本开支更精益、安全防御更主动、人员配置更集约。

5.4　配电

　　配电网指变电站出口到终端用户用电之间，电压范围在 110kV 以下的电能分配电网络。配电网是指从输电网或地区发电厂接受电能，通过配电设施就地分配或者按照电压逐级分配给各类用户的电力网，在整体输配电网络中发挥分配电能的作用。从电网环节角度看，配电网一般指变电站出口到用户终端用电环节；从电压等级的角度看，配电网一般指 110kV 以下电压的配电过程如图 5-13 所示。

　　随着现代工业技术的快速发展，人们对于民用建筑配电系统运行可靠性以及其智能化管理的要求也越来越高，计算机系统可靠性的提高以及微处理器技术的应用，使得在电力系统中，很多智能化的低压电器元件得到了快速发展，由此出现了智能配电系统。

5.4.1　配电系统现状和发展趋势

　　当前，我国正积极稳妥推进碳达峰碳中和，大力发展新能源，加快构建新型电力系统。分布式新能源是新能源发展的重要形式。分布式新能源规模化接入驱动配电网形态特征演变和管理模式革新。作为新型电力系统建设的重要方

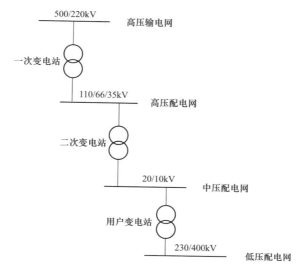

图 5-13 配电环节电压在 110kV 以下

面，配电网需要具备绿色低碳、安全高效、灵活智能、开放共享等特征，加快技术和管理升级，提升对分布式新能源快速发展的适应性。

配电网将从通道型基础设施转变为平台型基础设施。在构建新型电力系统的过程中，配电网将从以电能传输、分配为主的通道型基础设施，转变为聚合、优化、交换能源电力资源并提供增值服务的平台型基础设施。面对终端用户源荷特性的变化，配电网在配置各类资源时承担就近就地调节的功能。各类资源在配电网中聚合形成具有自平衡能力的微型网络单元，满足灵活的能量接入和送出需求。配电网对接入的各类主体而言，不仅有资源配置的作用，还能推动实现信息共享、要素流通、效率提升等。

在配电网从通道型基础设施向平台型基础设施转变的过程中，可靠性、安全、平衡等问题的出现对配电网的运行管理要求和建设改造需求增多，电网企业亟须提升相关技术水平和管理能力，进一步适应配电网业务体量增加和专业管理高效协同的要求。

配电系统的物理形态、调度控制、机制模式等发生变化。分布式新能源大规模接入背景下，传统配电系统在物理形态、调度控制、机制模式等方面发生变化。

（1）在物理形态上，新型配电系统呈现能源生产消费清洁化、源网荷储智慧协同的特点。配电网从单向供电网络向双向有源网络转变，高比例可再生能源、高比例电力电子设备特征凸显，平衡模式由源随荷动向源荷互动演进。新型配电系统通过局域单元的"小平衡"实现更广范围的"大平衡",形成源网荷储互动与多能互补的发展形态。

（2）在调度控制上,新型配电系统呈现信息感知透明化、业务进一步融合协同、运行控制更加智能的特点。用户需求多元化以及对供电服务水平要求的提高,推动营配调规业务在管理末端交叉协同。配电网总体控制形态向局域自治、区域共治、大电网互济的方向演变。控制模式包括微电网等本地控制模式以及虚拟电厂跨地域控制模式。配电网与数字基础设施融合发展,运行控制方式向以数字化技术为支撑的智能调度加速转变。

（3）在机制模式上,新型配电系统呈现市场主体多元化、利益诉求多样化的特点。分布式新能源、新型储能、多元负荷等快速发展,电能交易、容量交易、辅助服务交易、绿电交易持续优化,碳交易等与电力市场的对接机制不断完善。需要通过构建统一开放、竞争有序的电力市场体系,充分发挥交易平台作用,全面支撑各类能源资源的优化配置。

为适应终端的复杂用电需求,国内配电网络结构复杂。在物理构造方面,配电网主要由架空线路、电缆、杆塔、配电变压器、隔离开关、无功补偿器等设备构成,具体实现向居民、工商业等复杂用电厂场景的配送电任务。由于居民生产生活活动多样,衍生出多元的用电需求,导致国内配电网络具有电压等级多、网络结构复杂、设备类型多样、作业点多面广等特点,安全风险因素较多,为其自身的建设升级带来较大的挑战。以多分段适度联络的架空配电线路为例,配电网由架空线路、变压器、分段开关、联络开关等复杂硬件设备构成,如图5-14所示。

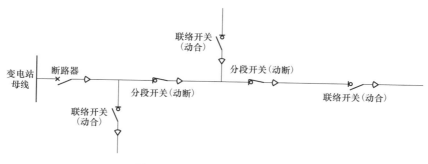

图5-14　配电网硬件构成举例

同时,新型电力系统建设为配电网升级带来新的挑战与发展方向。

新型电力系统建设推进需要配电网升级支持。2021年10月,国务院正式印发《2030 年前碳达峰行动方案》，提出能源绿色低碳转型行动、节能降碳增效行动、工业领域碳达峰行动等碳达峰"十大行动"，同时将建设新型电力系统作为重点任务。新型电力系统的突出特征，在"源"端主要表现为新能源出力占比不断提升，在"荷"端主要表现为可中断负荷、新型储能、虚拟电厂、充电桩等灵活电力资源接入电力系统，且此类新型多能互补的能源利用形式多以充分散的形态，通过中低压配电网接入。因此，《2030 年前碳达峰行动方案》中提到的"2030 年省级电网基本具备 5% 以上的尖峰负荷响应能力"建设计划完成，离不开配电网升级建设的支持。

新能源并网不稳定出力、配电网由无源网络向有源网络演进，为配电网升级建设提出新挑战。以分布式光伏为例，2017 年起光伏补贴退坡，但户用光伏补贴持续受到政策倾斜支持，报装实行备案制，降低了分布式光伏装机规模的增速，低压侧的分布式光伏装机容量占比持续提升。根据国家电网有限公司公布的数据，以河北、山东、河南等六个代表性省份为例，低压分布式光伏装机占比均有显著提升。截至 2023 年 6 月底，国家电网有限公司经营区域内的低压装机容量约 12857.5 万 kW，占比达到 69.3%；并网用户约 440.1 万户，占比达到 99.3%。此外，由于分布式光伏的出力情况、建设模式和地点均存在不确定性，电力供需在时空维度上不匹配的可能性提高，使得传统电力平衡、负荷预测、容量选取的边界均发生较大变化。叠加新型储能、新能源汽车充电桩等资源的建设推进，配电网由无源网络向有源网络演进，系统运行方式更加复杂。新能源并网不稳定出力、配电网由无源网络向有源网络演进等背景下，传统以满足用电需求为导向的规划原则不能适应新时期配电网建设需要。

建设新型配电网络需强化物理电网智能化，以先进配电技术装备和数字化技术推动生产服务效率提升。配电网处于电力系统的末端，是向用户供应电能、分配电能以及接入分布式电源的重要环节，新型配电网是承载规模化分布式资源的电力分配消费主体。2021 年 5 月，中国南方电网有限公司发布《南方电网公司建设新型电力系统行动方案（2021—2030 年）白皮书》，明确提出要建设"强简有序、灵活可靠、先进适用"的配电网，支持分布式新能源在中低压配电网接入。未来新型配电系统有源化、用户产销化、服务多样化等变化导致对供电可靠性的要求更高，系统运行控制的难度提升，对加快数字化转型的需求强化，需要在分布式新能源并网监控、中低压配电网可靠性和可控能力提升、源网荷储协同运行等方面加强新型配电系统关键技术储备，提高新型配电系统接纳新能源和多元化负荷的承载力和灵活性。新型电力系统建设背景下，配电网升级的关键问题与技术方向如图 5-15 所示。

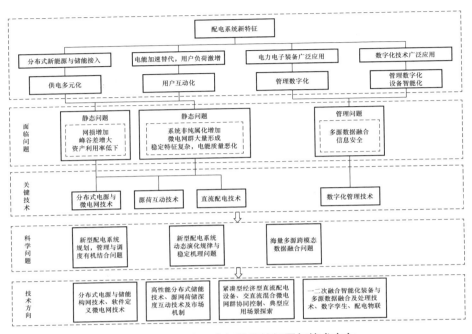

图 5-15　配电网升级的关键问题与技术方向

5.4.2　配电系统智慧化应用

1. 智能配电网规划

（1）智能配电网技术的优化在配电网规划中扮演着极其重要的角色。随着电力需求的不断增长和能源行业的持续发展，传统的配电网已经不能满足当今社会对可靠性、智能化、可持续发展的需求。因此，优化智能配电网技术成了迫切的任务。优化智能配电网技术可以显著提高供电可靠性。传统的配电网受限于线路的复杂结构和依靠人工维护的方式，在面对突发故障或恶劣天气时容易出现停电情况。而智能配电网技术的引入可以实现远程监控、预测故障以及自动故障恢复等功能，能够大大减少停电时间并提高供电的可靠性。智能配电网技术的优化也可以有效提升能源的利用效率。通过智能化的配电系统管理，可以实现对能源消耗进行实时的监测和调控。同时，智能配电网技术还可以与可再生能源系统集成，实现对分布式能源资源的更好利用，进一步推动清洁能源的发展。这种智能化的配电系统不仅可以减少能源浪费，还可以有助于降低对传统能源的依赖，实现能源供应的可持续性。此外，智能配电网技术的优化还可以提升用户体验和能源管理的效果。传统的配电系统并没有很好地满足用户个性化需求和动态能源管理的需求。而优化后的智能配电网技术可以实现更加精准和灵活的用电调控，帮助用户根据自身需求制定合理用能计划，提高能源利用率，并且可以实现智能家居、充电桩管理等功能，为用户提供更便捷、智能化的能源服务。要实现智能配电网技术的优化，还需面对一些挑战。技术问题，要解决智能配电网系统的稳定性和安全性，确保数据的准确性和可靠性。运营模式和政策的问题，需要明确智能配电网的运营主体、成本分摊机制等，同时也需要政府出台相关政策，推动智能配电网的发展和应用。在配电网规划中，智能配电网技术的优化是至关重要的。它不仅可以提高供电可靠性和能源利用效率，还可以提升用户体验和能源管理效果。然而，要实现这一目标，需要克服技术和政策方面的挑战，并加强各方合作推动智能配电网技术的发展。只有通过持续的创新和改进，才能建设更加安全、可靠、智能的配电网络，为新时代的能源供应作出贡献。

（2）智能配电网技术存在的问题分析。

1）数据管理与隐私保护问题。智能配电网技术需要大量的数据采集和处理，其中包括用户用电数据、设备状态数据等。如何有效地管理这些数据，并保障用户的隐私安全，是一个难题。同时，还需要制定相应的隐私保护策略，确保用户数据不被滥用或泄露。

2）安全性与网络攻击问题。智能配电网技术涉及网络通信和接入，因此面临来自网络攻击的风险。黑客攻击可能导致系统瘫痪或信息泄露，对配电网运行安全造成威胁。为了确保智能配电网的安全，需要加强网络防护措施，并设计安全的网络架构和协议。

3）技术成本与可行性问题。引入智能配电网技术需要大量的投资和技术支持。其中包括智能传感器的部署、通信设备的建设、数据处理系统的建立等。这些成本可能会成为推广智能配电网技术的一大障碍。因此，需要进行成本效益分析，研究合适的技术应用方案，提高技术的可行性和经济性。

（3）配电网规划中的智能配电网技术优化策略。

1）数据驱动的负荷预测和优化策略。通过建立合理的负荷预测模型，并采集、分析历史用电数据和环境因素等，以实现准确预测未来负荷需求。基于负荷预测结果，可以制定优化策略，实现负荷平衡、调峰削谷和能源优化等目标。这样可以降低供需不平衡带来的设备过负荷风险，并提高能源利用效率。

2）智能配电设备与传感器的使用。在配电网规划中引入智能配电设备和传感器，实现对配电系统各个环节的实时监测和处理。例如，使用智能开关、智能电能表和智能断路器等设备，可以实现远程控制、故障监测和数据采集等功能。同时，配置配电设备周围的传感器，如电流传感器、电压传感器和温度传感器等，可以获取实时的设备运行状态数据，提高故障检测和定位的精度。

3）多级协同控制和管理策略。在配电网规划中，可以采用多级协同控制和管理策略，实现对配电系统的智能监控和优化。通过将配电网划分为多个管理区域，使用分布式智能控制器进行局部控制和协同控制，可以实现对不同区域负荷和电压的精细调控。同时，通过建立数据共享与协同决策机制，实现各个区域之间的信息交流和优化决策，提高整个配电网的运行效率和可靠性。

4）电力市场和用户参与策略。智能配电网技术的优化策略应该包括电力市场和用户的参与。通过建立合理的市场机制和激励措施，鼓励用户积极参与电力系统的调度和管理。用户可以根据自身需求和能源政策，采用灵活的电力购买和能源管理方式。同时，建立电力交易平台和虚拟电力厂模式，提供给用户更多的选择权和参与度。在电力市场和用户参与方面，可以研究和推广以下策略：能源市场的创新与优化：通过引入更加灵活、多样化的电力市场机制，如实时电价、容量交易和能源负荷响应等，鼓励用户参与能源市场交易。这样可以提高电力系统的资源利用效率和市场竞争力，促进可再生能源的大规模接入和消纳。用户参与能源管理与调度：通过建立用户侧的能源管理平台和应用软件，提供给用户实时用电数据、能源消耗信息和节能建议等。用户可以根据信息进行自主能源管理，实现对用电设备的调度和能源消耗的优化。此外，可以鼓励用户积极参与能量峰谷平衡、电网负荷调节等灵活需求响应活动。虚拟电力厂模式与能源共享经济：通过建立虚拟电力厂模式，将分布式能源资源进行整合和协同运营，形成能源互联网。这样可以实现能源的有效利用和优化分配，提高供电可靠性和经济性。同时，也可以推广能源共享经济模式，促进能源资源的共享和互利合作。

配电网规划中的智能配电网技术与优化策略研究对于实现电力系统的可持续发展和智能化转型具有重要的作用。通过不断深入研究和应用，我们可以进一步提高配电网的可靠性、安全性和经济性，满足不断增长的电力需求和环境保护的要求。期待在未来的研究和实践中，能够不断创新和优化智能配电网技术与优化策略，为电力行业的发展做出更大的贡献。

2．"配电网智慧+"提升建设

随着电动汽车、储能、分布式光伏的快速发展，配电网形态正在发生重大变化，未来必将成为分布式清洁能源消纳的支撑平台，多元负荷信息集成的数据平台，多利益主体参与的服务平台，需要加快从技术、功能、形态上推动配电网向能源互联网转型升级。需要不断探索和创新"智慧配电网+"，支撑新型电力系统建设。"智慧配电网 +"建设如图 5-16 所示。

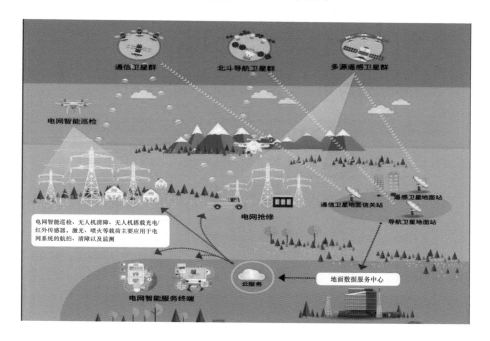

图 5-16　"智慧配电网 +"建设

"配电网智慧 +"提升建设从配电网运行状态感知、营配业务贯通应用、源网荷储综合优化、优质服务精益管理和能源平台生态共建 5 个方面进行提升，结合石油、重工业、口岸、园区、电采暖、智慧农业、多能互补、清洁能源、新能源和地市级能源互联网进行建设。

配电网感知能力提升建设。配电网感知能力提升建设主要包括图模一体化、实时量测中心、系统互联互通三个方面。图模一体化建设针对分布式光伏、储能、电动汽车等新型负荷，实时量测中心建设对接入的设备进行测量，系统互联互通可以打通调度、营销和运检平台，从而实现运行状态准实时监视、故障区域预警及主动精准研判处置，并实现对检修计划、同期线损等业务流程的在线管控，提升公司运营管理水平。配电网智慧物联平台架构如图 5-17 所示。

"智慧配电网 +"典型应用场景举例如下：

（1）数字化智慧物联台区柔性互动示范。建设数字化智慧物联台区，实现台区设备的状态感知，在故障发生后，能够实现故障定位、故障隔离、恢复供电的自愈功能，将停电时间由小时级缩短至秒级。成功试点应用低压失电自愈、负荷智能迁移等电力系统新技术，2~3s 内完成故障自动隔离、恢复供电，实现

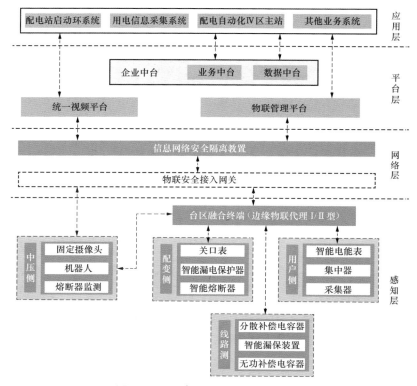

图 5-17　配电网智慧物联平台架构

低压电网故障时"失电秒级自愈"。应对分布式光伏、电动汽车充电设施规模化建设，通过源荷供需平衡技术，进行负荷实时监测，以不停电、无感知的方式完成负荷智能迁移，达到区域供电网络的源网荷供需智能平衡，让用户享受"清洁、高效、稳定"的能源。

（2）分散式居民电采暖柔性控制落地示范。针对"煤改电""电能替代"等惠民工程相继落地，采暖期负荷连创新高的形势下，为应对新能源波动性、随机性，缓解供电压力，保障地区电力安全可靠供应和基本民生用电需求，探索"网、荷"友好互动模式，利用电力物联网技术监测设备运行，充分发挥大数据优势，形成"源-网-荷"数据链，在不影响用户采暖体感的前提下，实现电锅炉负荷远程智能调节和控制。

3. 台区柔性互联助力现代智慧配电网高质量发展

当前，电网对供电可靠性的需求越来越高，随着分布式电源的接入越来越多，同时要满足电动汽车等多元负荷用电需求，传统配电网"闭环设计、开环运行"的结构已无法满足社会需求。如何实现多电源安全合环、环网潮流经济分布和分布式电源合理消纳成为配电网运行的新挑战。在此背景下，台区柔性互联技术凭借其良好的接入与控制能力或成为未来重要解决方案。

（1）配电台区柔性互联技术。

1）应用场景。

a. 针对台区间负载不均衡或季节性负荷波动，实现功率互济、容量共享；

b. 针对电动汽车等负荷导致的配电变压器过负荷，实现动态增容；

c. 针对高品质供电要求，实现故障时负荷转供；

d. 针对高比例分布式光伏接入台区引起反向过负荷、电能质量问题，提升台区承载力，实现电压主动控制。

2）关键装备。

a. 台区柔性互联装置。台区柔性互联装置通过 AC/DC 和 DC/AC 变换技术，实现多个台区柔性互联与功率互济，其中 AC/DC 变流器典型拓扑如图 5-18 所示，光伏、储能等接入直流母线的 DC/DC 变流器典型拓扑如图 5-19 所示。

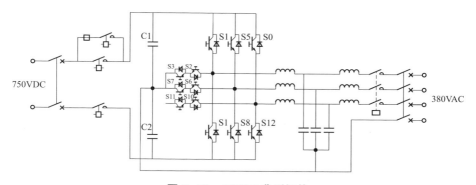

图 5-18　AC/DC 典型拓扑

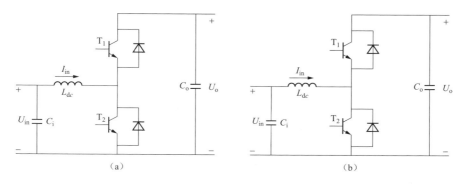

图 5-19　DC/DC 变流器典型拓扑
（a）双向 DC-DC 变流器拓扑结构；（b）高频隔离 DC-DC 变流器拓扑结构

b. 电力电子变压器。电力电子变压器可实现 AC10kV 端口至 DC750V 端口和 AC400V 端口的变换，典型拓扑如图 5-20 所示。

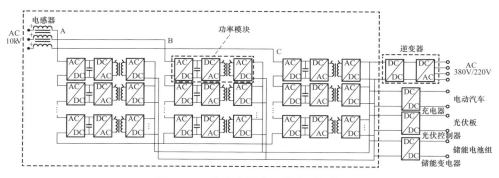

图 5-20　电力电子变压器典型拓扑

3）关键技术。

a. 功率均衡控制技术。以柔性互联系统两侧或多端主变压器负载作为均衡目标，通过控制柔性互联系统输送功率，实现区域间功率均衡。

b. 功率转供与供电恢复技术。当柔性互联装置所连接的交流母线发生永久性故障后，可完成故障区域隔离及非故障区域在互联能力范围内的转供和恢复。

c. 直流微网保护及故障恢复控制技术。在直流微网类型低压柔直互联系统中，柔性互联系统具备直流微网保护及故障恢复功能，能够识别直流支路和设备的各类故障并有效隔离。

（2）柔性互联多种组网形态。

1）中压配电线路柔性直流互联。柔性互联配电网的网架形态根据运行场景不同，主要分为基于背靠背柔性互联装置的柔性互联形态（如图 5-21 装置 1 所示）、含直流母线的点对点柔性互联形态（如图 5-21 装置 2 所示）和基于柔性互联装置的交直流混合柔性互联形态（如图 5-21 装置 3 所示）三类。

2）配电台区柔性互联。

a. 换流器接线形式。换流器直流侧接线主要分为单级接线、伪双极接线和真双极接线三种。换流器接线方式具体如图 5-22 所示。

b. 柔性互联拓扑结构。低压配电台区柔性互联的拓扑分为三种结构，分别为公共直流母线集中配置结构、直流母线分段分散配置结构和环状结构。公共直流母线集中配置柔性互联系统如图 5-23~ 图 5-25 所示。

168

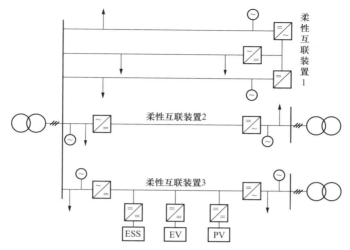

图 5-21 中压配电网柔性互联 3 种典型形态

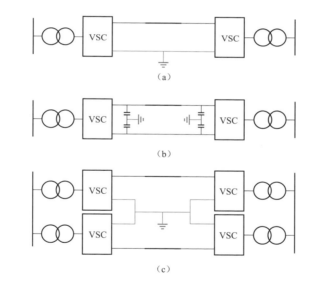

图 5-22 换流器接线方式
（a）单极接线方式；（b）伪双极接线；（c）真双极接线
VSC—电压源换流器

配电网柔性互联技术突破了原来中低压交流配电系统开环运行的限制，带来了良好的网络连通性以及各种交直流电源和负荷接入的灵活性，增强了电网对随机波动的控制能力，相信未来将成为电网实现"双碳"目标的重要技术手段，助力现代智慧配电网高质量发展！

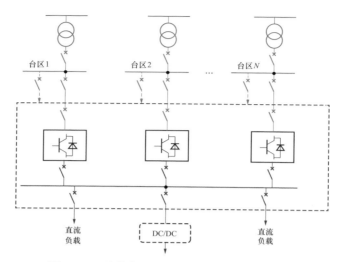

图 5-23 公共直流母线集中配置柔性互联系统

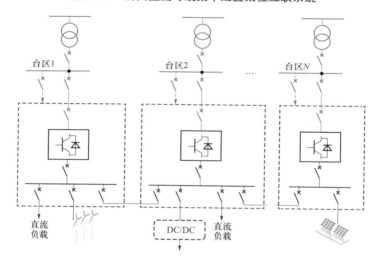

图 5-24 直流母线分段分散配置链式结构柔性互联系统

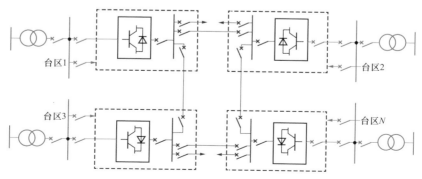

图 5-25 多端环状柔性互联系统

5.5　用电

　　智慧用电是指通过大数据、云计算、物联网、移动互联网、人工智能、区块链、边缘计算等数字科学技术与用电技术的融合，推动用电技术进步、效率提升和组织变革，创新用电管理模式，培育电能服务新业态，提升源网荷储的智能化水平，从而实现用电效能的提升。

5.5.1　用电系统的发展现状及趋势

　　智慧用电是指在用户侧通过智能终端、自动化系统等设备实现用电信息的实时监测、分析和调度，提高用电效率、节能减排，从而实现经济、环保和可持续发展的目标。

　　智慧用电具有以下特点：①实时监测和调度；②用电效率高；③节能减排；④用户参与度高；⑤支持新能源消纳和储能技术。

　　智慧用电的关键技术包括：①智能终端技术；②自动化系统技术；③能源管理系统技术；④需求响应技术；⑤电力电子技术。

　　（1）智慧用电为电网建设重点，虚拟电厂有望进一步催化。智慧用电服务主要服务于用电环节，主要面向工商业用户。智慧用电服务通过构建电网、电力设备和企业用户间的智能双向互动服务平台和相关技术支持系统，为用户提供安全、经济、绿色、智能化的服务，推动终端用户用电模式的转变，提升用电效率。随着智能电网的高速发展，智慧用电服务已成了智能电网建设中增长最为迅速的子行业之一。据国家能源局数据，用电量最大的为第二产业，即建筑业、采矿业、制造业等，2022 年达到 57001 亿 kWh，占全社会用电量的66%。第三产业，即房地产业、金融业、批发零售业等，用电量在 2022 年达到14859 亿 kWh，占全社会用电量的 17%，为用电量第二高的领域。

　　（2）国网积极推动智能电网建设，智慧用电服务行业有望拥抱发展机遇。电力物联网将电力用户及其设备，电网企业及其设备，发电企业及其设备等连接起来，以电网为枢纽，发挥平台和共享作用，为全行业和更多市场主体发展创造更大机遇。传统用户端电力设备运维还主要停留在物业电工、外聘电工管理阶段，运维成本高、响应速度慢。智慧用电服务则对设备运行情况进行实时在线监测和数据采集，并将采集到的数据进行评估，根据评估状态判断是否联系线下专业运维队伍迅速进行处理，从而有效减少了维修停电时间，节省电力日常运行维护成本，大大提高了供用电的可靠性和安全性。未来，智慧用电服务行业市场空间广阔。

5.5.2　用电系统智慧化应用

1.能源互联网助力智慧用电

在能源互联网业态下，整合产业链源、网、荷、储各方的分散需求，实时匹配供需信息，电力用户以及电力设备端的用电负荷与电网的物联通信技术的发展，为能源交易和需求响应实现高质量发展提供有力支撑。电力需求响应的技术创新和市场机制创新加速激活着需求侧资源，组织需求侧资源开展电力需求响应消纳清洁能源、延缓网侧投资正是对源侧电力资源和网侧容量资源的协调优化利用，充分体现了能源互联网业态下的源网荷储互动。能源互联网助力智慧用电体系架构如图 5-26 所示。

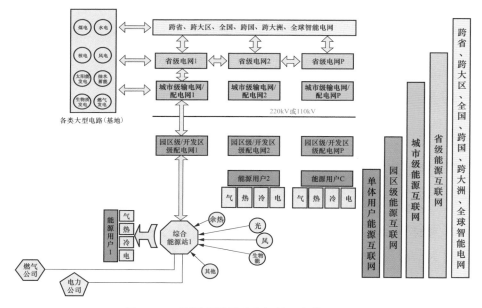

图 5-26　能源互联网助力智慧用电体系架构

能源互联网主要涉及物联网技术、大数据技术、调控运行技术、市场与交易技术等。

（1）能源互联网中的物联网技术模块覆盖传感、智能表计、通信、数据分析及计费整个价值链，涵盖配电网运行信息，充电桩、储能、供冷热等设备状态及运行数据的全方位感知和量测，通过数据信息和物理层的融合，使能源互联网中不同形态能源的信息获取、优化、协调和管理更便捷流畅，实现多种能源的有序转换与传输，构建能源互联网完整的物联网系统架构体系。

（2）能源互联网的大数据技术模块不单单是能源互联网数据的管理，还包括一系列的能源电力的"操作系统",譬如能源互联网的数字画像——数字孪生系统、能源互联网调度控制系统、交易软件支持系统、仿真系统、运行维护及需求侧管理等支持系统。基于这些基本"操作系统"的支撑,可开展一系列的智慧能源增值服务。

(3)能源互联网调控运行技术模块主要实现系统的实时监测、优化运行、调控和故障预警,保障系统安全可靠、经济、低碳运行,满足各类用户定制化的高品质用能需求。

(4)能源互联网市场与交易技术模块主要实现"绿色"能源交易与结算、用能分析、可视化展示等。

2. 虚拟电厂

虚拟电厂是一种智能电网技术,是能源智慧化的关键技术,企业、居民等用户均可参与电力市场交易,应用前景广泛,虚拟电厂关键信息化技术可分为:智能计量技术、协调控制技术和信息通信技术。

风电、光伏在带来绿色低碳电力的同时,天然具有随机性、间歇性和波动性的特点,对电力系统的调节能力提出了很高要求,光伏出力随中午增加,净负荷降低,而在傍晚用电高峰,净负荷需求迅速攀升,这就要求电力系统具备午间降低出力、傍晚迅速提升出力的日内调节能力。构建可靠、高效、经济、多元的调节体系是应对电力系统源荷两端不确定性逐渐增加的重要手段,也是新型电力系统建设的重要内容。增加调节能力通常会优先采用电源灵活性改造、储能、需求响应等手段。但面对迅速增长的调节需求,这些手段也面临资源耗尽、成本上升等问题。虚拟电厂并不具备实体发电厂(如火力发电厂)本身,是通过先进的信息通信技术和智能聚合系统,能够将分布式电源、小微储能系统、可调节负荷、电动汽车等分散的"小微难控"资源进行聚合和协调优化,为电力系统调节提供一种经济且大量的调节资源,有效提升系统灵活性水平和电网调度机构对负荷侧资源的管理水平,同时作为一个特殊的电力单元,参与电力市场和电网运行的协调管理系统。因此,虚拟电厂已得到越来越多的政府、投资主体和企业的关注和青睐,其产业属性及其上下游带动效应也开始显现。虚拟电厂关键信息化技术图谱如图 5-27 所示。

国外虚拟电厂概念企业主要运营模式主要包括以下几种:

(1)聚合运营商 + 能源交易。德国的虚拟电厂发展较成熟,独立运营商的聚合规模相对较大,与德国电力市场机制建设更成熟、分布式电源发电比例较高有关。虽然德国 Next Kraftwerke 的虚拟电厂项目普遍被认为是已经成功商业

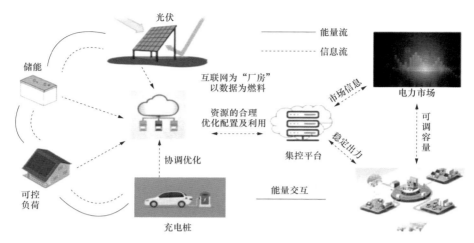

图 5-27　虚拟电厂关键信息化技术图谱

化，是典型的商业型虚拟电厂，但根据其年报披露，其盈利模式并不单一依靠虚拟电厂的运营来赚取收益，其主营业务的主要贡献是作为电力市场的能源交易商。

Next Kraftwerke 的虚拟电厂业务可以分成三种模式：面向发电侧进行能源聚合、面向电网侧进行灵活性储能供应以及面向需求侧的需求响应；其产品与服务是通过加入 NextPool（自营的虚拟电厂平台）或通过 NEMOCS（模块化软件，亦可提供 SaaS 服务）构建用户自身的虚拟电厂来实现的。其中，Next Poll 已涵盖德国、澳大利亚、比利时等八国，远程连接与管理 14000 多个分布式发电单位和能源消耗单位，在收集运营数据、当时天气、电网数据与电力市场数据后，通过算法平衡电网中的波动，在 EPEX 进行电力交易，提高盈利能力。

（2）软硬件产品与技术服务＋聚合服务商。美国的虚拟电厂项目，主要是由独立运营商（RTO/ISO）、电力公司和装备制造商合作完成，需求响应项目较多，与欧洲相比聚合的资源类型和提供的产品与服务较少，试点项目也比较有限。即便是 PowerWall 的项目在很多地方落地，但其盈利模式并不是依靠经营虚拟电厂，而是储能系统解决方案，包括软硬件产品的销售与服务收入。例如，特斯拉与电力和公共事业公司合作的虚拟电厂项目是为了扩大 PowerWall 系统的安装量；另外，电力或公共事业公司通过与 PowerWall 使用者签订协议，能够更多地获取这些分布式储能电力的使用权，实现聚合资源以及探索虚拟电厂的商业化。

（3）售电公司垂直一体化＋聚合运营商。以澳大利亚为例，早期虚拟电厂的发展以电网公司为主导的实体参与，2020 年左右开始，售电公司主导的参与比重显著提升，增速高于其他类型的参与主体，已成为虚拟电厂的主要参与者。例如，AGL 公司 12 的主业为批发与零售能源（电力、天然气）、能源风险管理等，同时，AGL 也不断投资新能源基础设施和经营着多样化的发电资产，包括火电、天然气、储能以及包括水电、风电和太阳能在内的可再生能源。2023 年 AGL 的主要收入还是来自其主营业务售电，与虚拟电厂服务相关的收入占比较小，这与前述 Next Kraftwerke 的业务模式非常类似，其本质都是通过使用不同的技术与风险管理的手段来优化能源交易（如电力交易）以提高公司的盈利能力。

（4）技术服务商 + 聚合商。英国虚拟电厂市场的主要参与者包括以 Centrica 为代表的大型公用事业公司；但作为新兴的技术服务商 Limejump，其在提供自有技术服务平台和接入物联网硬件的同时，也作为聚合商参与到市场交易。该平台集成并优化了从太阳能光伏到风能等各种规模的可再生能源资产，同时提供预测模型，以确保其客户生产的所有可再生能源能够以公平的市场价格集成到电网中；同时还能够与储能和参与调峰的电力资产集成，参与实时调度，协助英国国家电网维持平衡和弹性的能源系统。在客户端方面，Limejump 的微服务架构允许与外部服务如 CRM、计费、资产连接等系统进行集成，并持续进行算法开发。英国同类型的公司还有总部位于苏格兰的 Flexitricity14，目前管理着一座 500MW 的虚拟电厂。

此外，国外一些技术服务商仅提供软件技术服务或 / 和 SaaS 服务，不作为聚合商进行运营，也不作为市场参与者进行电力交易，如德国的 energy & meteo15，早期为风光出力预测的技术服务商，后逐步开发虚拟电厂平台应用技术，并提供给客户电力交易决策相关产品，从发电侧向全网侧服务能力迭代。

现阶段虚拟电厂企业主要特征与类型："十三五"时期，我国就已开展虚拟电厂的试点工作，部署了多个虚拟电厂项目：上海于 2017 年建成黄浦区商业建筑虚拟电厂示范工程；2019 年国网冀北虚拟电厂示范工程投入运行，该工程实时接入并控制了蓄热式电采暖、可调节工商业、智能楼宇、智能家居、储能、电动汽车充电站、分布式光伏等 11 类、19 家泛在可调资源，容量约 16 万 kW，涵盖张家口、秦皇岛、廊坊三个地市；2022 年，国内首家虚拟电厂管理中心深圳虚拟电厂管理中心正式揭牌，接入分布式储能、数据中心、充电站、地铁等类型负荷聚合商 14 家，接入容量达 87 万 kW，预计 2025 年将具备 100 万千瓦级可调节能力，逐步形成年度最大负荷 5% 左右的稳定调节能力；2023 年，海

南省虚拟电厂管理中心成立等。

对于虚拟电厂概念股中的市场参与企业，除了储能相关厂商，与国外虚拟电厂部分设备制造商参与到平台开发与运营不同，在上述虚拟电厂示范项目中，这些主要是以供应商的身份参与到项目中，其中主要包括负荷聚合商与技术服务商两类：①负荷聚合商，重点聚焦需求侧资源，通过预测需求侧的电力曲线，参与虚拟电厂项目，获得分成；②技术服务商，重点聚焦虚拟电厂软件平台建设，为电网公司构建信息化服务平台。对于未上市的部分企业，这些企业或是其核心团队，也有部分曾作为供应商（如储能设备、智能电能表、软件技术服务等）、电力运营商（如售电公司）、第三方外包商（如上述概念股企业在项目中的外包商）团队成员或是及其项目组成员等角色参与过虚拟电厂主要的示范项目。需要注意的是，如前述较多虚拟电厂概念的企业成立时间不久，相关技术的知识产权、核心团队可能并不属于该企业或无强约束关系，其在项目案例的参与程度/角色与真实性也需要进一步调研与核实。

根据虚拟电厂概念成分股行业分布和未上市企业近期融资情况，向聚合商方向发展的公司主要类型、有待解决和发展领域如图 5-28 所示。

软件/技术提供商
- 过往参与的项目已对接发电场站-源侧聚合
- 过往参与的项目积累了大量数据并提供数据分析服务（如交易策略、功率预测等，客户包括场站、售电公司等）
- 在过往示范项目中提供过虚拟电厂平台/系统的技术服务等

➤ 虚拟电厂准入资格
➤ 电力市场参与身份
➤ 资源聚合能力

电力营销/售电公司
- 过往业务已对接一定数量的电力用户一负荷侧聚合、少量源侧聚合
- 过往业务已积累了电力用户、部分源侧（可能包括自投自建或是代运营的新能源设施）的能耗运营数据，具备一定预测和优化能力
- 在电力现货市场运行地区已积累了电力交易的相关数据，能够独立运营与参与交易
- 部分已自研或购买相关软件技术，聘请大数据专家或与外部共同合作研究等

➤ 虚拟电厂准入资格
➤ 软件技术与物联能力
➤ 数据分析能力

硬件供应商
- 自有光伏、储能等分布式新能源设施并具备独立运营源侧的能力
- 过往参与的项目提供智能硬件设备并具备监视、调控等软件技术能力来管控设备（例如根据示范项目要求标准的智能电表）

➤ 虚拟电厂准入资格
➤ 电力市场参与身份
➤ 软件技术能力
➤ 数据分析能力

有待解决/发展

图 5-28 虚拟电厂相关公司特征与发展方向

3. 车网互动（V2G）

V2G 技术将电动汽车的储能电池集中起来，为电网和可再生能源提供能量

缓冲。当电网处于负荷高峰时，电动汽车向电网回馈电能，当电网处于负荷低谷时，电动汽车从电网处获取电能充电，实现电网负荷"调峰填谷"、经济运行的效果，也能给车主带来盈利。V2G 技术的四种实现方式如图 5-29 所示。

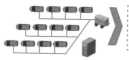
集群式V2G：将某一区域内停放的电动汽车聚集在一起，可以是实际的停车场，也可以是虚拟的聚合体。按照电网的需求对此区域内电动汽车的能量进行统一的调度，并由特定的管理策略来控制每台电动汽车的充放电过程。

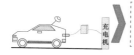
自治式V2G：一般采用车载的充电机，充电方便，易于使用，不受地点和空间的限制，可以不受外界控制自动地实现V2G。但是，每一台电动车都作为一个独立的结点分散在各处，由于不受统一的管理，每台电动车的充放电具有很大的随机性。

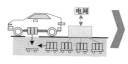
基于换电站的B2G：B2G实现方式来源于更换电池组的电动汽车供电模式:当电动汽车电能量不足时，需要到临近的换电站更换电池，所以需要建立专门的换电站。在换电站中存有大量的备用电池组，因而也可以考虑利用这些电池组为电网提供服务。

V2IUV2B：V2H/V2B用于实现家庭住宅或商业大楼与电动汽车间的双向互动，电动车于非高峰时充电，在闲置时接入相应的供电网络，提供建筑物用电需求或紧急备用电源。V2H/V2B 容量较V2G规模要小得多，因而所需的电动汽车数量也要小得多，有望在短期内实现。

图 5-29　V2G 技术的四种实现方式

2023 年 11 月，新能源汽车产销首次超过 100 万辆，1~11 月，新能源产销分别完成 842.6 万辆和 830.4 万辆。从累计销量的角度看，截至 2023 年 11 月，新能源汽车保有量为 2019.2 万辆，占汽车总体保有量的 5.5%，新能源汽车逐渐受到产业、市场、消费者的接受和认可。智能电动汽车作为深度参与新型能源体系建设当中的重要参与者，通过 V2G 技术，可统筹智能电动汽车充放电、电力调度需求，综合运用峰谷电价、汽车充电优惠等政策，实现智能电动汽车与电网能量高效互动，降低智能电动汽车用电成本，提高电网调峰调频、安全应急等响应能力。2024 年，V2G 设备部署规模将呈继续扩大之势，逐渐实现小范围商业闭环，加速 V2G 落地应用，如图 5-30 所示。

随着新能源汽车保有量的进一步增长，其无序充电将叠加晚间用电高峰，增大电网压力，冲击电网平衡，同时在满足用户需求层面也存在较大挑战（价格高、充电难）。

智能电动汽车借助 V2G 技术，将从无序充电变为有序充电，从而实现在用电低谷充电，在用电高峰放电，并且进一步与新型能源发电特征匹配，能够在很大程度上减少电网增容压力。

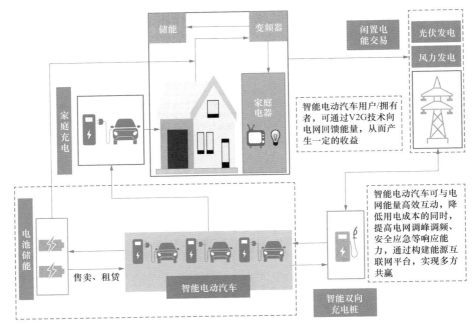

图 5-30　V2G 逐渐开展项目试点，加速落地应用

基于 V2G 技术，用户、企业以及地方政府可共同参与构建能源互联网平台，通过车网互动，实现多方共赢；亦可以推动车电资产分离，使得电池资产者可集中管理电池储能，获得收益；同时有助于推动新能源绿色发展。

通过 V2G 技术，智能电动汽车行业将与能源行业融合发展，高效协同，实现电网能量高效互动，降低用电成本，推动绿色低碳安全的能源体系的建设。

5.6　储能

5.6.1　储能技术简介

国家发展改革委等部门印发的《关于促进储能技术与产业发展的指导意见》（发改能源〔2017〕1701 号）明确指出，储能是智能电网、可再生能源高占比能源系统和能源互联网的重要组成部分和关键支撑技术，是电力体制改革和促进能源新业态发展的核心基础。按技术原理划分的储能类型如图 5-31 所示。

储能技术可以有效支撑电力系统供需平衡，助力节约电力和绿电应用。2021 年，我国储能装机规模保持快速增长，新增装机 10.5GW，接近此前 4 年的新增装机总量。截至 2021 年，我国已投运储能项目累计装机规模达到 46GW，其中，抽水蓄能的累计装机规模最大，达到 36GW，占比 80% 左右；电化学储

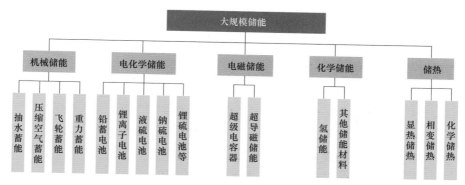

图 5-31　按技术原理划分的储能类型

能、熔融盐储热、压缩空气储能等新型储能规模占比较小。

5.6.2　储能技术现状分析

在全球主要国家追求碳中和及能源自主可控的大背景下，储能作为光伏和风电产业的最强辅助，成为新型电力系统中不可或缺的一环。根据 CNESA 的不完全统计，截至 2023 年 9 月底，中国已投运电力储能项目累计装机规模 75.2GW，同比增长 50%，2023 年前三季度，新增投运电力储能项目装机规模 15.8GW，同比增加 74%，2024 年储能行业有望延续高景气度。

2023 年储能相关政策密集发布，主要涉及储能发展规划、储能参与电力市场、促进新型储能发展等。其中分时电价政策提出优化分时电价机制，重点完善峰谷电价机制、建立尖峰电价机制、健全季节性电价机制。过去一年，全国各地大部分地区电价差基本呈现增长趋势，随着电力需求增加，电力能源结构转型的不断深化，预计未来峰谷价差有望呈现缓慢增长态势。

电化学储能系统按电池组可分为锂离子电池储能、钠离子电池储能、液流电池储能等类别，技术路线各有特点。其中锂离子电池储能系统在装机功率上占据绝对优势；钠离子电池具备成本优势，有望与锂电池互补；全钒液流电池是长时储能的代表，目前初始投资成本较高。

储能按照应用场景可以分为电源侧、电网侧、用户侧储能。其中电源侧、电网侧储能又称为大储，用户侧储能可分为工商业储能和家庭储能。国内装机形式以大储为主，未来独立储能有望成为大储主流形式，其收益模式包括容量租赁、现货套利、辅助服务、容量补偿，多个省份探索出三大创新商业模式；工商业储能盈利模式主要包括：峰谷套利、能量时移、需量管理、备电需求以及未来的电力现货市场套利及电力辅助服务，目前工商业经济性主要来自峰谷价差套利。此外，"虚拟电厂＋工商业储能"有望相互赋能，实现市场化与电力

系统加速融合；全球户储增速翻倍，欧洲是最大市场，目前欧洲户储去库将完成，产品逐步向一体机转变，企业盈利能力有望提升。

5.6.3 储能技术智慧化应用

储能技术的智慧化应用可以提高能源系统的可靠性、灵活性和效率。首先，可以实现对储能系统的实时监测和远程控制，提高系统的安全性和可靠性。其次，通过大数据分析和人工智能算法，可以对储能系统进行优化调度，实现电力系统的平衡和能源的高效利用。此外，智慧化应用还可以实现储能系统与电力网络的无缝连接，提升可再生能源的消纳能力和供需匹配。

储能智慧化应用主要依靠物联网技术可以实现对储能设备的实时监测和远程控制，建立起储能系统与能源管理中心的连接；依靠大数据分析可以处理海量的数据，提取有价值的信息，为储能系统的运行和调度提供支持；依靠人工智能技术可以构建预测模型和智能控制算法，在实时调度和运行策略上实现优化。

储能技术的智慧化应用将越来越成熟和普及，在实现可持续能源供应、构建智能电网方面具有广阔的前景。

1. 智能储能系统的原理和组成

智能储能系统主要包括能源储存设备、能量转换设备、能量管理系统和智能控制系统等组成部分。

（1）能源储存设备：智能储能系统采用多种储能方式，包括电池储能、压缩空气储能、液态盐储能等。其中，电池储能是最常用的方式，通过将电能转化为化学能进行储存，在需要能量时再将化学能转化为电能进行使用。压缩空气储能则是通过将空气压缩储存，在需要能量时再释放压缩空气驱动发电机发电。液态盐储能则是利用高温的液态盐在储存过程中吸热，释放热能时再驱动蒸汽发电机进行发电。

（2）能量转换设备：能量转换设备主要是将储存的能源转化为电能进行使用。根据不同的储能方式，能量转换设备也不同。例如，电池储能时，能量转化设备即为电池组，通过将化学能转化为电能输出。而在压缩空气储能时，能量转化设备即为压缩空气发电机组，将压缩的空气驱动发电机产生电能。

（3）能量管理系统：能量管理系统是智能储能系统的核心部分，通过采集能源产生和消耗的相关数据，对能源的供需进行分析和调度，实现能源的高效利用。能量管理系统可以根据能源需求和储能设备容量，对各个储能方式进行智能调度和控制。例如，在能量需求较高时，能量管理系统可以选择电池储能系统进行供能；而在能量需求较低时，可以选择压缩空气储能系统进行供能。

（4）智能控制系统：智能控制系统负责对智能储能系统的各个组件进行协调和控制，在能量管理系统的指导下，实现能源的精确控制。智能控制系统根据能量管理系统的指令，对能量转换设备、存储设备等进行智能化的控制和调度。

2. 智能储能系统的应用领域

智能储能系统具有广泛的应用前景，尤其在能源供应不稳定的情况下能够发挥重要作用。

（1）新能源发电场景：新能源发电具有不稳定性和间歇性的特点，智能储能系统可以对这些能源进行储存和调度，提高能源的利用率。例如，在风能发电领域，风能的波动性较大，通过智能储能系统，能够将风能储存起来，在需要时释放，实现平稳输送。

（2）微电网系统：随着分布式能源、微电网系统的发展，智能储能系统在实现能量平衡和稳定运行方面发挥重要作用。智能储能系统可以通过对微电网中各种能源的优化调度和储存，提高整个系统的供能可靠性和经济性。

（3）能量回收利用：智能储能系统可以对能量进行回收和利用，提高能源的利用效率。例如，在工业生产中产生的废热可以通过智能储能系统进行储存，再利用进行发电或供热，实现能源的综合利用。

3. 智能储能系统的前景与挑战

智能储能系统作为能源转型的关键技术之一，具有广阔的应用前景，可以为能源领域带来巨大的改变和发展。然而，智能储能系统在实际应用中仍面临一些挑战。

（1）储能成本：智能储能系统所需的设备和技术成本较高，使得智能储能系统的投资成本偏高。随着科技的不断进步和成本的逐渐降低，相信智能储能系统的成本会逐渐减少，从而实现广泛应用。

（2）能量转换效率：智能储能系统中能量的转换过程会存在一定的能量损失，导致能量转换效率不高。为了解决这个问题，需要提升能量转换设备的效率，并优化整个系统的能量流动路径。

（3）技术创新和标准制定：智能储能系统的发展需要不断的技术创新和标准制定，以适应不同应用场景的需求。此外，还需要建立统一的管理体系和监管机制，确保智能储能系统的安全和可靠运行。

智能储能系统通过人工智能技术和新能源技术的结合，实现能源的智能化管理和高效利用，具有广泛的应用前景。该系统可以将不稳定的新能源进行储存和调度，提高能源利用率，应用于新能源发电场景、微电网系统以及能量回收利用等领域。尽管智能储能系统还面临一些挑战，但随着技术的进步和成本的降低，相信智能储能系统将会成为能源转型的重要推动力量，实现可持续发展的目标。

新型储能是促进新能源规模开发利用、构建新型电力系统、助力实现碳达峰碳中和目标的关键技术和基础装备。新型储能的市场应用规模在稳步扩大，对能源转型的支撑作用在初步显现，储能的应用范围也在不断拓展，出现了大量的"新能源＋储能""互联网＋储能""分布式智能电网＋储能"等模式，多元化的应用场景在不断地涌现。

（1）零碳智慧园区＋储能。在"双碳"目标引导下，通过数字技术、低碳技术、能源科技等技术融合，最终实现园区绿色低碳发展是大势所趋。智慧园区作为产业升级转型的重要载体，近年来受到国家政策大力支持。

传统工业园区中设备较多，具有用电功率大、长时间高负荷、设备能耗大等特点。为达到减碳目标，智慧园区中可再生能源被大量使用，但由于其不稳定性，会导致供电不足或过剩的情况，这时就需要储能系统来调节供需电平。

在"智慧园区＋储能"模式下，储能系统可以收集太阳能、风能等多余的电力，然后在主要用电时间供应到电网。这样不仅能够稳定电网，储能系统可以在紧急情况下向电网提供备用电力来保证园区的正常运转。且我国工业园区有较高的电价差，适用于储能项目的峰谷套利。在零碳园区中，储能作为一种低碳、绿色的技术不仅可以解决能源存储问题，还可以推动能源行业的发展和转型。

（2）商业综合体＋储能。商业综合体的建设不仅满足了人们的消费需求，也提高了城市的经济水平和城市形象。为解决商业综合体带来的能源消耗问题，商业综合体节能储能充电一体化实施方案应运而生。

商业综合体节能储能充电一体化实施方案是一种综合性解决方案，包括节能、储能、充电三个方面。通过采用节能技术和设备，减少商业综合体的能源消耗；在商业综合体安装分布式新能源电站，通过储能设备将电能储存起来，供商业体使用，从而减少对传统能源的依赖。此外，通过储能设备，还可以在商业体的停车场、地下车库等地方设置充电桩，为新能源汽车提供充电服务。

（3）数据中心＋储能。在"双碳"战略实施下，低碳数据中心将是未来的发展趋势，"可再生能源＋储备合一＋虚拟电厂"，是数据中心可能实现碳中和的方式之一。通过数字化、智能化技术，使得分布式能源、储能、负荷深度融合，通过建立虚拟电厂上层平台的聚合作用，使得数据中心负荷、可再生能源发电、储能成为有机整体，达到区域内的自发自用、自我管理的能源自治域，真正实现碳中和数据中心。在此过程中，储能系统通过削峰填谷、容量调配等机制，提升数据中心电力运营的经济性，增强数据中心的供电可靠性，在低碳节能的同时，可有效防止数据中心偶然断电导致数据丢失，提高供电系统安全性及稳定性。

（4）光储充一体化。随着新能源汽车行业的快速发展，充电需求亦在同步增长，而目前我国的充电桩市场仍有极大空缺。作为绿色经济的一种新尝试，"光储充一体化充电站"具有广阔的发展前景。

光储充电站内集光伏发电、大容量储能电池、智能充电桩等多项技术于一体，利用电池储能系统吸收低谷电，并在高峰时期支撑快充负荷，为电动汽车供给绿色电能，同时以光伏发电系统进行补充，实现电力削峰填谷等辅助服务功能，有效减少快充站的负荷峰谷差，有效提高系统运行效率。

（5）城市轨道交通+储能。"交通+储能"模式主要应用在城市轨道交通中。城市轨道交通车站间距短，列车频繁启动、制动，是名副其实的"用电大户"。列车在制动过程中会产生数量可观的能量，据统计，轨道交通列车制动产生的能量可达到牵引系统耗能的20%~40%，若被充分利用，将显著降低轨道交通运营能耗。

飞轮储能是指利用电动机带动飞轮高速旋转，在需要的时候再用飞轮带动发电机发电的储能方式。技术特点是高功率密度、长寿命。应用飞轮储能技术后，快速行进的列车可以通过储能技术储存电能，在无接触网或紧急情况下释放电能，以保证正常行驶。

（6）5G基站+储能。近年来，我国扎实有序推进5G建设应用和创新发展，取得一系列成效。为满足日益增长的5G基站数量与用电需求，同时为了减少资源浪费，电化学储能系统凭借柔性、智能、高效的技术特点使得其成为5G基站备用电源的合适选择。

5G基站配储利用智能错峰，闲时充电、忙时放电，很好地解决了因供电问题导致5G基站建设无法顺利推进的痛点，有助于大力推广5G基站落地与6G技术发展。

（7）户用+储能。越来越多的家庭开始安装光伏电站作为用能补充或电费收入来源，配置储能电站成为保障家庭用电安全稳定的重要措施。

户用储能通常包括蓄电池、超级电容器和储热水箱等设备，可以将家庭自产的太阳能、风能等清洁能源进行有效的储存。这样做的好处是可以让家庭在需要时自给自足，同时也可以将多余的电力出售给电网，从而获得一定的经济收益。

户用储能可以帮助家庭自给自足，不再依赖于电网，从而降低家庭用电成本。除了自给自足，户用储能还可以将多余的电力出售给电网，从而获得一定的经济收益。在电力质量差的时候，还能通过储存电能和提供电力支持等方式，提高电力质量。

（8）微电网＋储能。为维护国家主权完整，我国大力发展海岛建设。这些海岛生活着少数居民、守岛民兵，也有移动信号发射基站、海事雷达站等用电设备，在恶劣的自然环境下，常规的光伏发电或风力发电无法在这种场景下为海岛提供稳定可靠的电能。

在这种海岛上安装离网型智能海岛微电网，利用能源管理系统精确协调控制发电、储能、用电工况，灵活调配各用户的连接方式，实现"源－网－荷－储"协调控制和经济运行。离网型智能海岛微电网不仅解决了岛上居民的用能难题，为海岛及海洋开发保护提供了供电保障，也为智能海岛微电网建设提供了技术范本。

（9）矿区＋储能。如石油勘探、煤矿等地区，无可靠固定、可连续供电的经济型电源。配置储能系统后，当电网侧发生故障或正常检修需要停止供电时，负荷侧由电池系统通过储能变流器将电池系统中的直流转换为交流为用户侧供电。在正常运行的过程中，用户侧从电网侧取电的时间段同电池组储能的时间段由系统控制器根据用电计费的峰、平、谷时段合理分配。

海上油田电网为典型的孤岛电网，电源容量小，负荷容量大，大负荷启动瞬间以及电网故障会造成较大的频率波动。配置储能即可有效提升电力系统调频性能，保持频率稳定。

（10）应急储能电源。高功率应急储能电源是新能源电池行业的一个细分领域，可简单理解为"超大号的充电宝"，其中便携式储能电源可应用于房车旅行、夜间垂钓、户外露营等户外场景。此外，在电网供电系统发生故障的情况下，应急储能电源可为应急救援提供电力保障，可用于抢险、医院备用电源等多种场景。

第6章
能源智慧化安全体系

随着当今社会对能源需求的增长，能源系统的复杂性和规模也在不断扩大，同时，能源系统的数字化、智能化发展也在日新月异。在这种趋势下，能源智慧化安全体系的重要性日益凸显，成为必须关注和重视的重要课题。任何一点微小的安全隐患，都可能导致整个能源系统的运行出现故障，甚至可能引发严重的安全事故。因此，建立健全能源智慧化安全体系，实现能源系统的全方位保护，已经成为当务之急。

能源互联网安全架构如图6-1所示，本章将从设备安全、控制安全、网络安全、应用安全和数据安全等多个重要方面，全面深入地介绍能源智慧化安全体系的架构。每一个环节都是能源智慧化安全体系的重要组成部分，都承载着保障能源系统安全运行的重要职责。设备安全关注的是所有与能源系统相关的设备的安全问题；控制安全则专注于对能源系统控制层的保护；网络安全主要解决数据在传输过程中的安全难题；应用安全主要关注能源系统中各种应用软件的安全问题；而数据安全则重点保护能源系统中的数据信息安全。

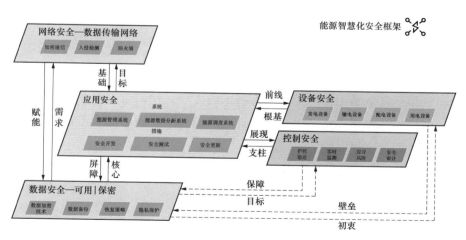

图6-1　能源互联网安全架构

能源智慧化安全体系不仅是一个单一的体系，而是一个涵盖多个领域，具有全面性、系统性的保护体系。只有完全理解并熟知这个体系的各个环节，才能更好地

构建和维护能源智慧化安全体系，为我国的能源产业发展提供坚实的安全保障。

6.1 面临的安全威胁现状

如今，我们正处在一个科技迅猛发展的时代，能源智慧化作为科技进步的重要表现形式，其重要性日益凸显。智慧能源系统通过先进的信息技术、互联网技术和通信技术，实现能源生产和消费的高效管理，极大提高了能源生产效率，降低了能源消费，提高了环境质量，促进了经济社会的可持续发展。

然而，新的技术带来方便和效益的同时，也带来了新的安全威胁和挑战。例如，智慧能源系统中的数据和信息安全问题、系统运行稳定性问题及网络攻击等问题，都可能对能源智慧化的正常运作造成严重威胁。这些威胁不仅可能影响到智慧能源系统的正常运行，甚至会对国家安全、社会稳定、经济发展等产生重大影响。

因此，构建和完善能源智慧化安全体系的重要性不言而喻。需要大家从政策制定、技术创新、人才培养、风险防控等多个层面，共同应对这一挑战，保证能源智慧化的安全稳定发展。需要大家通过制定和完善相关政策法规，建立健全的应急响应机制，提高人员的安全意识和技能水平，推动技术创新和应用等，共同构建起一套健全的能源智慧化安全体系。

面对这一挑战，需要全社会的共同参与和努力。只有这样，才能在享受能源智慧化带来的便利和效益的同时，有效应对其带来的安全威胁，确保能源系统能够安全、高效、可持续地运行。

6.1.1 安全威胁的类型和手段

在 21 世纪的今天，随着科技的不断进步，生活在许多方面都发生了翻天覆地的变化。特别是，在能源利用方面，智慧能源不再是遥不可及的概念，而是已经深入到日常生活中。然而，随着技术的发展，我们也面临着新的挑战，其中之一就是网络安全攻击。尤其是，针对能源智慧化网络的攻击，已经成为全球范围内的严重问题。

过去几年中，全球发生了多起大规模的能源网络攻击事件。例如，2016 年，美国的一家电力公司遭受了一次严重的网络攻击，导致了大范围的停电事件。2017 年，英国的国家健康服务系统（NHS）因为勒索软件攻击，导致许多医院的 IT 系统瘫痪，严重影响了医疗服务。2018 年，丹麦的一家船运公司在遭受网络攻击后，损失了大约 3 亿美元。2019 年，一场针对南非能源供应商的网络攻击，导致约 1020 万用户在数小时内断电。这些事件不仅引起了严重的经济损失，而且还对人们的生活带来了严重的影响。

网络攻击的手段多种多样，包括恶意软件攻击、社交工程攻击、物理攻击和供应链攻击等。黑客们的狡猾之处在于，他们不断寻找新的攻击点，以期在防御中找到破绽。例如，他们会通过电子邮件、社交媒体、云服务等方式，将恶意软件传播至能源系统的各个环节，从而窃取数据或破坏系统。黑客们还会利用社交工程手段，通过欺诈、威胁、贿赂等方式，骗取员工的登录凭证，直接进入内部网络。

在网络攻击的情况不断加剧的同时，我们也看到了全球能源智慧化网络的快速发展。根据一项统计，2015 年，全球能源智慧化网络的市场规模约为 1000 亿美元。到了 2020 年，这个数字预计将增长到 3000 亿美元。然而，随着网络的普及和使用量的增加，网络攻击的数量也在同步增长。根据 CNVD 国家信息安全漏洞共享平台官网的数据显示，如图 6-2 所示，截至 2023 年 11 月 28 日，CNVD 历年工控系统漏洞数量，在创新和发展智能能源技术的同时，我们也必须时刻警惕网络安全的威胁，并建立健全的防御机制。

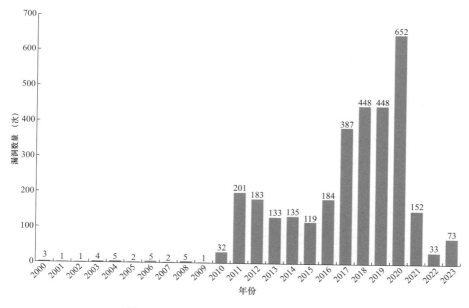

图 6-2　CNVD 历年工控系统漏洞数量图

6.1.2　安全威胁的主要原因分析

1. 技术漏洞

随着能源智慧化技术的快速发展，技术漏洞成为安全威胁的一个重要原因。系统的复杂性使得在设计和实施过程中，很可能会存在一些未被发现的漏洞。

黑客和恶意攻击者可能利用这些漏洞，通过网络侵入系统，盗取敏感数据，甚至接管整个能源系统。因此，防范技术漏洞就需要制定严格的技术标准，及时更新系统，修补安全漏洞。

2. 人为因素

人为因素包括误操作和内部恶意行为两部分。误操作往往源于员工的疏忽或不熟悉操作程序，而内部恶意行为则可能出于各种个人动机。防范人为因素的安全威胁，需要加强员工的安全培训，提高他们的安全意识。同时，建立严格的内部监控机制，防止内部人员的恶意行为。

3. 网络攻击

网络攻击是能源智慧化安全威胁的另一个重要原因。网络攻击主要包括 DDoS 攻击、恶意软件攻击等。DDoS 攻击会导致能源系统服务中断，恶意软件则可以窃取重要信息，甚至控制整个系统。防范网络攻击，需要配置防火墙、入侵检测系统等安全设备，同时定期进行网络安全审计，及时发现并解决安全问题。

6.1.3　能源智慧化安全的要求与技术措施

智慧能源系统的快速发展，无疑为生活带来许多便利。然而，在享受这些便利的同时，我们也必须面对伴随其而来的一系列安全问题。因此，建立一套全面的能源智慧化安全体系，对于保障能源智慧化的正常运行具有重要意义。

1. 安全要求

系统稳定性：任何一个智慧能源系统，无论其规模大小，都必须具备强大的系统稳定性。这要求系统能够在任何情况下稳定运行，不受内部设备故障、外部攻击等因素的影响。一旦系统稳定性受到威胁，可能会导致整个能源供应链的瘫痪，造成严重的社会影响。

数据安全：在能源智慧化中，数据是构建智能决策、进行精细化管理的重要基础。因此，如何保障数据的安全性，防止数据泄漏、被篡改或非法使用，是智慧能源系统必须重视的问题。

抵抗能力：智慧能源系统应具备对各种突发事件的抵抗能力，如自然灾害、网络攻击等。对于这些不可预测的因素，系统应当具备足够的弹性和可恢复性，以确保在极端情况下也能保证能源供应的稳定。

安全标准遵循：智慧能源系统应遵循所有相关的安全标准和法规要求，包括国家级别的标准、行业的最佳实践等。

2. 技术措施

防火墙与入侵检测系统：利用防火墙和入侵检测系统来增强系统的网络防

护能力。防火墙可以阻止未经授权的访问，而入侵检测系统可以实时监控网络活动，及时发现并处理潜在的威胁。

数据加密与备份：对所有敏感数据实施加密措施，避免数据在传输过程中被截获或泄露。同时，定期进行数据备份，确保在系统故障或其他突发情况下能迅速恢复数据。

物理设备保护：对重要设备进行物理级别的保护，如使用专业的设备柜来存放设备，设置防火、防盗等安全设施。

系统冗余设计：通过冗余设计，提高系统的稳定性与抵抗力。冗余设计可以确保当某一部分系统出现故障时，其他部分可以正常工作，从而避免整个系统因一点故障而瘫痪。

应急预案：针对各类可能出现的安全问题，制定下翔实的应急预案。这包括设定应急响应流程，预设应急处理方案，定期进行应急演练等，以确保在真正的危机发生时，能迅速有效地进行处理。

3. 前瞻性技术措施

AI 技术：引入人工智能，实现对能源智慧化安全的智能预警和自动处理。AI 可以学习并预见潜在的风险，提前采取防范措施，降低安全风险。

区块链技术：区块链的分布式特性和不可篡改的交易记录，可以用于提升数据的安全性和透明度。

6.2 设备安全

能源产业中各类设备的安全性能，包括发电设备、输电设备、配电设备以及用电设备等。采取严格的设备安全标准和安全防护措施，确保设备安全可靠运行，防止设备故障、人为破坏等安全事故的发生。

6.2.1 智慧化能源设备的构成与特点

智慧化能源设备的构成部分包括传感器、控制器、通信设备和能源转换设备。传感器是智慧化能源设备的数据采集部分，主要负责获取设备运作过程中的相关信息，如电流、电压、温度、湿度等。传感器能实时监测设备运行状态，以及环境变化，将这些信息转换为电信号，传输给控制器。控制器是设备的控制中心，负责接收传感器传来的数据，进行分析处理，并根据预设的控制策略，发出控制指令，调整设备运行状态，确保其正常、安全、高效地运行。通信设备是设备的信息传输部分，将控制器的指令发送到设备的各个部分，实现各部件的协同工作。同时，通信设备也可以将设备的运行数据发送到远程监控中心，

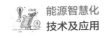

实现设备的远程监控和维护。能源转换设备是将输入的能源转换为设备所需形式的部分。例如，太阳能电池将太阳能转换为电能，燃气轮机将燃气的热能转换为机械能。

智能能源设备的主要特点有：

（1）自动化程度高：可以实现设备运行状态的实时监测和自动控制，无需人工干预，大大降低了误操作的可能，提高了设备的工作效率。

（2）能源利用效率高：可以根据实时需求和环境条件，自动调整能源供应和消耗，避免了能源的浪费，提高了能源利用率。

（3）运行安全可靠：可以实时监测设备的运行状态，及时发现并处理异常情况，预防设备故障，确保设备运行的安全性。

（4）远程监控和维护：通过通信设备，实现对设备的远程监控和维护，降低了维护成本和复杂性。

（5）易于升级和扩展：设计采用模块化的方式，方便进行设备的升级和扩展。

（6）数据采集和分析：利用传感器和通信设备收集的大量数据，可以进行深度分析，以优化设备的运行性能和能源利用率。

6.2.2 智慧能源设备的安全防御措施

保护智慧能源设备的安全，需要从多个方面进行防御，包括物理安全、网络防御、数据防御、安全管理等方面，其架构如图6-3所示。

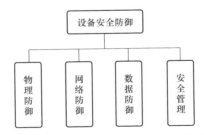

图6-3　智慧能源设备的安全防御措施

1. 物理防御

物理防御主要是指设备的物理构造和外部保护。设备的外壳应由高强度、抗冲击的特殊合金材料制成，以防止物理攻击。外壳的设计也应考虑尽可能地降低设备的破坏。此外，设备还应具备一定的防尘、防水和抗腐蚀性能，以适应各种环境条件。

设备的内部设计也应考虑防护问题，例如，应有防震措施防止设备在震动环境中工作时受到损伤。电路设计则应具有防静电、防过压、防过流等保护机制，以防止电路损坏。设备的电源部分应具备防雷击和防电涌功能，以防止设备因电源问题而损坏。

2. 网络防御

智能能源设备通常通过网络与其他设备进行交互，因此网络防御是非常重要的。首先，设备应有严格的网络访问控制机制，只有授权的用户和设备才能访问设备的网络服务。设备还应使用防火墙等工具，监控和控制网络访问行为，防止未经授权的访问和攻击。

网络数据的加密是另一个重要的防护措施，通过数据加密，可以保证数据在网络传输过程中的安全性，防止数据被窃取或篡改。此外，设备还应使用网络隔离等技术，将设备与外部网络隔离，降低设备被攻击的风险。

3. 数据防御

数据防御主要包括数据的存储、传输和处理的安全性。在存储方面，应使用冗余存储和分布式存储等技术，防止数据丢失。在传输方面，应使用数据加密技术，确保数据在传输过程中的安全性。

在数据处理方面，应使用数据完整性检查等技术，防止数据在处理过程中被篡改。此外，设备还应有严格的数据访问控制机制，只有授权的用户和设备才能访问和处理数据，防止数据泄漏。

4. 安全管理

安全管理是通过人员和组织的行动，保证设备的全面安全。设备应有专门的安全管理团队，负责设备的安全策略制定、安全教育培训、安全监控和审计等工作。安全管理还包括设备的安全更新和维护，这是保证设备安全的重要措施。设备应定期进行安全检查和维护，及时修补安全漏洞，更新安全策略。此外，安全管理还应包括应急响应，当设备发生安全事件时，应能迅速响应，及时处理，最大限度地减少损失。安全管理是设备安全防护的最后一道防线，也是最重要的防线。

6.2.3　智慧能源设备的威胁检测和应对

1. 设备损坏的检测与应对

设备损坏可能是由设备老化、操作不当或环境因素导致。设备状态监测是最直接的检测方式，可以通过监测设备的运行数据，例如温度、电流、电压等，实时掌握设备运行状况。例如，温度监测可以帮助发现设备是否在正常工作温度范围内，电流和电压监测可以帮助发现设备是否在正常工作电流和电压范围

内。设备管理系统可以设置阈值，当设备参数超出阈值范围时，系统会自动发出警报，及时通知维修人员进行维修。同时，定期对设备进行维护和保养也是预防设备损坏的重要手段。例如，可以定期清理设备内部的灰尘，检查设备的机械部分是否正常等。

2. 网络攻击的检测与应对

网络攻击通常有两种形式，一种是拒绝服务攻击，另一种是数据篡改攻击。拒绝服务攻击主要是通过大量无效请求占用设备资源，使设备无法正常工作。例如，攻击者可能会发送大量的数据包到设备，导致设备无法处理正常的网络请求。数据篡改攻击则是通过篡改设备的控制指令或数据，影响设备的正常运行。例如，攻击者可能会修改设备的控制指令，使设备按照攻击者的意愿进行操作。对于这两种攻击，可以通过网络流量分析和日志审计进行检测。网络流量分析可以发现异常的数据包流量，例如，如果某个设备突然接收到大量的数据包，这可能是拒绝服务攻击的迹象。日志审计可以发现非法的设备操作，例如，如果某个用户在短时间内执行了大量的操作，这可能是数据篡改攻击的迹象。一旦发现网络攻击，可以通过升级设备的防火墙，增加安全认证，甚至断开网络连接来阻止攻击。

3. 数据泄露的检测与应对

数据泄露通常是由于设备的安全漏洞或恶意软件引起的。例如，设备的操作系统可能存在漏洞，攻击者可以利用这些漏洞窃取数据；或者，设备可能被恶意软件感染，恶意软件会窃取设备上的数据。对于这种威胁，需要对所有敏感数据进行加密，并且限制对数据的访问权限。数据加密可以保护数据在被窃取后仍然不能被读取，访问权限控制可以阻止无权限的用户访问数据。此外，还需要建立数据泄露应急响应机制，一旦发现数据泄露，应立即采取措施，如隔离网络，更改密码，甚至是物理销毁设备，阻止数据泄露的进一步发展。

在实际应用中，需要根据具体设备的特性和应用环境，结合多种检测和应对策略，构建出适合自己的威胁检测和应对方案。只有这样，才能确保智慧能源设备的安全和稳定运行。同时，也需要定期对设备进行安全评估和风险评估，以便及时发现新的威胁和漏洞，从而进一步优化威胁检测和应对方案。

6.2.4 智慧能源设备的安全认证和标准

智慧能源设备的安全认证及相关标准是产品质量的重要保障，这些标准的设定和实施是确保设备的性能、环境适应性和安全性等多个方面都符合设计目标和用户需求的关键。只有符合这些标准的设备，才能保证在使用过程中的安全和性能，才能真正满足用户的需求和期望。

设备安全标准主要指导设备的设计、生产和使用，确保设备在各种环境和条件下的安全性能。例如，国际电工委员会（IEC）的 IEC 62368 标准对于电子设备的电气安全设定了明确的规定。在国内，国家标准化管理委员会发布了一系列与设备安全相关的标准，比如 GB 21455—2019《房间空气调节器能效限定值及能效等级》这个标准，这是针对家用空调器及类似用途空调器设定的能效优化标准，规定了设备的能效限定值和能效等级，指导和规范了设备的能效设计和生产。通过这个标准，可以确保设备的能效符合要求，实现节能减排，保护环境。IEC 62040 是关于不间断电源系统（UPS）的标准，这个标准主要关注 UPS 设备在提供电力的过程中的安全性和性能。它规定了设备的性能要求和测试方法，确保设备在工作时能保证电力的稳定供应，不会因为电力问题影响用户的正常使用。在环境适应性方面，GB/T 5169（所有部分）《电工电子产品着火危险试验》规定了电子、电气产品的环境试验方法，这个标准是为了确保设备在各种环境下都能正常运行，不会因为环境变化影响设备的性能和使用寿命，通过这个标准，可以确保设备的稳定性和可靠性。另外，GB/T 9254（所有部分）《信息技术设备、多媒体设备和接收机　电磁兼容》是针对信息技术设备的电磁辐射骚扰限值及测量方法的标准，这个标准主要是为了保护用户和周围环境，避免电磁辐射产生不良影响。通过这个标准，可以确保设备的电磁辐射符合限值，不会对周围环境和人体健康产生影响。在设备的设计、生产、使用过程中，GB/T 2423（所有部分）《电工电子产品环境试验》的规定是必须遵守的，这是电子、电气产品的基本环境试验程序标准，它规定了设备的生产和使用过程中必须进行的环境试验，以确保设备在各种环境下都能正常工作。IEC 61000 是电磁兼容性（EMC）标准，这个标准包括了设备的辐射和抗干扰性测试，要求设备在实际运行过程中不会对电网产生干扰，同时也能抵抗电网的干扰。

除了上述安全标准外，智慧能源设备还需要通过安全认证，例如 CE 认证、FCC 认证和 CCC 认证等。这些认证程序对设备进行全面评估，确认其安全性能是否符合相关标准。通过认证的设备不仅证明其安全性能合格，也能增加用户的信任度。

这些安全认证和标准覆盖了智慧能源设备的安全性、性能、环境适应性等多个方面，并为设备的设计、生产及使用过程提供了具体指导。这些标准的设定和实施，有效降低了设备使用过程中的潜在安全风险，提高了设备的安全质

量，保障了消费者的权益。同时，也推动了智慧能源设备行业的健康发展，促进了产品的创新和改进。

6.3 控制安全

能源智慧化控制安全着重于保护能源系统的控制层，确保监控和控制系统的正常运行。针对控制系统可能面临的安全威胁，采用有效的安全技术和管理手段，如实时监测、访问控制和安全审计等，减少安全风险。主要从控制协议安全、控制软件安全、控制功能安全三个方面考虑，可以进行协议安全加固，软件安全加固，补丁升级，漏洞修复和安全监测审计等。

6.3.1 控制协议的安全

控制协议是在设备和系统之间传递和交换信息的重要工具，它们对于设备的控制和调度至关重要，是能源智慧化系统中的核心组件。其中，较为常见的控制协议包括 Modbus、Profibus、Industrial Ethernet 和 DeviceNet 等。这些协议都有各自的特点和应用领域，但同时，它们也面临着诸多的安全问题。

首先，尽管控制协议在能源智慧化系统中起着非常重要的作用，但在设计和使用过程中，常常会忽视对协议的安全问题，特别是在数据传输和设备控制的过程中，如数据泄露、网络攻击等安全问题。

1. 控制协议的安全问题分析

在控制协议的使用过程中，数据泄露无疑是最常见的安全问题之一。由于很多控制协议没有足够强大的认证和加密机制，因此在数据传输过程中，攻击者可以轻易地嗅探和分析网络流量，进而获取一些重要的控制信息。这些信息一旦被攻击者获取，就可能引发一系列的安全问题，如设备被非法控制，甚至系统遭受破坏。

另外，网络攻击也是控制协议常面临的安全问题。在能源智慧化系统中，攻击者可以利用控制协议的漏洞，发起各种网络攻击，如拒绝服务攻击（DoS）、中间人攻击（MiTM）以及欺骗攻击等。这些攻击不仅会扰乱设备的正常运行，更有可能导致整个能源系统的瘫痪，从而对能源的供给形成严重影响。

因此，必须认识到控制协议的安全问题，及时发现并解决这些问题。解决的方式就是通过增强控制协议的安全性，包括加强认证和加密机制，防止数据泄露，以及及时更新和修补协议的漏洞，以防止网络攻击。

2. 安全控制协议的设计与优化

设计和优化安全控制协议是解决上述问题的有效手段。在设计阶段，我们需要充分考虑协议的安全性，这包括但不限于在协议中加入强大的认证和加密机制，以防止数据泄露，同时也需要在设计过程中预见并防止可能的网络攻击。

对于已经存在的协议，需要定期进行优化和更新。随着技术的发展和攻击手段的变化，需要时刻保持警惕，及时发现和修补协议的漏洞。

此外，还需要建立一套有效的监控机制，以监控控制协议的运行状态，及时发现并处理可能的安全问题。这个监控机制不仅包括技术层面的监控，也包括管理层面的监控，两者相辅相成，共同保障能源智慧化系统的稳定和安全运行。

总的来说，通过上述的设计、优化和监控，可以有效地提高控制协议的安全性，进而保证能源智慧化系统的稳定和安全运行。

6.3.2 控制软件的安全

控制软件在能源智慧化中发挥着核心作用，它将大量的数据、设备和流程进行有效整合，实现了数据的实时采集、处理和分析，以及自动化的运行控制，有效提高了能源系统的效率和可靠性。然而，随着能源系统的智慧化、网络化和复杂化，控制软件的安全问题也日益突出。如何保障控制软件的安全，对能源智慧化的稳定运行至关重要。

1. 控制软件的安全威胁

控制软件的安全威胁多种多样，包括但不限于以下几类：

（1）恶意软件攻击：恶意软件，如病毒、蠕虫、特洛伊木马等，可以通过网络传播，对控制软件造成破坏。一旦控制软件被恶意软件感染，可能导致能源系统运行异常，甚至停机，对生产和用电安全构成威胁。

（2）代码注入：黑客通过注入恶意代码，可以篡改控制软件的执行流程，使其按照黑客的意图运行，例如关闭保护设备、改变设定值、篡改历史数据等，引发严重的安全事件。

（3）权限滥用：不论是内部人员还是外部攻击者，只要获得了控制软件的操作权限，都可能对软件进行恶意操作，使能源系统运行失控。

2. 控制软件的安全防护技术

要防止控制软件受到上述威胁，需要采取一系列的安全防护技术：

（1）防火墙：防火墙可以阻止非法的网络访问和数据传输，保护控制软件的运行环境。对于进出控制软件的网络数据，防火墙可以进行深度包检查，阻止含有恶意代码的数据包通过。

（2）密码保护：对控制软件的操作应设置密码，并定期更换。密码应使用足够复杂的组合，防止被猜测或暴力破解。

（3）加密技术：对控制软件中的敏感数据和关键操作，需要采用加密技术进行保护。例如，可以采用公钥/私钥加密技术对数据进行签名和验证，防止数据被修改或伪造。

3. 控制软件的安全管理与审计

控制软件的安全防护技术虽然重要，但仅靠技术手段是无法彻底防止攻击的。因此，还需要建立一套完备的安全管理体系，进行有效的安全管理和审计：

（1）定期更新和维护：软件的安全漏洞是攻击者最乐于利用的破绽。因此，必须定期更新控制软件，修复已知的安全漏洞，并定期进行维护，确保软件运行稳定。

（2）权限管理：授予用户最小必要权限，即只给用户授予他们完成工作所必需的权限，对不同的用户进行角色分配，并严格进行权限控制。

（3）安全审计：定期进行安全审计，检查控制软件的运行状态，发现并处理可能的安全问题。审计内容包括用户行为、系统事件、配置变更等。

（4）应急预案：制定应急预案，对突发的安全事件进行快速和有效的处理，最大程度地减少损失。同时，还应进行定期的应急演练，提高应对突发事件的能力。

6.3.3 控制功能安全

控制功能在能源智慧化中的应用极为广泛，涵盖了能源生产、传输、分发和消费等各个环节。例如，传感器和执行器是实现控制功能的基础设备，而控制器则是连接这些设备并进行指令下发和数据处理的核心。在这个过程中，可能存在各种安全风险，如设备失效、网络攻击、数据丢失或泄露、非授权访问等。因此，控制功能安全的主要目标就是通过各种手段和技术，确保控制功能的正常运行，并防止这些安全风险。

1. 控制功能的安全需求

控制功能的安全需求主要包括数据保护、用户验证和系统稳定性。数据保护是保障控制功能安全的基础，需要通过数据加密、备份和恢复等手段来防止数据丢失和泄露。用户验证则是为了防止非授权访问，需要通过用户身份验证、权限管理等手段来确保只有合法用户才能访问和操作系统。系统稳定性则是保证控制功能持续可用的关键，需要通过冗余设计、故障切换、异常处理等手段来提高系统的鲁棒性和可靠性。

2. 控制功能的安全设计

在控制功能的安全设计阶段，需要从数据保护、用户验证和系统稳定性等安全需求出发，采用公认的安全设计原则和方法。例如，最小特权原则要求每个用户和程序只拥有完成其任务所必需的权限，防御深度原则则要求在多个层次上部署防御措施，形成防御深度。此外，还需要使用威胁模型、安全需求分析等工具和方法，帮助识别和解决潜在的安全问题。

3. 控制功能的安全测试与验证

控制功能的安全测试与验证是一种持续的过程，需要针对每个安全需求设计和执行一套完整的测试案例。如果在测试过程中发现问题，需要记录并详细分析问题的原因，然后采取修复措施。修复后，还需要重新执行测试，验证问题是否已被成功解决。此外，还需要定期进行安全审计和评估，以确保控制功能的安全性始终得到保障。

6.4 网络安全

能源智慧化网络安全是保障能源系统稳定运行的重要基础。随着能源系统的智能化和数字化，网络安全问题显得尤为重要，它不仅关乎能源资产的保护，包括实物资产如能源设备、输电线路等，以及数据资产如能源生产数据、消费数据、设备数据等，防止它们被破坏或窃取，以保证能源企业的正常运营及利益。更重要的是，它直接影响到能源供应的稳定性，一旦系统出现安全问题，可能导致能源供应中断，影响社会稳定和经济运行。另外，大量的用户信息、能源消费数据、设备状态数据等在智慧能源系统中网络传输，如果网络安全得不到保障，这些数据很可能被窃取，给用户带来安全隐患，同时也会影响整个能源系统的稳定运行。同时，网络安全技术还能有效提升能源系统的安全防护能力，防止外部攻击，减小内部风险，提高能源系统的可靠性和稳定性。因此，能源智慧化网络安全对于整个能源智慧化系统的稳定运行具有不可忽视的重要性。

6.4.1 网络安全的概念

网络安全是指对能源智能化生产与应用的内外网络以及标识解析系统等的保护工作。它是保证智能化生产稳定运行，防止故障，减少经济损失的重要环节。随着技术的持续演进，内部网络已经不再仅局限于传统的模式，而是走向了 IP 化、无线化、全局化等多元化的发展。

内部网络的安全主要体现在对网络设备、服务器和应用的保护上，包括防止未经授权的访问，保护数据不被泄露，以及防止设备被破坏。外部网络的安全则需要处理来自互联网的各种威胁，包括恶意软件、网络钓鱼攻击以及各种网络入侵等。标识解析系统是能源互联网中的关键组成部分，它将标识（如网址）解析为可以被计算机理解的地址（如 IP 地址）。由于标识解析系统直接影

响到整个网络的可访问性，因此，保护标识解析系统的安全至关重要。

6.4.2 常见的网络安全威胁

随着能源互联网行业以一种前所未有的速度和规模蓬勃发展，网络安全威胁已经呈现出了新的形态和特点。这些新的威胁多元且复杂，其中包括 IP 欺骗攻击、嗅探攻击、基于 IP 协议的拒绝服务攻击以及 DDoS 攻击等。这些威胁的出现，相当程度上是由于网络环境的动态性和复杂性，以及传统网络协议被以太网或基于 IP 的协议所取代的现象，使得网络环境变得非常脆弱。

（1）IP 欺骗攻击是一种非常普遍的网络攻击方式。攻击者通过伪造 IP 地址来误导网络中的其他用户或设备，使他们误认为这个伪造的 IP 地址是合法的，从而达到欺骗的目的。这种攻击方式狡猾且难以防范，严重威胁到网络的正常运行和数据安全。

（2）嗅探攻击也是一种常见的网络攻击方式。攻击者通过监听和捕获网络上的数据传输，获取敏感信息，例如密码、信用卡号等。嗅探攻击的狡猾之处在于，攻击者的行为常常在无形中进行，受害者往往在丧失敏感信息后才能察觉。

（3）基于 IP 协议的拒绝服务攻击的威胁也呈现出上升的趋势。这种攻击方式是通过发送大量虚假请求，以达到过载网络资源的目的，导致合法用户无法正常使用网络服务。这种攻击方式的恶劣之处在于，它会使网络资源雪上加霜，直接影响到网络的稳定性和连通性。

（4）DDoS 攻击也是现代网络安全中的重大威胁。DDoS 攻击通常是通过大量的网络请求，使目标服务器无法处理合法用户的请求，从而达到拒绝服务的效果。这种攻击方式的破坏性非常强，因为它不仅影响到合法用户的正常使用，而且可能会给目标服务器带来严重的硬件损害。

（5）由于网络的动态性和复杂性，如何制定有效的接入控制策略，如何应对未知的安全威胁，这些问题都给当前的安全策略带来了巨大的挑战。对于这些问题，我们需要进行深入的研究和探讨，不断提高我们的防御策略，以便更好地应对未来可能出现的新型网络安全威胁。

6.4.3 网络安全漏洞挖掘与利用技术

随着能源智慧化发展的不断深入，网络安全问题日益突出，对能源系统的安全、稳定运行产生严重影响。因此，深入研究能源智慧化网络安全漏洞挖掘与利用技术，对于提高能源系统的安全性具有重要意义。

1. 能源智慧化网络安全漏洞挖掘技术

（1）静态分析：静态分析是通过对源代码、字节码或二进制代码的检查和解读来发现潜在安全隐患。此方法不需要执行代码，而是分析代码的结构、数据流和控制流程，以及各种属性和约束条件。静态分析的主要目标是识别出可能导致系统运行异常、数据泄露或损坏的代码片段，包括但不限于缓冲区溢出、空指针引用、未初始化的变量和未经验证的输入等。为了提高静态分析的效率和准确性，研究者可以使用自动化工具，如代码审查工具、编译器插件、静态分析库等。

（2）动态分析：动态分析是在运行时对程序的行为进行观察和分析，从而发现安全漏洞。与静态分析不同，动态分析需要执行代码，并通过模拟用户交互或系统事件来触发潜在的漏洞。动态分析的主要方法包括模糊测试、故障注入、运行时验证等。模糊测试是一种将随机或半随机数据输入程序的方法，通过监控程序在不同输入下的表现，来发现可能导致崩溃、死锁或其他异常行为的漏洞。动态分析可以发现静态分析无法检测到的安全漏洞，并有助于验证静态分析结果的正确性。

2. 能源智慧化网络安全漏洞利用技术

（1）漏洞修复：针对已经发现的安全漏洞进行修复，是防止这些漏洞被恶意攻击者利用的关键措施。漏洞修复的方法包括更新软件版本、更改配置设置、修改源代码或二进制代码等。修复过程中需注意遵循安全编码规范，避免引入新的漏洞。同时，需要对修复的漏洞进行验证，确保修复有效且无副作用。

（2）系统加固：为了防止新的漏洞出现，需要对能源智慧化网络进行全面的系统加固。这包括了访问控制、防火墙设置、入侵检测系统、安全审计和日志分析等方面。通过设置严格的访问控制策略，防止未经授权的访问和操作；配置防火墙，限制非法的网络流量；部署入侵检测系统，实时监控并报警潜在的攻击行为；进行安全审计和日志分析，检查系统运行状态和异常事件，从而提高系统的整体安全性。

（3）漏洞预警：对于已知但尚未修复的漏洞，需要设置漏洞预警系统，以提醒相关人员注意并及时处理。漏洞预警系统可以通过邮件、短信和其他通知方式，告知相关人员漏洞的详细信息、危害程度和修复建议。此外，组织应定期对系统进行安全评估，发现新的漏洞并进行修复，防止漏洞长时间处于未修复状态。

（4）安全培训与教育：加强能源系统相关工程师的安全培训与教育，提高他们对网络安全的认识和处理能力。培训内容包括安全编码规范、安全测试方法、漏洞修复和系统加固等方面。通过培训，使工程师能够识别和处理潜在的

安全问题，降低因人为操作失误导致的安全事件发生概率。

（5）应急响应机制：建立健全的应急响应机制，包括安全事件报告、安全事件处理流程、事件恢复和事后总结等环节。一旦发生安全事件，组织能够迅速响应并采取措施控制损失。安全事件报告要求员工在发现问题后及时上报，事件处理流程要求有明确的责任分工和应对措施，事件恢复要求尽快恢复系统正常运行，事后总结要求分析事件原因和教训，避免类似问题再次发生。

6.4.4 网络安全防护技术

在全球化的今天，随着科技的快速发展，信息化和网络化已经成了社会发展的主要趋势，同时也引发了一系列的网络安全问题。能源智慧化技术作为一种新兴的能源生产和管理模式，同样面临着严峻的网络安全挑战。

能源智慧化技术通过综合利用信息技术和通信技术，实现了对能源系统的智能监控和精确管理。然而，这也意味着能源系统的运行状态、生产数据、用户信息等大量敏感信息也存在于网络之中，一旦发生网络攻击或者数据泄露，将对能源系统的稳定运行和用户的利益造成严重影响。此外，随着能源系统的规模扩大和功能复杂，其网络结构也变得越来越复杂，对网络安全的要求也越来越高。一方面，需要防止外部攻击者通过网络入侵能源系统，窃取或篡改数据；另一方面，也需要防止内部人员的误操作或恶意行为导致系统安全问题。因此，对于能源智慧化技术来说，网络安全不仅是技术问题，更是关系到能源系统运行安全、数据安全、用户隐私保护等多方面的综合问题。必须采取有效的网络安全防护技术，以保障能源系统的正常运行和数据的安全性。本节将介绍几种能源智慧化网络安全防护技术。

1. 防火墙技术

防火墙是网络安全的第一道防线，主要用于对数据包进行过滤，阻止未经授权的访问。能源智慧化系统的防火墙需具备高性能、高可靠性和高安全性。通常采用硬件防火墙和软件防火墙相结合的方式，以实现对内部网络和外部网络的访问控制。

2. 入侵检测与防御系统（IDS/IPS）

入侵检测与防御系统旨在通过实时监测网络流量，分析异常行为，识别潜在的威胁，及时报警并采取相应措施阻止攻击。IDS/IPS系统可以保护能源智慧化系统免受恶意攻击、病毒传播和信息泄露等风险。

3. 虚拟专用网络（VPN）

虚拟专用网络（VPN）技术通过数据加密和身份验证，保证数据在传输过程中的安全性。VPN 在能源智慧化系统中可以实现远程监控和远程操作，降低了网络攻击和信息窃取的风险。

4. 安全加密技术

加密技术是保障数据安全的关键手段，它通过对数据进行编码，使得未经授权的用户无法获取数据的真实内容。能源智慧化系统中常用的加密技术包括对称加密、非对称加密和哈希算法等，可有效防止数据泄露和篡改。

5. 访问控制技术

访问控制技术通过对用户和设备的身份进行验证，实现对敏感数据和关键设备的访问权限管理。能源智慧化系统中常用的访问控制技术包括基于角色的访问控制（RBAC）、基于属性的访问控制（ABAC）等，确保只有合法用户和设备才能访问系统资源。

6. 安全审计与日志分析

安全审计与日志分析是评估和改进网络安全防护措施的重要方法。能源智慧化系统需要定期收集、存储和分析安全日志，以便发现潜在的安全威胁、跟踪异常行为，为安全决策提供依据。

7. 安全管理与培训

加强安全管理与培训是提高能源智慧化系统网络安全防护能力的必要手段，包括完善安全政策和流程、定期进行安全检查和漏洞扫描、加强员工的安全意识和技能培训等。

能源智慧化网络安全防护技术涵盖多个方面，需综合运用各种技术和手段，形成多层次、全方位的防护体系，以确保能源智慧化系统的正常运行和数据安全。

6.4.5　态势感知技术

在能源智慧化技术中，态势感知技术是关键的组成部分。它能够实时感知能源系统的运行状态，为智能控制技术提供准确、实时的信息，以实现高效、安全和可靠的能源系统管理。能源智慧化态势感知过程如图 6-4 所示，主要包括以下几个部分：

（1）模型建立：在智能控制中，首先需要建立能源系统的数学模型，以表示系统的内在动态行为。这个模型需要准确反映系统的物理特性和运行状态，同时也需要足够简洁，以便于后续的计算和分析。

（2）控制策略设计：基于建立的模型，需要设计适当的控制策略来提高系统的性能，减少能源消耗，并保证系统的安全运行。这些控制策略可能采用各种优化方法，包括线性和非线性优化、模糊控制、神经网络控制等。

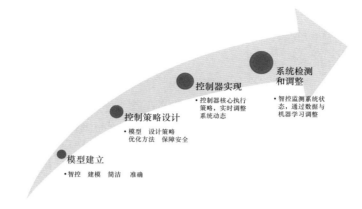

图 6-4　能源智慧化态势感知过程

（3）控制器实现：控制器是实现控制策略的核心部分。它可以是传统的比例 – 积分 – 微分（PID）控制器，也可以是复杂的自适应控制器或者模型预测控制器。控制器需要在系统模型和控制策略的指导下，对系统的动态行为进行实时调整和控制。

（4）系统监测和调整：智能控制技术还包括对系统运行状态的实时监测，以及对控制策略和控制器的动态调整。这需要通过各种传感器和数据采集设备，收集系统的运行数据，然后通过数据分析和机器学习等方法，发现问题并做出相应的调整。

智能控制技术在许多领域都得到了广泛的应用，例如在电网系统中，智能控制技术可以用于负荷预测、电力调度和电网安全防护等任务。在建筑能源管理中，智能控制技术可以用于室内温度和湿度的调控、能源设备的优化运行以及能源消耗的节约等。随着人工智能和大数据技术的发展，期待智能控制技术在未来能够带来更加高效、安全和环保的能源系统。

6.4.6　能源互联网标识解析安全

在能源互联网中，标识解析系统是关键的基础设施，它对能源设备、服务和用户进行唯一标识，并完成从标识到网络地址的解析，以确保正确、高效的数据交换和通信。因此，能源互联网标识解析安全是非常重要的，它涉及标识的申请、分配、解析和管理等多个环节。本小节将对这些环节进行详细探讨，以期为保障能源互联网的安全提供有益的参考。

（1）标识申请和分配环节的安全关键在于需要确保标识的唯一性和合法性。必须要有严格的审查和验证机制，防止非法用户伪造或者冒用标识。为实现这一目标，需要建立一个权威可信的标识管理机构，负责对标识申请进行审核和批准。同时，要有合理的标识分配策略，避免标识的冲突和重复。具体来说，可以采用分层的、可扩展的标识结构，以满足不同类型和规模的能源设备、服务和用户的需求，同时还要将标识的生命周期管理纳入考虑，确保标识的及时回收和再分配。

（2）标识解析的安全主要是要防止解析结果被篡改或者伪造。这需要使用安全的解析算法和传输协议，对解析过程进行加密和签名，确保解析结果的正确性和完整性。此外，还需要增设监控机制，对解析过程进行实时的监控和审计，发现和处理异常情况。这包括对解析请求和响应进行日志记录和分析，以及对解析服务器的性能和安全状况进行监测，确保其稳定可靠地运行。

（3）标识管理的安全主要是要保护标识信息的安全和隐私。标识信息可能包含设备、服务和用户的敏感信息，如果被非法泄露或者滥用，可能会导致严重的安全问题。因此，要对标识信息进行严格的访问控制和保护，仅对授权用户开放，同时采用加密技术来防止数据泄露。此外，还需要建立一个完善的安全管理制度，包括明确的安全责任、规范的安全流程和有效的安全控制措施，以及定期进行安全检查和更新，防止标识信息的过时和泄露。

能源互联网标识解析安全是一个综合性的问题，需要从多个环节和多个方面进行考虑和处理。在实际应用中，还需要关注其他相关的安全问题，如设备安全、通信安全和数据安全等，构建一个全面的安全防护体系。同时，随着技术的发展和应用的扩展，这个问题也会变得更加复杂和挑战性，需要持续地研究和改进。为此，教材建议在政策、法规、标准和技术等方面加强合作和协同，推动能源互联网的安全和可持续发展。

6.5 数据安全

6.5.1 数据安全概述

在智慧能源系统中，数据安全的重要性不言而喻。首先，数据是智慧能源系统运行的基础，它包含了设备状态、用户行为、能源消耗等关键信息。如果这些数据被篡改或泄露，可能会导致设备故障、能源浪费，甚至系统崩溃。此外，数据中包含了大量用户个人信息，如姓名、地址、电话号码等。如果这些信息被非法获取和使用，可能会对用户的隐私和财产安全造成严重威胁。因此，保护数据安全，不仅是保证智慧能源系统正常运行的必要条件，也是维护用户权益的重要责任。同时，数据安全也是企业社会责任的一部分，对于提升企业

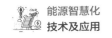

形象，增强用户信任，也有着重要的作用。

然而，保护数据安全并非易事，面临着许多挑战。首先，随着物联网设备的广泛应用，数据量呈现爆炸性增长，这不仅增加了数据管理的难度，也为数据泄露提供了更多可能。其次，网络攻击手段日益狡猾和复杂，如病毒、木马、钓鱼攻击等，这对数据安全防护提出了更高要求。最后，法规要求也在不断变化，如欧盟的 GDPR、中国的个人信息保护法等，需要不断更新数据安全策略，以满足这些法规要求。此外，智慧能源系统的跨地域、跨行业特性，也使得数据安全工作面临更多的复杂性和挑战。例如，不同地区可能有不同的数据保护法规，不同行业可能有不同的数据安全标准，如何在满足这些要求的同时，还能有效地保护数据安全，是需要解决的重要问题。

6.5.2 数据安全的类型

1. 设备数据安全

设备数据安全主要涉及智慧能源系统中各种设备生成和存储的数据。这些设备可能包括智能电能表、传感器、控制器等。设备数据的安全性关乎整个系统的稳定运行，一旦设备数据被篡改或者丢失，可能会导致设备无法正常工作，甚至引发严重的安全事故。因此，设备数据安全的保障措施包括但不限于数据加密、数据备份、数据完整性校验等。

2. 业务系统数据安全

业务系统数据安全主要涉及智慧能源系统中的业务处理、决策支持等环节。这些数据通常包括能源消费数据、设备运行数据、故障报警数据等。保护业务系统数据的安全，不仅可以保证业务流程的正常运行，也可以避免错误决策和业务中断。因此，业务系统数据安全的保障措施包括但不限于数据访问控制、数据隔离、数据审计等。

3. 知识库数据安全

知识库数据安全主要涉及智慧能源系统中的知识库，包括设备知识库、故障知识库、能源知识库等。这些知识库通常包含大量的专业知识和经验，是智慧能源系统的重要资产。如果知识库数据被非法获取或篡改，可能会导致系统的智能化水平大大降低，甚至影响到系统的正常运行。因此，知识库数据安全的保障措施包括但不限于数据加密、数据访问控制、数据备份等。

4. 用户个人数据安全

用户个人数据安全主要涉及智慧能源系统中的用户个人信息，如姓名、地址、电话号码、能源消费记录等。保护用户个人数据的安全，不仅是法律法规的要求，也是维护用户权益、提升用户信任、保障企业声誉的重要手段。因此，用户个人数据安全的保障措施包括但不限于数据加密、数据访问控制、数据隔离、数据审计等。

6.5.3 数据安全的管理

数据安全的管理是一个复杂的过程，涵盖了数据的全生命周期，包括数据的收集、传输、存储和处理等多个环节。每个环节都有其特定的安全需求和挑战，需要采取相应的安全措施。

1. 数据收集的安全策略

数据收集是数据生命周期的起始阶段，其安全性至关重要。在这个阶段，首先需要确立数据收集的明确目的，并确保其合法性，包括法律依据和用户的知情同意。这不仅是尊重用户隐私权的体现，也是企业履行社会责任的重要方面。其次，需要遵守数据最小化原则，只收集满足业务需求的必要数据。这不仅可以减少数据存储和处理的成本，也可以降低数据泄露的风险。最后，需要在采集过程中采取有效的安全措施，如使用安全的数据采集设备和软件，避免数据在采集过程中被泄露或篡改。

2. 数据传输的安全措施

数据在传输过程中，可能会穿越不安全的网络环境，因此保护数据在传输过程中的安全至关重要。采用加密技术来保护数据的机密性，确保数据即使在传输过程中被截获，也无法被未授权者解读。同时，利用完整性校验技术来确保数据在传输过程中未被篡改，及时发现任何非法修改。此外，实施认证技术来确保数据传输的双方都是经过验证的授权实体，防止未授权访问和数据滥用。

3. 数据存储的安全防护

数据存储环节是数据生命周期中的关键点，必须确保存储在各种介质中的数据安全。在这个环节，数据被存储在各种存储设备中，如硬盘、SSD、云存储等。需要采取有效的安全措施来保护数据在存储过程中的安全。首先，可以使用加密技术来保护数据的机密性。通过对数据进行加密，可以防止未授权的用户读取数据的内容。其次，可以使用定期备份技术来保护数据的完整性和可恢复性，即使在硬件故障或灾难情况下也能迅速恢复数据。最后，可以使用访问控制技术来保护数据的可用性。访问控制技术则用于严格控制对数据的访问，确保只有授权用户才能访问和使用数据。

4. 数据处理的安全控制

数据处理环节是数据生命周期的最终阶段，涉及数据分析、决策支持等关键业务活动。采用隔离技术来保护数据处理环境，防止数据在处理过程中被泄露。审计技术的应用帮助监控和记录数据处理活动，确保数据的完整性，及时发现并纠正任何不当篡改。访问控制技术则确保数据处理过程中数据的可用性，防止未授权用户的数据访问和使用。

6.5.4　面临的安全威胁

智慧能源系统在提供高效能源管理和服务的同时，也面临着多样化的安全威胁。这些威胁可能源自外部攻击或内部失误，对系统的安全性和可靠性构成挑战。

1. 数据泄露

数据泄露是能源系统中最为严峻的安全威胁之一。它可能由网络攻击、员工的无意失误、硬件故障或软件缺陷等多种因素引起。一旦发生数据泄露，不仅敏感的操作数据、配置数据和用户数据可能落入未授权者手中，还会给企业带来深远的影响。这包括直接的财务损失，如罚款、赔偿和数据恢复成本，以及对企业声誉的损害和客户信任的流失，甚至可能触及法律风险，违反数据保护法规。为此，企业必须加强数据安全管理，采取数据加密和备份等预防措施，并定期进行安全审计，以便及时发现并解决潜在的安全问题。

2. 虚假数据注入攻击

在智能电网等能源智慧系统中，实时数据的准确性对于系统运行至关重要。虚假数据注入攻击通过操纵测量节点收集的功率数据等信息，能够误导系统的状态估计分析，从而影响调度决策和安全校正操作。如图 6-5 所示，如果攻击者掌握了系统架构并控制了关键测量设备，他们就能够绕过监测系统，随意篡改状态估计结果。因此，研究和部署有效的监测和防御机制，以识别和阻止此类攻击，是保障能源系统安全的关键。

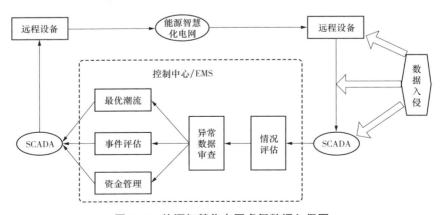

图 6-5　能源智慧化电网虚假数据入侵图

3. 网络攻击

网络攻击是能源智慧系统中的一个重要安全威胁，包括恶意软件、拒绝服务攻击和网络钓鱼等多种形式。这些攻击可能导致服务中断、数据丢失或泄露，严重时甚至影响企业的正常运营。网络攻击不仅给企业带来直接的经济损失，还可能损害企业的信誉和客户关系。为了有效防范网络攻击，企业需要加强网络安全防护措施，如部署防火墙和入侵检测系统，并定期进行安全审计，确保能够及时发现并应对安全威胁。

4. 物理攻击

物理攻击，如设备盗窃、破坏或篡改，对能源智慧系统的物理完整性构成威胁。这类攻击可能导致关键设备损坏、数据丢失或泄露，影响企业运营并带来财务损失。此外，物理攻击同样可能损害企业的声誉，导致客户流失。为了抵御物理攻击，企业需要强化设备的物理安全，采取设备加密和锁定等措施，并定期进行安全审计，确保物理安全措施得到有效执行和维护。

6.5.5 数据安全保护措施

在能源智慧化技术应用的过程中，保护数据安全是至关重要的。这是因为数据是通过智慧化技术获取和分析的基础，无论是用于能源管理、能源优化还是能源预测，都离不开大量的数据支持。在这个过程中，如何保护数据免受破坏和侵犯，是我们必须面临和解决的问题。图 6-6 为数据安全保护措施，四种主要的数据安全保护措施如下：

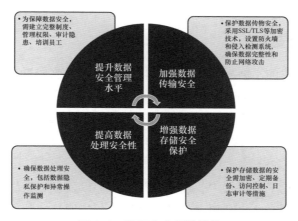

图 6-6　数据安全保护措施

1. 提升数据安全管理水平

数据安全管理是保障数据安全的基础和前提。要做好数据安全管理，就必须建立一套完整的数据安全制度，明确数据的收集、存储、处理、使用和销毁等各个环节的规则和要求。同时，还需要做好用户权限管理，限制非授权人员访问敏感数据。此外，定期进行数据安全审计，发现并及时处理数据安全隐患。最后，加强员工的数据安全教育和培训，提高其数据安全意识。

2. 加强数据传输安全

在数据传输过程中，数据容易被窃取或篡改，因此加强数据传输安全尤为重要。可以通过使用 SSL/TLS 等加密技术，使数据在传输过程中得到加密保护。同时，还需要设置防火墙、侵入检测系统，监控网络流量，及时发现并阻止潜在的网络攻击，进一步保护数据传输的安全。

3. 增强数据存储安全保护

对于存储的数据，也需要采取措施保障其安全。首先，使用数据加密技术，对存储的数据进行加密处理，防止数据在被非法访问时被窃取。其次，定期备份数据，以防数据丢失或损坏，能够及时恢复。此外，制定严格的存储访问控制策略，防止未经授权的人员访问或修改数据。最后，进行完整的日志审计，了解数据的访问和修改情况，及时发现和处理可能存在的安全问题。

4. 提高数据处理安全性

数据处理中的安全问题也不能忽视。需要确保数据处理的过程中，数据的完整性和隐私性得到保护。可以通过数据屏蔽、数据脱敏等方式，避免在数据处理过程中泄露敏感信息。同时，建立异常操作检测和预警机制，一旦发现异常操作，能够及时处理，防止数据被非法修改。

6.6 应用安全

随着信息技术的不断发展，能源智慧化应用已经成为当今社会的重要组成部分。然而，随着技术的发展，安全问题也日益凸显。因此，能源智慧化应用安全体系的建立显得尤为重要。应用安全应从能源互联网平台安全与软件安全两方面考虑。

6.6.1 平台安全

平台安全包括了数据保护、遭受威胁的防护以及保障系统正常运行等多个方面，对于防止黑客攻击、恶意软件、网络钓鱼等网络威胁，起着至关重要的作用。平台安全的主要目标是保障能源智慧化应用的数据安全，防止不合法的访问和使用，最终确保应用的正常运行。

1. 安全审计

安全审计在能源智慧化应用的安全保障中起着核心的作用。其主要任务是对系统进行全面，深入的安全检查，这包括对系统的配置、日志、权限等方面进行严格、详细的审计。通过这种方式，可以找出可能存在的安全风险，提供实用的防护策略，并对系统的总体安全性进行评估。

在系统配置审计中，专业的审计员会深入检查系统的各项配置，包括系统参数、网络设置、硬件配置等，以判断是否存在可能被攻击者利用的安全漏洞。日志审计则是通过分析系统的日志记录，挖掘出里面的异常或可疑的行为，这有助于我们发现并追踪潜在的威胁。至于权限审计，其主要任务是对用户及系统的权限设置进行评估，确保权限的合理分配，避免由于权限滥用带来的安全问题。

2. 认证授权

认证授权作为能源智慧化应用安全的又一重要环节，主要通过对用户进行身份验证和授权，防止未经授权的使用和访问，从而保障用户数据的安全。

认证授权的方式有很多种，比如口令认证、证书认证、生物特征认证等。口令认证主要是通过用户设置的密码来进行用户身份验证，这是最基本和常见的一种认证方式。证书认证则需要依赖数字证书来进行身份验证，这种方法的安全性比较高，但实施起来比较复杂。生物特征认证则是通过扫描用户的生物特征，如指纹、面部特征、声纹等，来进行身份验证，这种方式的安全性和便捷性都比较好，但需要更高的技术支持。

3. DDoS 攻击防护

DDoS 攻击是一种广泛存在的网络攻击手段，攻击者通过发送大量的无用流量占用系统资源，使得系统无法为正常用户提供服务。因此，如何防御 DDoS 攻击，也是需要关注的重要问题。

对于 DDoS 攻击的防护，主要有流量限制、黑名单、白名单等多种方法。流量限制是通过限制单个 IP 地址的流量，来预防大量垃圾流量占用系统资源。黑名单和白名单则是通过列表来控制可以访问系统的 IP 地址，黑名单中的 IP 地址无法访问系统，而白名单中的 IP 地址则可以无限制地访问系统。

平台安全是能源智慧化应用成功的关键要素之一。只有实施有效的安全审计、认证授权以及 DDoS 攻击防护等措施，才能确保能源智慧化应用的安全性，为用户提供一个安全、稳定的使用环境。

6.6.2 软件安全

软件安全，作为应用安全的关键组成部分，始终是亟需关注的问题。软件安全不仅包含对软件本身的安全防护，还包括在软件的开发、运行等各个阶段都需要进行安全控制和管理。软件安全主要包括全生命周期安全防护、运行中的软件安全、软件行为实时监测等多个层次。

1. 全生命周期安全防护

全生命周期安全防护是软件安全的基础，这意味着从软件设计的早期阶段就需要开始考虑安全问题，确保在设计、开发、发布以及维护的每一个步骤中都充分考虑到安全因素。

（1）代码审计。代码审计是全生命周期安全防护的基础环节，其目标是找出代码中可能存在的安全漏洞，防止它们被黑客利用。代码审计可以分为静态代码审计和动态代码审计两种方式，静态代码审计主要是对源代码进行审查，找出其中可能存在的安全风险。而动态代码审计则是运行软件的过程中，对代码的行为进行审查，以发现运行时可能出现的安全问题。

（2）开发人员培训。开发人员是软件开发的主力军，他们的知识和技能直接影响到软件的安全性。因此，对开发人员进行定期的安全培训，提高他们的安全意识，使他们在开发过程中能够从源头上避免引入安全漏洞，是非常必要的。

2. 运行中的软件安全

运行中的软件安全防护关注的是软件在运行阶段可能遇到的各种安全问题，通过定期的安全检查和审计，及时发现并处理这些问题，以确保软件在运行过程中的安全。

（1）漏洞排查。漏洞排查是运行中的软件安全防护的关键一环，它要求我们对运行中的软件进行细致的检查，找出其中可能存在的安全漏洞，并及时对这些漏洞进行修复，防止它们被黑客利用。

（2）内部流程审核与测试。内部流程审核与测试也是运行中的软件安全防护的重要环节，需要对软件的内部流程进行深度的审核和测试，对可能存在的安全威胁有一个清晰的了解，并提供对应的防护建议。

（3）公开漏洞与后门修补。对于已经被发现的漏洞和后门，需要立即进行修补，以防止它们被黑客利用。这需要我们与全球的安全研究者和组织保持紧密的联系，及时获得最新的漏洞和后门信息，并迅速对它们进行修补。

3. 软件行为实时监测

软件行为实时监测是一个非常重要的环节，通过对软件的运行行为进行实时监测，可以及时发现任何可能的安全威胁，并及时进行处理。

（1）可疑行为发现与阻止。通过对软件的运行行为进行实时监测，我们可以及时发现任何可能的安全威胁，包括不正常的系统调用、异常的网络通信等，并及时采取措施阻止这些可疑行为。

（2）降低未公开漏洞带来的危害。通过实时监测，我们可以及时发现和处理新出现的、未公开的漏洞，这会极大地降低这些漏洞带来的危害。

软件安全是一个涉及软件全生命周期的复杂问题，需要在软件的设计、开发、运行和维护等各个阶段进行全方位的安全防护。只有这样，才能真正实现软件的安全，防止软件被黑客攻击或非法篡改，保护数据和信息安全。

能源智慧化应用安全是一项复杂的工作，需要从多方面进行考虑和处理。只有做好安全工作，才能确保能源智慧化应用的正常运行，为社会提供稳定的能源服务。

6.7 应急响应

应急响应能够有效预防和应对能源设备的故障和危机，确保能源系统的安全稳定运行。在能源智慧化中，应急响应不仅可以保障能源供应的稳定性，缩短事故处理时间，降低故障损失，而且可以提高能源的利用效率，为能源系统提供强大的安全保障。

6.7.1 应急响应流程与策略

1. 应急响应的基本流程

应急响应的基本流程包括预警、响应、处理、恢复和后评估五个环节。

（1）预警环节：通过监控能源系统的运行状况，对可能发生的能源事故进行预警，提前采取措施预防事故的发生或减轻事故影响。

（2）响应环节：根据预警情况启动应急响应，包括紧急通知、人员调度和资源调配等，确保能源系统处于安全状态。

（3）处理环节：对发生的能源事故进行处理，包括事故原因分析、故障诊断、紧急维修等，以确保能源系统尽快恢复正常运行。

（4）恢复环节：在事故处理结束后，恢复能源系统的正常运行，评估修复措施的效果，确保能源供应不受影响。

（5）后评估环节：对应急响应进行效果评估和经验总结，分析应急响应过程中的优缺点，为今后的应急响应提供借鉴。

2. 应急响应策略制定

应急响应策略的制定需要根据能源系统的特性和可能发生的事故类型来确

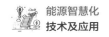
定。一般包括以下步骤：

（1）识别和评估潜在的能源事故风险，以便针对性地制定应急响应策略；

（2）根据能源系统的特点和潜在事故风险，制定相应的应急响应策略，明确应对措施、流程和责任人；

（3）通过审批程序，使应急响应策略得到相关部门和管理层的批准；

（4）发布应急响应策略，确保相关人员了解并熟悉应急响应策略，以便在事故发生时迅速采取应对措施。

3. 应急响应流程的执行与管理

为确保应急响应的有效执行，需要建立专门的应急响应团队，对应急响应流程进行监控和管理。具体措施如下：

（1）组建专门的应急响应团队，团队成员应具备一定的能源管理和技术背景，熟悉能源系统运行和应急响应流程；

（2）定期对应急响应团队进行培训和演练，提高团队成员的应急响应能力和协同作战能力；

（3）建立应急响应的信息平台，实时收集和传递能源系统运行情况，提高应急响应的时效性；

（4）设立专门的应急指挥中心，实时监控能源系统运行状况，对可能发生的事故进行预警，协调应急响应团队的行动。

6.7.2　应急响应团队与能力建设

1. 应急响应团队的组织与运行

应急响应团队通常由能源管理人员、技术人员和应急人员组成，他们各司其职，共同构成一条高效运行的应急响应链。

（1）能源管理人员：作为团队的领导者，他们需要全面掌握能源系统的运行状况，有效制定出切实可行的应急响应策略。同时，他们还需要协调各个团队成员，确保各项应急措施得以顺利执行。

（2）技术人员：他们是团队的核心力量，需要精通相关能源设备的操作和故障诊断，能够在第一时间定位并解决问题。他们也需要与能源管理人员密切配合，提供技术方面的支持。

（3）应急人员：他们是应急响应的执行者，需要深入理解并能有效执行应急响应的基本流程和方法。他们需要能够按照预定的应急计划进行操作，并根据实际情况灵活应对。

此外，应急响应团队的运行还需要建立健全的信息反馈机制，及时掌握团队的运行状况，对应急响应效果进行评估，并进行必要的优化调整。

2. 应急响应能力的培养与提升

（1）应急知识和技能的培训：此类培训应以实战为导向，注重理论与实践的结合，包括应急响应流程、应急技术、能源设备操作等内容。通过培训，可以增强团队成员的应急意识，提升他们的应急技能。

（2）应急演练：定期进行应急演练，模拟各种可能出现的能源事故场景，让团队成员在实战中熟悉并掌握应急响应流程。应急演练不仅可以检验和优化应急响应流程，还能提高团队成员的协同作战能力。

（3）经验总结与反馈：对每次应急响应的结果进行详细的总结，分析其成败因素，提炼经验教训，为下一次应急响应提供参考。同时，通过反馈机制，及时发现并改正团队运行中的问题，持续提升应急响应效果。

（4）持续的能力提升：随着能源技术的持续发展，应急响应团队需要对新的设备和技术保持敏感，及时进行知识更新和技能提升，以适应不断变化的应急响应环境。

6.7.3 应急响应在能源智慧化中的应用

1. 应急响应的实战案例分析

案例一：在某一地区，由于突发的极端天气，导致该地区的电力系统出现异常。然而，通过能源智慧化技术及应用，系统及时发现异常并自动进行相应的调度，避免了可能引发的大面积停电。在这个案例中，应急响应在能源智慧化中的应用保证了电力系统的安全稳定运行，减少了极端天气对电力系统的影响。

案例二：某石化企业在生产过程中突然出现化工泄漏事故，企业内部的能源智慧化安全监测系统及时发现异常状况，并启动应急响应预案。系统自动进行泄漏物处理和危险区域的封锁，同时指挥现场人员迅速撤离。最终，事故得到了有效控制，避免了进一步的损失。这个案例充分展示了应急响应在能源智慧化中的重要性和实用性。

2. 应急响应在能源智慧化中的应用展望

（1）智能应急响应系统的发展：随着大数据、物联网、人工智能等技术的发展，可以实现对能源系统的实时监控，及时发现异常状况。通过自动化、智能化的应急响应系统，可以快速响应各种突发状况，减少人为因素带来的延迟和失误。

（2）预测性应急响应：利用大数据分析和人工智能技术，可以对能源系统的运行状况进行精准预测，提前发现潜在的风险，提前启动应急响应措施，有效避免事故的发生。

（3）应急响应与智能调度的结合：通过能源智慧化技术，实现应急响应与智能调度的无缝衔接，快速调整能源系统运行状况，确保能源系统在突发状况下的安全稳定运行。

（4）跨行业、跨区域的应急响应协同：在大型突发事件中，通常需要跨行业、跨区域的协同应对。通过能源智慧化技术，可以实现不同领域、不同地区之间的信息共享和资源调度，提高应急响应的效率和效果。

第7章
能源智慧化技术应用创新实践

7.1 能源供给侧创新实践

7.1.1 海上风光储微电网电源规划设计系统

1. 背景需求

为了充分利用海上油气平台附近风光等发电资源作为油气平台配电系统的主用电源，平台燃油燃气发电机组为备用电源，通过输入全年风光等发电资源数据和平台用电负荷需求数据，根据用户经济和可靠性需求约束条件，完成对风光储等发电电源的合理配置，并制定合理的发电电网方案和运行方式，实现全年发电功率和电量满足油气平台配电网各种运行方式下的用电要求，并给出其发电系统工程费用估算。

该系统能完成各发电资源数据校验和资源能力评估，风机经济选型和初步排布、光伏设备选型和配置、其他常规燃气轮机选型和方案配置以及储能系统选型和配置，可形成全年各发电系统功率和电量输出曲线、全年负荷需求输出曲线、配套储能系统全年充放电功率和电量变化情况曲线，能统计计算各种发电系统全年发电量数据，备用燃气燃油机组发电功率发电量和对应时间。

2. 成果简介

项目旨在针对海上传统油气田平台接入风 / 光 / 储等多种新能源形式以后，对原有油田平台电压、频率等影响稳定性的关键指标进行分析。开发风 / 光 / 储接入海上油气田平台规划软件，能够实现光资源、风资源、地理位置、电网拓扑、负荷参数的用户自定义输入和数据库选择，选择实际油气田的地理位置，输入历史测风数据、光照数据，建立实际电网拓扑，对风 / 光 / 储的容量进行优化配置，进一步计算出光伏 / 风机的出力情况，进行电力电量平衡。输出计算结果综合考虑了经济性、稳定性、可靠性，可以对配置的方案进行稳定性 / 可靠性校验、储能容量优化配置，风光储容量最优配置等典型场景，保证实际风 / 光 / 储项目的顺利开展。

3. 技术创新点

海上油气田负荷需求多样、运行环境复杂，对供电系统存在着无功支撑、削峰填谷、系统调频、需求侧响应等多种潜在需求。

215

（1）提出计及海上风光储离网供电系统可靠性、经济性及复杂工况穿越能力的能源互联资源分析、多目标优化配置及规划设计技术，提升系统对复杂工况的适应性，解决能源资源分析、规划设计和性能通用评估环节存在的应用场景单一、对供电可靠性及经济性等因素考虑不足的问题。

（2）提出海上风光储离网供电系统多场景、不同发电条件供电可靠性及稳定性评估技术，解决海上油气田配电系统的各类典型负荷特性条件下，正常供电、光伏、风电、储能等系统部分故障停机状态下的供电可靠性评估问题。

（3）构建海上多能源发电微电网网格化新型电力系统，形成发储用一体化的清洁低碳、安全高效供能系统，以满足海上风光储多能互补电源可再生能源就地消纳、需求侧资源快速响应和终端能源集群电气化等创新业务方面。

功能创新方面：

（1）电源规划、运行评估一体化。

（2）多种能源形式和预留新型能源接口。

（3）模块化开发理念，可以灵活地对功能进行扩展和优化。

（4）图形化、引导式操作界面，便于工程人员快速入门，简单易用。

（5）基于实际设备的模型数据库，数据可信度较高。

（6）灵活的输入 / 输出接口功能，快速导入 / 导出工程数据。

（7）完整的报告生成功能，可以直接辅助工程决策。

算法创新方面：

（1）基于蒙特卡罗算法的海上油气田平台可靠性快速判定，可以实现可靠性等级用户自定义。

（2）基于牛顿 - 拉夫逊法的通用化快速潮流计算方法，可以实现通用化模型的快速潮流计算。

（3）基于嵌入潮流计算的粒子群算法，解决最优风 / 光 / 储最优选址定容问题。构建经济性、稳定性、线损、电压平抑多重优化目标，通过多层嵌套的优化算法，快速进行迭代优化，给出电源最优配置方案。

理念创新方面：

（1）经济性计算中，考虑环境效益，计算二氧化碳减排的效益。

（2）预留潮汐能、波浪能等新型能源接口。

（3）支撑多种电源形式，以微电网群的方式组网运行。

4. 国内外同类技术对比情况

对国内外的主流软件进行了调研，选取了主流的 6 种软件，其中国外软件 3

种，分别是微电网设计工具包（microgrid design toolkit，MDT）、可再生能源互补发电优化建模（hybrid optimization model for electric renewable，HOMER）、分布式能源资源客户采用模型（the distributed energy resources customer adoption model，DER-CAM）。国内软件有 3 种，分别是综合能源系统建模云仿真平台（CloudPSS-IESLab）、微电网规划设计软件（planning and designing of microgrid，PDMG）、分布式能源规划设计平台（DES-PSO）。

国外相关技术进展如下所述。

（1）微电网设计工具包（microgrid design toolkit，MDT）。

开发者：Sandia National Laboratories。

软件网址：https://www.sandia.gov/CSR/tools/mdt.html。

软件介绍：MDT 是由美国圣地亚国家实验室开发的微电网设计辅助决策软件。主要功能包括两块：一是微电网选址定容，即从经济性方面考虑，在微电网（并网型）设计早期阶段确定微电网的容量和构成。二是离网型微电网设计，即从可靠性方面考虑，设计一个离网型的微电网。

（2）可再生能源互补发电优化建模（hybrid optimization model for electric renewable，HOMER）。

开发者：HOMER Energy LLC-National Renewable Energy Laboratory（NREL）。

软件网址：https://www.homerenergy.com/products/pro/index.html。

软件介绍：HOMER 是一款可再生能源混合发电经济-技术-环境优化分析计算模型，主要针对小功率可再生能源发电系统结合常规能源发电系统形成的混合发电系统进行优化。HOMER 以净现值成本（可再生能源混合发电系统在其生命周期内的安装和运行总成本）为基础，模拟不同可再生能源系统的规模、配置，在一次计算中能同时实现系统仿真、系统优化和灵敏度分析 3 种功能。一是 HOMER 系统仿真功能可以模拟所有可能的设备组合。HOMER 可以模拟一整年的混合微电网的运行状态，时间步长从 1min 到 1h。二是 HOMER 系统优化功能可以对并网和离网的微电网系统建模，包括太阳能光伏发电系统、风力涡轮机、柴油发电机、逆变器和电池等。HOMER 首先计算得到一组最优的系统机组组合列表，根据计算得到的机组组合，用户就可以更具体地考虑到各个机组的容量大小，以更好地规划出一个实际的微电网初步设计方案。三是 HOMER 系统灵敏度分析功能可以在一次运行中比较成千上万的可能性，可以了解某些变量超出预计范围后对系统造成的影响，例如风速、燃料成本等，并了解优化系统如随这些变量的变化而变化。

（3）分布式能源资源客户采用模型（the distributed energy resources customer adoption model，DER-CAM）。

开发者：Lawrence Berkeley National Laboratory（Berkeley Lab）。

软件网址：https://gridintegration.lbl.gov/der-cam。

软件介绍：DER-CAM 是美国能源局下属的伯克利国家实验室根据"微电网研究与示范工程项目"进行的软件开发项目之一。DER-CAM 能够以微电网年供能成本最低或 CO_2 排放量最低为优化目标进行单一或多重目标的优化规划，可确定微电网内部分布式能源最优的容量组合以及相应的运行计划。

目前该模型能够考虑光热、光伏、传统/新型发电机、热电联产（cogeneration, combined heat and power，CHP）、热/电储能、热泵、吸收式制冷机、电动汽车等多种分布式能源和储能设施。DER-CAM 中负荷模型包括纯电负荷、冷负荷、冷冻负荷、供暖负荷、热水负荷、纯天然气负荷共 6 类。DER-CAM 的优化结果除确定分布式能源的最优容量配置外，还能够给出优化的分布式发电/储存方法、分时运行图（小时或更短时间）、购电成本、燃料成本、分布式能源等经济成本及年运行维护费用成本、燃料消耗和 CO_2 的排放等，如图 7-1 所示为 DER-CAM 软件界面。

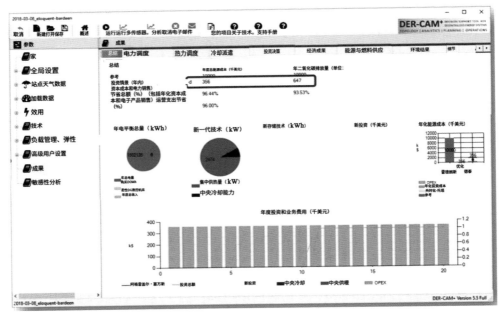

图 7-1　DER-CAM 软件界面

国内相关技术进展如下所述。

（1）综合能源系统建模云仿真平台（CloudPSS-IESLab）。

开发者：清华大学。

软件网址：https://cloudpss.net/index/。

软件介绍：清华四川能源互联网研究院开发的 CloudPSS-IESLab 综合能源系统仿真平台目前升级至 2.0 版本，系统支持 20 余种常见的综合能源系统设备模型，帮助用户建立实际系统的数字镜像，进行系统运行状态模拟和预测，提供决策支撑和数据参考。该系统支持云端登录。

该系统主要包括建模仿真模块和规划设计模块。其中，建模仿真模块可以帮助用户对综合能源系统的设计数据进行高效的管理，同时灵活便捷地搭建综合能源系统拓扑，实现全生命周期的能量流仿真计算。在建模仿真的基础上，规划设计模块可以辅助用户实现综合能源系统的设备选型配置、运行方式优化和经济 / 环保效益评估，如图 7-2 所示为 CloudPSS 软件界面。

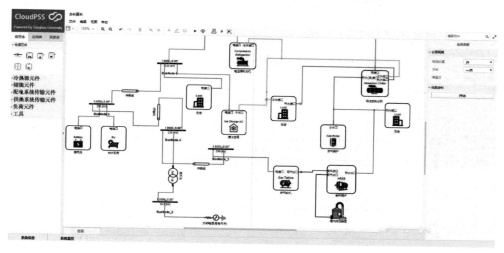

图 7-2 CloudPSS 软件界面

（2）微电网规划设计软件（planning and designing of microgrid，PDMG）。

开发者：天津大学。

软件介绍：PDMG 为天津大学在其配电网规划软件平台基础上研制的一套实用软件。该软件具备间歇性数据分析、分布式电源及储能容量优化、储能系统实现设计以及结合专家干预法的技术经济比较等较为完整的微电网规划设计功能。

PDMG 采取流程化的微电网规划设计方法。主要包括原始数据获取与分析、分布式电源规划设计、储能系统规划设计和微电网方案评估。

（3）分布式能源规划设计平台（DES-PSO）。

开发者：上海电气。

软件网址：https://des-pso.com/。

软件介绍：DES-PSO 是一款由上海电气集团开发的用于分布式能源技术选择及容量配置规划的软件。软件可以连接多地工程监控信息、专家知识库，具有大量的各类型分布式能源（燃气内燃机、燃气轮机、微型燃气轮机、光伏电池、风机、电池等）模型库。用户可以通过软件输入电价和气价等市场信息数据、冷热电负荷数据以及分布式能源技术设备性能参数和成本参数等数据，通过软件优化计算可得到最优的技术设备选型和对应输入条件下的系统运行曲线。软件的核心算法是混合整数线性规划，优化目标是最小化分布式能源系统的投资成本和运营成本。通过多变量的模拟优化算法，将用户负荷、环境资源、技术参数进行综合计算，给出设计方案，如图 7-3 所示为 DES-PSO 软件登录界面。

图 7-3　DES-PSO 软件登录界面

微电网规划设计需要解决的问题包括容量优化配置、网络结构优化、运行控制优化、经济性优化等。因此，系统规划设计本质上是多场景、多目标、不确定性的综合规划问题。各规划软件功能对比见表 7-1。

表 7-1　各规划软件功能对比

软件	优化目标	输入	输出
微电网设计工具包（microgrid design toolkit，MDT）	微电网选址定容	微电网可选位置，能源需求、优化目标	微电网最优选址方案

220

续表

软件	优化目标	输入	输出
分布式能源资源客户采用模型 （the distributed energy resources customer adoption model，DER–CAM）	年供电成本最低、CO_2 排放量最低	负荷信息、市场信息、设备技术参数	最优容量配置、优化运行方案、其他信息（成本、能耗、排放）
可再生能源互补发电优化建模 （hybrid optimization model for electric renewable，HOMER）	净现值成本最低	新能源资源数据、系统安装地的位置数据、逐时负荷数据	系统电力平衡情况、成本、可再生能源发电规划方案
综合能源系统建模云仿真平台 （CloudPSS–IESLab）	综合能源	能源需求、设备类型、能源价格	优化微源组合方案、经济性评价
微电网规划设计软件 （planning and designing of microgrid，PDMG）	经济性与技术性综合最优	气象数据、负荷数据	微电网系统设计方案
分布式能源规划设计平台 （DES–PSO）	投资经济性，CO_2 排放最低	设备类型，优化目标	系统优化配置方案，经济性参数

目前的规划设计软件功能性相对单一，多是以经济性或是环境效益作为目标，采用不同的约束方法与评估方法，对微电网的规划方案进行评价，对负荷与微源的随机性与间歇性的考虑不够深入（如从时域与频域两个维度对其建模），多数软件缺乏对研究对象的网络建模，也缺乏对微源系统的可靠性建模。

现有软件没有针对海上场景进行针对性的建模优化，缺乏海上建造微电网的成本估算，且现有软件缺乏对于碳减排经济效益的计算。因此，能够高效、全面、准确地解决海上微电网规划设计问题的软件还有待开发。

5. 项目收益

本项目根据不同地域、环境和经济水平等复杂海上风光储用户需求，从海上光储微电网规划设计关键技术开发和示范等多个方面展开研究，预计在分布式光伏发电、大规模储能、电能质量治理、先进能效管理等关键性理论与技术上实现创新性成果。结合示范工程建设，为分布式光伏的接入提供解决方案、积累工程经验，促进我国新能源领域中关键技术瓶颈问题的解决和突破，探索一种适合大面积推广的分布式风光储微电网可持续发展模式，以满足国家新能源战略发展的需求，扩大我国科技对外影响力，实现了显著的经济和社会效益。

软件内嵌气象数据库，能够实现光资源、风资源、地理位置、电网拓扑、负荷参数的用户自定义输入和数据库选择，选择实际油气田的地理位置，输入历史测风数据、光照数据。软件内嵌多种新能源形式的出力模型，能够快速生成相应能源形式的出力曲线和电源特征。软件内嵌潮流计算程序，通过建立实际电网拓扑，导入实际负荷数据，实现运行结果的评估和输出。软件内嵌优化算法，对风/光/储的容量进行优化配置，进一步计算出光伏/风机的出力情况，进行电力电量平衡，计算当前方案的可靠性、稳定性、经济性，并输出相应计算结果。

软件应用场景可以面对单风接入、单光接入稳定性/可靠性校验、风光联合接入最优配置、储能容量优化配置，风光储容量最优配置、电网改造、运行方式调整等典型场景。能够对实际工程进行决策辅助和运行参考，保证实际风/光/储项目的顺利开展。

6. 项目亮点

（1）通过数据库建立及数据分析，分析海上油气平台电力负荷需求及海上风光多能互补电源发电能力。获得目标油气田供电对象全年负荷需求要求和日、月、年负荷需求曲线，评估目标油气田区域风光等多能互补电源发电资源，获取其各能种发电能力。

（2）经济和可靠性约束条件下的电力电量平衡计算（源–荷–储优化配置）。根据用户给出的经济性和可靠性的约束条件，结合目标油气田用电需求和多能互补发电能力，对供需两侧用电进行全年的电力和电量的实时平衡计算，在满足目标约束条件的基础上，给出风电、太阳能和储能系统等电源系统的优化配置。

（3）风光储多能互补微电网电源规划设计。在满足目标约束条件的风光储等电源容量配置基础上，开展微电网系统的设计，包括总体方案设计、配电网络设计、风力发电单元的设计、光伏发电单元的设计以及储能单元的设计，进行简单潮流和短路计算来确定主要设备参数，并进行设备选型。

（4）海上风光储系统建模及仿真验证。构建针对油气田平台的风光储多能互补电源微电网系统供电平台的多物理场仿真，通过实际数据进行模拟仿真，判断系统规划设计的合理性。

（5）海上风光储系统可靠性及稳定性分析。基于建模及仿真搭建所设计风光储系统进行发电量估算、电池的荷电状态（State of Charge，SOC）及寿命预测、供电可靠性及系统稳定性评估等仿真验证。

（6）风光储多能互补微电网电源工程估算。在微电网电源规划设计方案基础上，采用工程量清单方式编制微电网电源设计的初步投资估算，并进行经济效益分析。

7. 经验总结

软件用于工程设计开始之前的预研究阶段，可以快速根据历史数据和实际工程数据，给出燃气轮机、风能、光伏、储能等电源的规划方案，计算出相应的投资预算，辅助工程管理人员能够对方案的可行性和经济性进行快速论证，对于不同配置方案进行多重对比和分析。

软件可以独立使用，可以出具完整的包含风光数据、电网拓扑结构、电源规划方案、稳定性和可靠性分析结果的规划报告，完整地支撑起实际工程的预研阶段。

软件也可以配合现有主流商业软件平台和运行管理系统使用，通过灵活的输入 / 输出接口数据库调用，结合各软件的优势，构建完整的海上油气田平台规划、运行、仿真一体化平台，全面支撑实际工程的预研、规划、运行阶段。

结合海上油气田平台所在区域风光等可再生资源情况，综合考虑经济性、稳定性指标，开发了"海上风光储微电网电源规划设计系统"软件，可以提供完整的海上油气田平台风 / 光 / 储接入规划评估方案。

完成单位：北方工业大学、国网冀北电力有限公司电力科学研究院

7.1.2　自主可控智能火电分散控制系统

1. 背景需求

工业控制系统是工业生产过程、重大技术装备的大脑和控制中心，解决工控系统的"卡脖子"问题，实现自主可控是保障能源安全的必然要求和前提保障。在能源电力行业，分散控制系统（DCS）直接关系到电力生产的安全稳定运行，关系到国家的能源安全，是最为核心的重大技术装备。推进制造强国建设，必须着力解决大型发电控制系统自主可控、安全可靠的问题。

火电在保障作用基础上，将逐步定位于增强新型电力系统的灵活调节能力，更好发挥能源供应稳定器和压舱石作用，完善火电机组主动深度调峰以及实施灵活性改造的补偿机制，把加强科技创新作为最紧迫任务，加快关键核心技术攻关。电力工业在实现自动化、信息化的基础上，必然走向数字化和智能化的新型电力系统。

基于自主可控 DCS 研发应用智能发电技术是实现火电机组安全、高效、清洁、低碳、灵活、智能运行的重要支撑。开展 DCS 芯片国产化替代、智能化和工控网络安全技术研发应用，实现能源电力领域工控系统的完全自主可控和智能化升级，促进行业实现数字化、智能化转型升级，具有非常重要的意义。

无论国内外市场需求、我国电子芯片产业的发展和政府政策支持，还是国家能源集团的经济实力，都已经具备了 DCS 全国产化的基础条件，DCS 全国产化发展和应用前景广阔。

2. 成果简介

国能智深控制技术有限公司（以下简称"智深公司"）面向新一代智能发电的火电厂全国产 DCS 的研制和应用，从火电 DCS 全国产化基础软、硬件和安全自主可控方向进行研究开发，融合应用人工智能、大数据和先进智能控制等新技术，实现了 DCS 功能性能的智能化升级，以持续保持工业控制系统技术行业领先地位；开发应用工控网络信息安全技术，提升了 DCS 安全防护能力和本质安全水平；并实施现场测试，完成了 300、600、1000MW 全系列等级机组的工程示范应用。

项目开发了基于国产芯片的控制器和 I/O 模块，并完成软件适配、系统集成及可靠性测试，设备整机国产化 100%，核心器件国产化率 100%；开发了基于全国产 ARM 芯片和银河麒麟 V10 操作系统的上位机软件模块、基于龙芯 CPU 的控制器软件模块，并实现软件模块的整体移植，并做到兼容原有组态数据，满足厂内多种硬件上位机平台混用的复杂应用环境，实现软件国产化率 100%；研发高性能实时数据库、数据分析环境、智能计算环境、智能控制环境、开放的应用开发环境，研发了智能应用功能，涵盖复杂过程智能控制功能、智能状态监测功能、智能运行优化功能，并完成智能应用功能与基础环境的融合，形成智能全国产 DCS；基于全自主大型成套控制系统，研发了智能火电 DCS 专用的信息网络安全产品，构成工控系统主动纵深安全防护体系，集主机安全、网络拓扑、设备管控、策略管理、隔离防护、审计分析等功能于一体，全面保障智能火电 DCS 系统正常运行。

全国产自主可控智能火电分散控制系统在火电厂中的测试和成功应用，实现了火电生产过程高度自动化运行控制，以机组 APS（automatic procedure start-up/shut-down，机组自动启停）功能为基础，提升机组运行控制的自动化水平和机组稳定性、安全性，降低了运行人员的操作强度，实现了"少人值守，智能运行"的生产模式。

3. 技术创新点

（1）开发应用了国内首套集芯片级全国产化和智能化于一体的自主可控火电 DCS 系统。实现软件国产化率 100%，关键芯片国产化率 100%，设备整机国产化 100%，实现能源电力领域工控系统的自主安全可控。国内首次基于低功耗低散热的国产龙芯 CPU 芯片，开发了安全可靠自主可控 DCS 控制器；提出了多核对称 / 非对称部署技术、核间互斥和中断机制、防死锁方法、核间信号量技术，有效提升了 DCS 控制器的性能和可靠性；I/O 卡件嵌软开发应用了软件补偿技术，解决了国产 AD 芯片线性度不足的问题，保障了 I/O 信号的采集精度，提高了国产芯片的可用率。如图 7-4 所示，系统获得了工业和信息化部电子第五研究所元器件与材料研究部出具的 100% 国产化率认证报告。

图 7-4　智深公司自主可控智能分散控制系统获得 100% 国产化率认证

（2）国内首次实现了 300、600、1000MW 等级机组 DEH（digital electronic hydraulic control，数字电液控制）控制系统全国产化替代研发及应用。自主设计开发，针对火电实际开发基于国产芯片的 DEH 模块，包括汽轮机纯电调型六线制阀门伺服模块和汽轮机转速测量与超速保护模块。

（3）国内首次基于全国产 DCS 开发应用了一体化的数据分析、智能计算与控制及开放的应用开发环境等整套智能发电技术。研发了一体化的数据分析环境、智能计算环境、智能控制环境以及开放的应用开发环境，实现生产控制区内数据、算法、算力的高效组织调度、弹性扩展和开放式应用，实现发电机组的安全、高效、灵活、智能的运行。

（4）开发了基于过程对象自然属性语言的组态逻辑自动生成和组态算法多态编译技术。大大提高了 DCS 逻辑组态和组态逻辑编译效率，极大降低了 DCS 工程工作量。

（5）开发应用了基于主动防御、边界防护、集中监管的工控系统网络安全技术。自主开发综合信息安全管控系列产品，构成了 iDCS 安全监管一体化平台，平台集主机安全、网络拓扑、设备管控、策略管理、隔离防护、审计分析等功能于一体，使 iDCS 内生安全性能得到整体提升，从而有效保障火电机组安全、高效、灵活、经济、环保运行。

（6）全国产自主可控智能火电分散控制系统在 300、600MW 和 1000MW 等级机组成功实现示范应用和推广应用，取得了显著的经济和社会效益。

4. 国内外同类技术对比情况

本项目研发的全国产自主可控 iDCS 与国内外其他品牌 DCS 对 14 项基本性能技术指标进行对照比较，有 6 项指标优于其他国内外品牌 DCS，其他 8 项同等水平。具体对比情况如下：

（1）系统结构及网络中的柔性域管理技术、支持 100 个域 ×254 个站指标，优于其他 DCS 产品。

（2）系统容量支持 100×250×65000 个测点，优于其他 DCS 产品。

（3）支持多语言的人机界面功能、人机界面参数，优于其他 DCS 产品。

（4）I/O 指标［全密封、抗强电保护、跨站 SOE（sequence of event，事件顺序记录）分辨率、含电气的专用卡件］优于其他 DCS 产品。

（5）本地工程实施能力、后续服务、备品备件及时性优于其他 DCS 产品。

（6）纵深防御的工控信息安全技术优于其他 DCS 产品。

在智能技术应用和智能功能方面，与其他品牌 DCS 相比，本项目 iDCS 具有明显的领先优势：

（1）iDCS 的系统架构为智能型二层结构，其他品牌 DCS 均采用三层结构。

（2）iDCS 具有第三方开放性，底层算法与上层监控层全面开放共享。

（3）iDCS 内置了智能控制、智能计算和数据分析环境，大规模应用了人工智能方法。

（4）iDCS 实现了体系化的生产过程"能效大闭环"。

5. 项目收益

迄今，该技术已在某电厂 2 号机组 660MW 辅机单列超超临界机组、某电厂 1 号机组共计 14 台机组先后实现示范及推广应用，如图 7-5~ 图 7-7 所示，投运以来，系统运行安全稳定，各项功能和性能指标达到或优于行业标准，控制系统实现软件国产化率 100%，关键芯片国产化率 100%，设备整机国产化 100%；系统部署的高性能实时数据库最大支持 50 万标签点规模的数据容量，毫秒级的数据采样，支持 100ms~1s 的实时历史数据交互；智能报警系统滋扰报警抑制功能减少误报率 80% 以上，减少高频报警信号 80% 以上，减少无效报警信号 90% 以上，报警信号响应时间小于 1s；报警系统信息分析准确率不低于 90%；系统通过 APS 技术实现机组运行操作的高度自动化，减少运行人员 30% 的操作量，降低了操作强度，实现了少人值班。

图 7-5　智深公司自主可控智能分散控制系统在 A 电厂成功投运

　　A 电厂"全国产自主可控智能火电分散控制系统研制及应用"项目新增利税 2021 年 233 万元、2022 年 410 万元；运行人员减少 2 人 / 值，共 5 个值班，可减少非正常停机 1~2 次 / 年，节支额 2021 年 889 万元、2022 年 1873 万元。

　　B 电厂"全国产自主可控智能火电分散控制系统研制及应用"项目实现 2022 年度节约费用超过 195 万元，运行人员减少 2 人 / 值，共 5 个值班，降低人力成本 300 万元，总节支额 2747 万元。

图 7-6　智深公司自主可控智能分散控制系统在 B 电厂成功投运

C 电厂"全国产自主可控智能火电分散控制系统研制及应用"项目 2022 年新增利税 166 万元，运行人员减少 2 人 / 值，共 5 个值班，可减少非正常停机 1~2 次 / 年，节支额 827.96 万元。

图 7-7 智深公司自主可控智能分散控制系统在 C 电厂成功投运

6. 项目亮点

（1）本项目开发应用了国内首套集芯片级全国产化和智能化于一体的自主可控火电 DCS 系统。研究过程中与长城合作进行上位机和服务器的全国产芯片替代研发，与东土合作进行交换机等关键网络产品的全国产芯片替代研发，从而推动关键基础设备研究进步，实现国产芯片、国产操作系统、国产工业软件、国产交换机、国产工控机等产业链级国产化程度提升。

（2）本项目通过研制全国产自主可控智能分散控制系统（iDCS）和工程示范，实现 DCS 全部硬件芯片和软件的国产化替代，根本上解决了工控领域"卡脖子"问题，实现了完全自主可控；同时融合应用新一代信息技术、人工智能技术，实现 DCS 的智能化升级，并获得 2022 年中国企业品牌创新成果奖。项目研究成果对促进行业科技进步，带动上下游产业链的协同发展，促进各 DCS 厂商在良性竞争的同时加强交流合作，推动形成我国工控产业自主生态，保障国家能源安全、促进行业数字化、智能化转型升级等发挥了重要作用。

（3）本项目开发应用了基于过程对象自然属性语言的组态逻辑自动生成和组态算法多态编译技术和基于主动防御、边界防护、集中监管的工控系统网络安全技术。通过充分探索先进机器学习算法在工业过程建模、控制中的应用，实现中国燃煤机组智能化运行控制关键技术的自主开发，促进大型燃煤机组实现安全、高效、清洁、低碳、灵活、智能目标实现和弹性运行能力的提升，加速规模化新能源消纳，支撑中国能源结构调整与转型，扩展了 DCS 系统的功能应用范围。

7. 经验总结

（1）基于国产芯片全国产 DCS 要在保证系统安全的基础上稳步推进，同时加强工控系统网络信息安全技术攻关和能力建设。

（2）在实际应用中还需要重视自主可控系列 DCS 的应用总结、完善、测试、验证和改进，遵循工控系统研发应用的客观规律，在良性竞争的同时也应加强交流合作。

（3）可通过积累应用过程中的技术问题，加强技术交流、通过生态闭环实现信息共享和快速迭代，加强打通上下游形成自主产业链生态，推动国产 DCS 厂家、芯片厂家等加强联合，共同推动自主可控 DCS 的发展进步。

智深公司 DCS 系统主要部件国产替代见表 7–2。

表 7–2　智深公司 DCS 系统主要部件国产替代

部件名称	使用品牌	应用方式	操作系统	CPU/MCU	应用软件
上位机	长城	集成硬件，自研软件	麒麟	飞腾	自研
服务器	长城	集成硬件，自研软件	麒麟	飞腾	自研
交换机	东土	集成	Intewell	龙芯	东土
控制器	智深	自研软硬件	Linux	龙芯	自研
I/O 模块	智深	自研软硬件	无	兆易创新	自研

完成单位：国能智深控制技术有限公司

7.1.3　"风光火储氢" 一体化配套氢能制造和利用

1. 背景需求

2023 年 9 月，习近平总书记在黑龙江考察时首次提出 "新质生产力"，指出："整合科技创新资源，引领发展战略性新兴产业和未来产业，加快形成新质生产力。" 新质生产力是代表新技术、创造新价值、适应新产业、重塑新动能的新型生产力，发展新质生产力是夯实全面建设社会主义现代化国家物质技术基础的重要举措。

在推动新质生产力发展的过程中，氢能发挥着重要的引擎作用，它有力地推动着我国能源结构绿色转型发展。氢能的"新"主要包括三个维度：一是新产业。以绿电制绿氢，氢电耦合结合氢储能的新型电力系统是构建新型能源体系的重要载体。二是新技术。在全球范围内，各国充分利用自身资源禀赋，争先布局氢能发展战略，致力于氢能技术的研发和应用。我国陆续发布了多项政策及标准规范，支持氢能全产业链技术的快速发展和关键技术攻关。三是新劳动者。不同于传统以简单重复劳动为主的普通技术工人，参与新质生产力的劳动者是能够充分利用现代技术、适应现代高端先进设备、具有知识快速迭代能力的新型人才。

根据《内蒙古自治区"十四五"氢能发展规划》（以下简称《发展规划》）的产业布局，自治区将立足产业资源特点，依托氢能产业发展已有基础，重点打造"一区、六基地、一走廊"的氢能产业布局，确保氢能产业可持续发展，打造全国绿氢生产基地。《发展规划》表明，"十四五"末，内蒙古计划达成供氢能力 160 万 t/ 年，绿氢占比超 30%；建成加氢站 60 座；加速推广中重型矿卡替代，在公交、环卫等领域开展氢燃料电池车示范，推广氢燃料电池汽车 5000辆；培育或引进 50 家以上氢能产业链相关企业，包括 5~10 家具有一定国际竞争力的龙头企业，初步形成一定的产业集群。

该示范项目统筹考虑风能、太阳能资源与火电调峰、储能、电解水制氢及土地、接入、消纳条件等因素，依托托京能锡林郭勒能源有限公司（以下简称锡林能源电厂）2×66 万 kW 火电项目，规划新能源装机容量 100 万 kW，其中：风电容量 80 万 kW、光伏容量 20 万 kW，并配置 150MW/300MWh 储能项目、10MW 制氢项目，配套新建 2 座 220kV 升压站及输电线路，新能源所发电力通过 220kV 升压站汇集后，接入查干淖尔 500kV 升压站，再以 500kV 线路接入锡盟特高压站，通过锡盟—山东 1000kV 特高压交流输变电线路送出消纳。

查干淖尔"风光火储氢"一体化示范项目配套氢能项目（见图 7-8）是利用"风光火储氢"示范项目的风电和光伏发电制绿氢，替代电厂运煤和灰渣的重卡用能，降低电厂 CO_2 排放。同时，也为北京京能集团探索高寒地带可再生能源制氢及氢能利用从而实现燃煤电厂碳减排积累经验。

2. 成果简介

查干淖尔"风光火储氢"一体化示范项目配套氢能项目利用锡林能源电厂部分土地资源、公共配套资源，建设"500m³/h（标准状态）电解水制氢 +500kg/日加氢"。制氢部分布置在锡林能源电厂内，加氢站布置在锡林能源电厂北面。制氢站占地 0.15 公顷，加氢站及道路占地 0.454 公顷，合计 0.604 公顷，氢气通

图 7-8　查干淖尔"风光火储氢"一体化示范项目配套氢能项目

过管道输送到发电机房和加氢站，实现了土地和功能的集约化。

　　制氢站利用风能、太阳能资源，利用成熟的碱液电解水工艺，采用国内厂家配套设备，实现了 500m³/h（标准状态）电解水制氢（见图 7-9），氢气纯度达到 99.999%，满足《质子交换膜燃料电池汽车用燃料　氢气》（GB/T 37244—2018）氢燃料车用燃料标准和电厂发电机冷却用氢质量标准。制氢站所产生的氢气经压缩达到 1.6MPa 后存于 3 台 13.9m³ 储氢罐，首要保证发电机氢冷用氢量，满足 4.6m³/h（标准状态）、全天 24h 用氢的要求。当电厂内的原有氢气储量

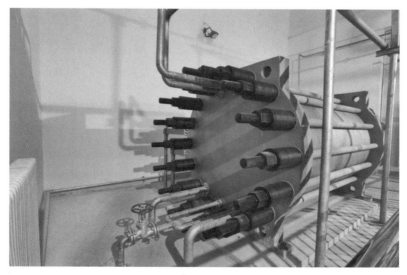

图 7-9　500m³/h（标准状态）电解槽

不能满足电厂氢冷发电机的氢气供应需求的时候，该项目具有向电厂储氢罐反向供氢能力，这一设计最大程度保证了锡林能源电厂发电机用氢需求，在特殊情况发生时也能保证电厂用氢安全。具体操作是由加氢站的储罐通过对氢气减压后反向输送至制氢站，接至电厂内的氢气汇流排向电厂的氢冷发电机供氢。

在满足锡林能源电厂发电机氢冷要求后，每天有 435kg 的氢气通过管道输送到加氢站，通过压缩机储存为 22MPa 和 45MPa 的两座卧式氢气储罐，供应给锡林能源电厂的氢燃料车使用，锡林能源电厂采购车辆类型为燃氢重卡和大客车，加氢量约为 30kg/ 辆。能够满足 14 辆燃氢车辆的加氢服务，从而满足电厂生产用煤及灰渣的及时运输和厂区员工通勤需求。

3. 技术创新点

该项目针对大功率风 / 氢 / 储系统的电 / 氢联合供能、用能应用的多种应用场景，实现间歇性和波动性风电高效、低成本制储氢，提高系统可靠性与能源综合利用效率，提出风电 / 储能 / 制氢 / 用氢全绿色循环多能耦合集成设计方案，将火电厂褐煤烟气提水制出的多余除盐水用于制氢，实现电解制氢水源就地提取，将制取的氢气用于氢燃料重型卡车，用于火电厂运煤、运渣等，实现氢能的就地应用与无碳排放，同时多能耦合系统可实现火电厂自用电补充以及辅助调节，形成氢能、电能、水多能互补的全绿色循环供能、用能集成系统，系统可实现综合能源的高效利用、无碳排放，不依赖于水源条件，具有高度可复制性、可推广性，支撑内蒙古的能源结构转型。

（1）制氢系统布置在电厂内（见图 7-10），减少占地，一气两用，不仅满足电厂用氢需求，同时满足加氢站用氢需求。

该项目设计了向电厂储氢罐反向供氢能力，可由加氢站的储罐通过对氢气减压后返回制氢站，接至电厂内的氢气汇流排，反向向电厂的氢冷发电机供氢。

图 7-10　制氢站外观

当电厂内的原有氢气储罐不能满足电厂氢冷发电机的氢气供应需求的时候，可由加氢站的储罐（见图 7-11）通过对氢气减压后接至电厂内的氢气汇流排，反向向电厂的氢冷发电机供氢。反向供氢起点为加氢站 22MPa 储罐，通过顺控装置减压至 1.5MPa 后通过厂区管道回供给制氢站汇流排，转供电厂用氢储罐（3台 13.9m³）。加氢站与制氢站间距约 120m，加氢站与制氢站间的厂区管道通过直埋方式敷设。

图 7-11　加氢站高压储氢罐

（2）依托电厂的公用系统供循环水和消防水，减少投资。该项目制氢系统除盐水用量 0.5t/h，取自锡林能源电厂锅炉补给水处理系统的除盐水。电厂除盐水制备工艺采用超滤、反渗透、连续电除盐技术（EDI）的"全膜法"处理工艺，水源为电厂烟气提水，满足制氢工艺水质要求。

该项目制氢站设备总冷却用水量为 130m³/h，冷却水分别从电厂 1、2 号机辅机循环水泵出水管道上引接冷却水供水管供至制氢车间，经设备换热升温后的冷却水送至电厂辅机循环水回水管道再排至冷却塔，形成循环。其中，电厂的生产水优先取用查干淖尔煤田 1 号矿疏干水，节约当地水资源。

此外，该项目消防给水系统依托电厂已建消防给水系统。生活污水接入电厂生活污水管网后汇入生活污水管网内统一送至电厂污水处理系统处理并回用；采暖热源引自锡林能源电厂内采暖供回水；同时设置了全站监控系统，合并制氢和加氢控制系统，并实现远程监视，从而实现制氢系统无人值守，减少运行值班和巡检人员，提高全站控制自动水平，为全站节约能源创造条件。

（3）合并制氢和加氢系统所需的氮气系统，统一由氮气瓶组供应。

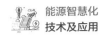

（4）探索"风电和光伏发电制氢，电厂供电作为补充"的运行模式。

清洁能源所发电量接入厂用电系统，制氢从厂用系统 10kV 母线取电的供电模式。该接线方式解决了大功率风 / 氢 / 储系统复杂运行环境、运行工况对风电机组的运行需求，后续将针对大规模风电制储氢混合能源系统的多种运行目标，提出综合考虑系统运行效率、经济性等多重目标的风电、制氢、储氢、化学储能等协同控制及多模式灵活运行技术，实现大功率风 / 氢 / 储系统的灵活稳定运行；项目还将针对目前风电控制系统国产化的产业需求，提出基于国产化处理器的大功率风电机组智能主控系统总体设计方法，突破基于国产化处理器的风电机组智能主控系统研制，解决风电控制系统"卡脖子"问题，实现我国风电产业核心控制装备的自主可控。

制氢间如图 7-12 所示。

图 7-12　制氢间

4. 国内同类技术对比情况

我国氢气制备主要依靠石油化工企业，化石燃料制氢和工业副产气提纯制氢量约占总制氢量的 99%，电解水制氢占比约 1%。煤制氢成本 10~15 元 /kg，工业副产气制氢成本 10~18 元 /kg，电解水制氢成本 13~46 元 /kg，电解水制氢成本最高。

由于制氢成本较高，现阶段加氢站氢气售价远远高于汽油和柴油售价，国内项目均按照完整独立的思路进行设计和建设，不仅要求主要设备投资建设，公共辅助系统也必须进行相应的设计和投入。整体投资增大，占地面积较大，维护费用也相应增加。或者自动化程度不高，无法实现无人值守。该项目公共辅助系统取自电厂，制氢站控制系统采用可编程逻辑控制器（PLC）对工艺系统设备实现程序控制。正常运行时，运行人员在厂外站房电子间操作员站，对制氢站各工艺系统的所有被控对象进行监控，并完成设备的联锁保护，实现就地无人值班。为了提高运行人员对加氢站设备的监视和管理水平，设置工业电视系统。主要监视范围：储气瓶组、氢气压缩机、加氢机、站区大门等处，按 18 点设置。

电解水制氢具有绿色环保、纯度高、生产灵活等特点，其能耗为 4~5kWh/m³（标准状态）氢气。电解水制氢成本主要来源于固定资产投资折旧、电费、固定生产运维开支等，其中电费占其总成本的 7 成以上，是造成电解水制氢成本高的主要原因。该项目探索采用了"风电和光伏发电制氢，电厂供电作为补充"的运行模式，用绿电降低电费成本，同时电厂供电保证了电解槽的连续稳定制氢。并且由于转动设备都设有备用，期间的小修基本不会影响系统的正常运行。

技术先进性：该项目研制基于国产处理器的大功率风电机组主控系统，实现风电机组主控系统核心部件的国产化替代；对风电制氢系统不同运行模式及负荷特性下风电机组灵活控制运行提出了新思路；研究并突破适应宽功率波动范围且低温性能良好的高效风电水电解制氢关键技术，实现高效制氢系统与储氢系统和加氢系统进行技术集成。

示范工程先进性：结合当地用能需求和环保诉求，采用基于先进感知及国产化处理器的制氢风电机组和适应风/氢/储多能耦合系统的智能控制装置，有机地融合了风电、制氢、储氢、用氢，形成了一个绿色、闭环的产业链，形成可复制和推广的绿色供能模式，产生显著的经济与社会效益。

社会效益：该项目解决了水资源匮乏地区绿电制氢缺少水源问题，为保护草原脆弱生态提供新的解决方案，最大限度降低水资源消耗，同时提高绿色电能利用效率，减少传统化石能源消耗，减少碳排放，在北方低温、极寒、缺水地区实现氢能、风能等多能耦合高效集成系统的首次示范应用，为内蒙古自治区实现能源结构转型提供新的思路，可形成适合内蒙古乃至全国重工业、传统工业转型工业园区的绿色用能解决方案。

5. 项目收益

工程静态投资 4617 万元，在电价为 0 元/kWh、制氢站不售氢气且不计除人工成本以外的经营成本的条件下，即只考虑人工成本、折旧摊销、财务费用、保险费的调减下，项目需每年 681 万元的可再生能源制氢补贴才能使项目资本金内部收益率达到 8%；若考虑制氢站按 25 元 /kg（含税）的价格出售氢气，则项目需要每年 372 万元的可再生能源制氢补贴才能使项目资本金内部收益率达到 8%。

绿电制加氢部分以建设风电 12MW，配套 500m³/h（标准状态）制储加氢系统进行测算，社会化配套 20 辆氢能重卡项目为例，该项目一期总投资 10855.83 万元，其中风电储能 6944 万元，制氢站、加氢站总投资 3900 万元。京能查干淖尔风电制氢一体化项目（风电部分）前 20 年年均发电量 0.38434 亿 kWh，同比生产厂用电率降低 0.36%。与燃煤电厂相比，以发电标煤煤耗 301.5g/kWh 计，每年可节约标煤 1.15879 万 t，折合原煤 1.62229 万 t，每年可减少多种大气污染物的排放，其中减少二氧化硫排放量约 3.18237t/ 年，氮氧化物（以 NO_2 计）5.842/ 年，并可减少大量烟尘的排放。不仅是能源供应的有效补充，而且作为绿色电能，有利于缓解电力工业的环境保护压力，社会效益显著。

扣除前期设备投资、系统运行、维护及人工成本后，年化综合收益包括：风力发电替代燃煤收益、售氢收益、碳汇收益，约 1516.246 万元，总投资收益率约 5.88%。该项目氢能部分已经建设投运，风电部分正在执行中，尚未产生最终收益。

随着未来可再生能源发电平价上网，尤其对局部区域弃风弃光的充分利用，可再生能源电价有望持续降低。以目前的电解水水平，当可再生能源电价降至 0.2 元 /kWh 时，电解水制氢成本将接近于化石燃料制氢成本。同时，随着制氢项目的规模化发展、关键核心技术的国产化突破、电解槽能耗和投资成本的下降以及碳税等政策的引导下，电解水制氢技术在降低成本方面极具发展潜力。

6. 项目亮点

（1）风力发电、光伏发电具有随机性、不稳定性、波动性较大，功率输出波动范围较大，影响设备使用寿命，增加运维成本费用，可能导致氢气氧气纯度不够。为解决此问题，该项目优先利用风电、光伏制氢，火力发电作为补充。

（2）按照当前市场氢气价格 40 元 /kg 计算，电解水制氢的电费需要控制在 0.2 元 /kWh 以内，才能实现氢气制造不亏本。该项目集风光火储氢一体，制氢电费可以降至较低状态。

（3）制氢地区与用氢地往往存在一定的空间距离，在没有输氢管网的情况下，需要通过高压气态等方式运输至用氢地，运输加注氢气成本较高。该项目氢气一路通过管道供给电厂汽轮机做冷却剂自产自用，另一路通过管道输送至加氢站满足场内燃氢卡车使用，整个项目氢气运输成本较低。

（4）目前，电解制氢技术可分为碱性电解技术、固体氧化物电解技术和质子交换膜电解技术等。该项目采用碱性电解技术，是技术最为成熟、商业化应用最为普遍的一类电解制氢技术。该项目碱性水电解装置有双极性压滤式结构，可靠性高、能在常温常压下运行。

7. 经验总结

项目以风氢储系统为主要研究对象，结合内蒙古自治区"科技兴蒙"行动，能源结构转型契机以及国家能源局产业发展战略的总体部署，积极响应国家"碳达峰、碳中和"号召，针对当地的能源生产、用能需求，提出了一种全新的模块化组合系统设计集成方案，在关键技术和核心装备方面均具有开创性和突破性，对优化内蒙古自治区能源产业结构，加快能源结构转型，同时促进我国风电制氢产业规模化和可持续发展均具有重大的战略意义。

工艺上，采用"风电光伏 + 火电"互补方式作为电源，既充分利用了光伏风电余电，又通过火力发电保证了电源的持续性。

技术上，采用成熟的碱性电解技术，保证制氢端氢气的可靠性以及纯度。

经济上，充分利用了风电、光伏弃电以及余电，制氢端与需氢端通过管道输送，最大程度降低了制造运输成本。

该项目也促进了风光火储项目交通运输的低碳化转型，氢能作为能够减少碳排放的清洁燃料之一，加注时间短且续航里程长，适合长距离运输。氢燃料电池车在高寒地带替代传统电动能源车，应用于客车、卡车、叉车、船运、轨道运输、航空运输等多种场景也是氢能发展的重点方向之一。

完成单位：北京京能氢源科技有限公司

7.1.4 复杂地质海上风电基础设计施工

1. 背景需求

该项目属于新能源行业海上风电技术开发与应用领域。

我国东南海域是海上风能资源最丰富的地区，该海域地质条件复杂，岩基裸露，岩石抗压强度高达 130MPa，欧洲及我国先前江苏海域的开发经验和相关装备都无法直接应用，导致该海域海上风电开发进度缓慢。国家能源集团福建龙源新能源有限公司南日区域风电场 400MW 海上风电项目是我国第一个复杂岩基地质海上风电项目，以该项目为依托，该课题在国内首次全面开展复杂地质海上风电单桩基础应用研究，探索攻克了基岩强度高、地形地质复杂、大直径嵌岩单桩技术和装备空白导致的海上风电开发难、成本高等问题，形成了可覆盖全类型地质海域的海上风电单桩基础应用成套技术。

2. 成果简介

"复杂地质海上风电基础设计施工关键技术及应用"项目从海上风电单桩基础设计、岩基地质单桩基础施工、关键装备研发等方面进行技术攻关。

打钻式单桩海上打桩试验如图 7-13 所示，"植入式"超大直径单桩施工工艺流程如图 7-14 所示，嵌岩单桩下放内护筒如图 7-15 所示。

图 7-13　打钻式单桩海上打桩试验

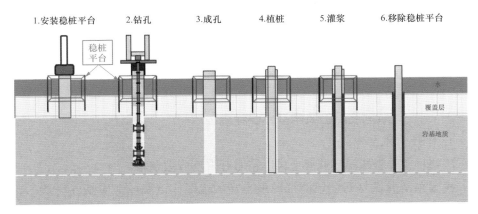

图 7-14　"植入式"超大直径单桩施工工艺流程

该课题是国内首次较全面地开展此类技术研究与应用，形成了复杂地质海

图 7-15　嵌岩单桩下放内护筒

域海上风电开发成套关键装备与技术，使得岩基地质条件下海上风电场建设成为可能。

　　3. 技术创新点

　　（1）提出了打钻式、打扩式、植入式三种大直径单桩基础的分类及标准，发明了无过渡段嵌岩单桩、整体式附属结构等型式，建立了泥面位移控制、嵌岩深度及入桩深度确定等设计指标与方法，适应了我国海上风电复杂地质条件及基础施工特点。

　　（2）首创了无过渡段"植入式"超大直径嵌岩单桩基础成套施工技术，研发了超大直径桩垂直度控制、打入深度预判、大直径硬岩钻进等系列核心技术，成功应用于打钻式、打扩式和植入式单桩基础施工，平均垂直度误差小于 2‰，达到同类技术国际最高水平。

　　（3）研制了国际上钻进能力最强的水下大直径钻机以及现场综合测试控调的关键附属设施、全球起升重量最大的海上风电自升式作业平台、国内首台能量最大的 2500kJ 液压冲击锤等成套装备，全面提升了我国海上风电施工装备自主研发制造能力。

　　世界首创"植入式"超大直径单桩施工技术（海上钻孔）如图 7-16 所示。

图 7-16　世界首创"植入式"超大直径单桩施工技术（海上钻孔）

4. 国内外同类技术对比情况

（1）该项目发明海上风电单桩基础成套技术，首次将单桩基础应用范围扩展到全地质类型海域，适用岩基地质抗压强度达 130MPa 以上，经多名院士、专家鉴定整体技术达国际领先水平。

（2）该项目研发的单桩基础应用技术相较其他基础型式工效提高 3~5 倍，降本达 15%~30%。采用无过渡段单桩技术，垂直度不大于 2‰，安装效率平均 15 天 / 台，优于国外水平（20 天 / 台）。

（3）该项目研制的水下嵌岩钻机最大扭矩 1000kN·m，嵌岩钻孔速率 0.1~0.2m/h，经实践验证优于国外同类水平（扭矩 500kN·m，速率 0.1m/h）；该项目研制的自升式作业平台起重能力居世界第一（2000t），起升高度达 120m，配备自主研发的双层扶正导向系统（纠偏能力 100t）。

5. 项目收益

（1）项目研究成果已在龙源电力集团福建南日 400MW 海上风电工程中应用，结果表明：该套技术及装备彻底解决了复杂岩基地质条件海上风电开发的技术难题，技术应用显著提高海上风电开发速度，大大节约投资成本，取得了良好的经济与社会效益。初步估计，项目可节约投资 1.92 亿元，工期缩短 1 年。

（2）项目成果可迅速在我国海上风电开发中推广应用，显著提升我国海上风电的开发速度，从各省截至 2030 年的规划来看，我国将有超过 4500 万 kW 的海上风电开发可应用该技术，若将相关成果在国内进行推广，产生经济效益将巨大。

（3）超大直径嵌岩单桩技术的研发、施工和装备制造技术亦可为港口码头、跨海大桥等的建设提供借鉴。

6. 项目亮点

（1）设计研发方面：研究大直径无过渡段单桩基础桩土（岩）相互作用机理、嵌岩深度确定方法，针对不同地质类型提出分类设计的理念，发明了无过渡段嵌岩单桩、整体式附属结构等型式，提高安装效率。

（2）施工技术方面：根据复杂岩基海域地质条件，分别研究了"打钻式（drive-drill-drive，3D）""打扩式（drive-drill-expand-drive，3D-E）"和"植入式"方案施工的可行性，研发并采用无过渡段嵌岩单桩成套施工技术，大幅提高施工效率，降低投资成本。

（3）装备研制方面：根据复杂地质海域单桩基础施工特点研制适用于复杂地质海域最先进的海上风电领域最先进的施工成套装备，其中研发的大型水下嵌岩钻机钻进性能超过国际同类钻机水平，自升式作业平台船集运输、打桩、安装于一体，起重能力达世界第一（2000t），2500kJ 双作用液压打桩锤为目前国内自主研发制造的最大液压打桩锤。

7. 经验总结

（1）本项目开创复杂岩基地质海域大直径单桩基础应用之先河，显著提高施工效率，降低投资成本，填补了海上风电开发的技术空白。先后完成了我国岩基地质海域首根超大直径嵌岩单桩基础（打钻式）、首根扩孔式超大直径嵌岩单桩基础（打扩式）以及世界首例"植入式"超大直径嵌岩单桩基础，使得岩基地质条件下海上风电场建设成为可能，引领海上风电行业创新发展。

（2）该项目研发了国内首台海上风电专用大直径水下嵌岩钻机、起重能力最大的自升式作业平台、2500kJ 液压打桩锤等成套关键装备，打破国外的垄断，实现了关键装备国产化，并且装备性能与国外相比更适应于我国海上作业条件。

（3）本项目成果应用为复杂岩基地质条件下海上风电开发提供了样板，显著提升了我国海上风电的开发速度，相关成果亦可为港口码头、跨海大桥等的建设提供借鉴。

（4）节能减排，该项目依托工程福建南日 400MW 海上风电项目投产后年发电量达 14.6 亿 kWh，每年可节约标煤 59 万 t，减少碳排放 40 万 t，为应对全球气候变化，加速能源结构调整作出贡献。

完成单位：龙源电力集团股份有限公司、福建龙源海上风力发电有限公司、江苏龙源振华海洋工程有限公司、中能电力科技开发有限公司、华东勘测设计研究院有限公司

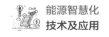
7.2 能源传输侧创新实践

7.2.1 面向极高渗透率分布式光伏并网消纳的现代智慧配用电成套设备

1. 背景需求

近年来，河北南部电网新能源尤其是分布式光伏快速发展。截至 2022 年底，河北南部电网分布式光伏新增装机容量 516 万 kW，新增装机容量占比超 70%，新能源累计装机容量约 3000 万 kW，装机渗透率超 40%，其中分布式光伏累计装机容量 1543 万 kW。河北南部地区分布式光伏渗透率跃居全国第一，部分县级电网分布式光伏渗透率超过 100%。

大规模分布式电源、储能及新型负荷广泛接入各级配电网，配电系统由传统的放射状交流无源系统向末端源网荷储互动、交直流混合系统演变，进而呈现出多元融合与多态混合的新形态。电网的网络形态和调控方式发生了深刻变化，新能源消纳和配电网供电可靠性现实矛盾加剧，成为限制新能源产业发展的瓶颈问题。

电力系统负荷特征由传统的刚性、纯消费型，向柔性、生产与消费兼具型转变，传统配电网和用电侧（配电系统）面临构建"大规模负荷侧灵活资源主 – 配 – 微分层分级互动响应体系"的需求和挑战。

因此，亟须围绕创新布局产业链，开展源网荷储全息感知、交直流柔性互联、分布式协同控制和多元互补能源管控等关键核心技术持续攻关，形成智慧感知与柔性调控成套装备实现产品定型与规模化应用、迭代升级。

通过该项目实施，进一步优化装备的拓扑设计和组件选型，降低装备批量生产的单机成本，提升装备的通信兼容性、长期运行可靠性和多场景适应性。

2. 成果简介

项目旨在围绕产业链布局创新链，通过源网荷储全息感知、交直流柔性互联、分布式协同控制和多元互补能源管控等关键核心技术，实现智慧感知与柔性调控成套装备的定型与规模化应用、迭代升级，解决当前海量分布式光伏接入配电网带来的高渗透率感知、柔性接入和高效安全调控等难题，实现具有 100% 自主知识产权、优质产业带动性、高附加值的分布式光伏极高渗透率消纳技术和产品化推广，形成可复制的源网荷储特色应用场景。智慧感知与柔性调控成套装备技术路线图如图 7-17 所示。

3. 技术创新点

源网荷储特色应用场景运用源网荷储一体化态势感知和规划评估、多种能

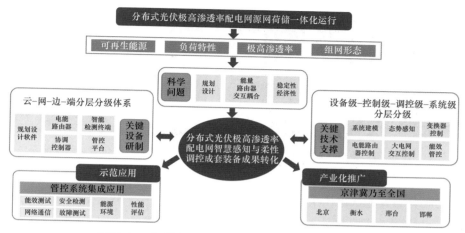

图 7-17　智慧感知与柔性调控成套装备技术路线图

源柔性互联协同支撑、集群协调控制等技术，开展分布式光伏极高渗透配电网智慧感知与柔性调控成套测试验证、装备试制与小范围科技示范和推广应用，实现适应分布式光伏极高渗透率消纳的智慧配用电技术创新，为分布式光伏渗透率达到 100% 以上的区域配电网源网荷储一体化运行技术提供安全保障。

通过规模化应用一批先进科技成果，形成一套涵盖"智能感知 – 柔性互联 – 区内自治 – 区域协调"的可复制、可推广的源网荷储协调控制装备体系，构建"应用场景可再现 – 示范项目可复制 – 关键技术可移植"的现代智慧配用电技术体系，为适应分布式光伏极高渗透率消纳提供了有力保障，并打造省内企业新的智慧配用电拳头产品，包含 2 个及以上示范工程的绿色低碳能源典型应用场景示范群，形成规模化示范效应，促进能源结构调整、促进能源消费和品质、带动能源相关产业发展，实现经济效益、社会效益和环境效益的统一，为我省新能源强省战略提供坚强支撑，助推京津冀地区新能源制造产业升级。

项目形成的智慧感知与柔性调控成套装备主要包含以下四个部分：

（1）智慧感知终端：支持弱通信条件下的无线自组网协议，可支持量测数据不少于 5000 个（产业转化合作方与国网河北省电力有限公司共同研发了综合能源智慧感知终端，在河北省部署 600 余套，签约客户 280 余户）。智慧感知终端如图 7-18 所示。

（2）面向分布式源荷储资源柔性调控的模块化多端口电能路由器：不同电压等级接口不少于 3 个，最大功率不低于 100kW（实现区域内电网、光伏、储能和负荷的柔性互联和协调优化管理，满足资源最大化利用需求）。模块化多端口电能路由器如图 7-19 所示。

图 7-18　智慧感知终端　　　　图 7-19　模块化多端口电能路由器

（3）分布式光伏电压柔性控制装置：支持 LoRa、4G/5G、HPLC 等多种通信方式，可控制逆变器数量不少于 20 台（已在河北南网"县 - 乡 - 村"三级新型电力系统示范工程的平山营里示范子工程进行了应用，有效提升了示范区的电压合格率和光伏用户的发电效益）。分布式光伏电压柔性控制装置如图 7-20 所示。

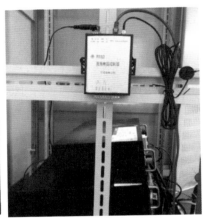

图 7-20　分布式光伏电压柔性控制装置

（4）源网荷储柔性调控系统：具备中低压配电网"分群自治 - 群间协调 - 配微协同"的柔性协调调控能力，基于高性能分布式控制架构，具备配电网故障预警、微电网并 / 离网状态识别及自适应平滑切换调控功能，系统柔性调控策略生成时间不超过 5s（研制了高性能分布式协调控制器等成套软硬件设备，突破了微电网协同支撑、稳定控制难题，母线电压波动率小于 2%，响应速度指标提高 40%）。源网荷储柔性调控系统如图 7-21 所示。

4. 国内外同类技术对比情况

（1）全国企业市场主要偏重信息化建设。从需求端看：企业微电网的需求

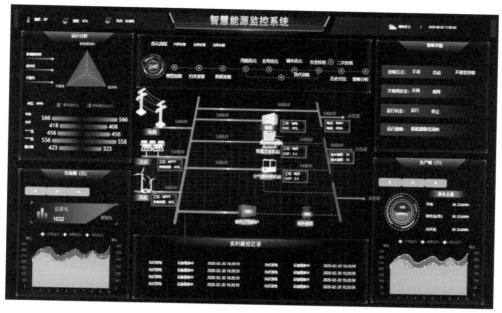

图 7-21　源网荷储柔性调控系统

端是各工商企业主，其中也有较多工商业主委托供电公司代建，这类项目经供
电公司转包后在市场上放出，但最终的需求方均是各工商业主。从供给端看：
参与企业配微电网的市场主体大致可以分为以下三类：①电网公司旗下软硬件
开发及集成服务企业，由于较多业主微电网需求会直接委托供电公司代建，因
此有较多项目被电网公司旗下的软硬件开发及集成服务企业所消化，其中较大
的包括国电南瑞科技股份有限公司、国电南京自动化股份有限公司、许继电气
股份有限公司等。②基于低压电器生产能力向企业微电网延伸的企业，代表性
企业包括浙江正泰电器股份有限公司、上海良信电器股份有限公司，以及海外
龙头施耐德电气（中国）投资有限公司、ABB（中国）有限公司等。③基于细
分领域集成能力向企业微电网延伸的企业，如在电力能效管理领域的安科瑞电
气股份有限公司，配电网 EPCO（"E""P""C""O"分别指"engineer"，即电力
咨询设计；"procurement"，即电力设备供应；"construct"，即电力工程建设；和
"operation"，即智能用电服务）领域的苏文电能科技股份有限公司，电力通信领
域的江苏泽宇智能电力股份有限公司、威胜信息技术股份有限公司，能源物联
网领域的杭州炬华科技股份有限公司等。

（2）分布式光伏的精准、快速控制需求日益迫切。随着国家"双碳"目标
及构建新能源占比逐渐提高的新型电力系统战略的提出，新能源尤其是分布式

光伏的发展进入加速期。构网型智慧微电网内分布式光伏点多、面广，地理位置分散，传统的控制模式存在通信压力大及控制效率低下的弊端，对分布式光伏的快速、精准调控已成为电网发展的必然趋势。

（3）交直流配电系统高度有源化和高度电力电子化导致的电压越限、调峰压力加剧及电能质量问题凸显。新能源的大量接入使配电网变为多端、多源、弱馈问题突出的有源配电网，增加了传统保护误动、拒动风险，因此有必要从电力电子设备级、调度控制设备级、系统平台级三方面开展自主设备和产业化推广。同时，河北省内面向极高渗透率分布式光伏并网消纳的智慧电网示范工程已经初具规模，亟须产业化突破，深入推进科技成果转化落地。

5. 项目效益

（1）经济效益：本项目产业应用的总体目标在于建设包括分布式光伏、电化学储能/抽水蓄能、10kV 及以下配电网和工农业负荷等源网荷储特色应用场景，涵盖现代农业、公共建筑、商业、产业园等至少 3 类主体在内，场景数大于或等于 2 个，实现产品应用场景内分布式源荷储资源高度协同自治，场景内配电网分布式光伏可接入容量提升 15%，配电网末端电压越限率降低 30%。

项目周期内销售分布式光伏极高渗透配电网智慧感知与柔性调控成套装备共计 120 台/套，项目周期内预计完成销售额 600 万元以上。

（2）社会效益：

1）助力能源安全战略方面：该项目的产业化实施可以有效解决供配电资产闲置、低效的问题，通过对典型案例场景内设备负荷情况的优化，控制整个微网系统能量的存储与释放，一是通过分布式光伏台区智能调控终端的台区自治优化，提升分布式光伏的友好并网特性，推动分布式光伏的健康快速发展；二是通过分布式光伏的快速柔性控制，解决微电网的局部电压越限问题，提高微电网的供电品质；三是通过智能调控终端实现分布式光伏对智慧微电网的调峰主动支撑，提高微电网的安全稳定运行水平；实现场景内用能就地优化平衡，达到节能减排，提质增效的目的，在碳减排效益、减少系统备用成本的社会收益、延缓配电网改造的社会收益、带动清洁能源产业发展与就业增长、改善社会福利水平、实现不同供用能系统间的有机协调、提高社会供能系统基础设施的利用率、各类能源的优化利用等。

2）产业生产力促进方面：秉承"全面深度产教融合"思想，与合作和共建单位全方位协同建设产教融合联合体，将高水平高质量的自主知识产权最大程度且最快速性地转化为行业生产力，推动高可靠性微电网应用迈向更高层次，同时辐射或带动产业发展。既能保证全球经济在持续发展中实现低碳化，又能推动经济持续增长。清洁能源作为资金和技术密集型战略性新兴产业，其产业链长，涉及电源、电网、装备、科研、信息等领域，具有显著的技术扩散效应、就业效应和经济乘数效应。

3）人才培养和专业智库方面：积极推进和探索新能源产业学科建设，建立完善的科研体系，为河北省新能源产业树立样板。为河北新能源行业培养一流人才，输送到相关行业重要岗位，成为行业引领者的智库源头。

项目的产品转化和示范将对新能源制造产业升级，推动构建以新能源占比逐渐提高的新型电力系统具有重要意义。

6. 项目亮点

项目总体目标旨在通过关键技术成果转化，形成一套涵盖"智能感知－柔性互联－区内自治－区域协调"的可复制、可推广的源网荷储协调控制装备体系，打造分布式光伏极高渗透率配电网特色场景示范群，形成规模化示范效应，实现具有 100% 自主知识产权、优质产业带动性、高附加值的产品化推广应用。

源网荷储特色应用场景目前拟开展建设 4 个特色示范区：

第 1 个特色示范区为：邯郸武安保税物流园区纯电重卡特色示范区，搭建纯电重卡智慧管控平台，具备终端感知处理、边缘节点本地化分析优化、综合智能决策功能，为纯电重卡集群参与网荷互动提供技术硬件支撑，预计服务纯电重卡车 580 多辆，可平移区域最大负荷功率预计可达 17MW，日平移负荷 50MVA 以上。

第 2 个特色示范区为：衡水多台区低压柔性互联特色示范区，研制适用于低压交直流混联系统的多端口电能路由器，开发区域能源互联网管控平台，考虑分布式光伏的整县推进进度，选择试点区域对所提协调控制策略进行工程应用验证。

第 3 个特色示范区为：沧州全电零碳化人工渔场特色示范区，研制具有台区互联和储能共享功能的三端口潮流控制器，控制台区间的电能互济以及台区间的储能共享；搭建全电零碳化人工渔场微电网，以潮流控制器为核心，将分布式光伏、储能、配电变压器及渔场负荷灵活连接进行工程应用验证。

第 4 个特色示范区为：邢台前南峪含分布式抽水蓄能的零碳配电系统特色示范区，研制含抽水蓄能的零碳配电系统自治控制系统，形成一系列以抽水蓄能灵活调节为主、化学储能为辅，源网荷储灵活、经济、协调控制的零碳配电系统研究成果和运行经验。

7. 经验总结

（1）电力电子设备方面：研制面向工业、商业、农业、居民等多主体的通用构网型智慧电网系列化装置，包括高耐候性可再生能源发电系统、高可靠性大功率储能系统、多能源互联模块化电能路由器和多能源无线终端采集设备，形成构网型智慧微电网分布式逆变器、储能变流器、电能质量综合治理装置等系列产品。

（2）调度控制设备方面：研制面向微电网、虚拟电厂及可调资源聚合商等多主体的分布式光伏台区智能调控终端，对区域分布式光伏进行有功功率和无功功率的快速柔性调节，解决微电网内分布式光伏引起的电压越限问题以及对于电网调峰需求的主动支撑问题。

（3）系统平台方面：研发新一代自主可控兼容构网型智慧微电网集群的动态支撑分层分级主动支撑调控系统，基于高性能分散控制架构，集成快速控制原型开发模式，构建"即插即用、远程下装、自动组网"的智能化能量管理系统和分层分级协调控制软硬件平台，实现微电网网内自治－网间协调－配微协同的集群灵活性动态支撑，形成"对下能源聚合"与"对上配微协同"的分层分级主动调控能力。

完成单位：国网河北省电力有限公司电力科学研究院、国网河北能源技术服务有限公司

7.2.2 柔性直流电网抗扰动性能优化及测试试验

1. 背景需求

构建新型电力系统是保障国家能源安全、践行"双碳"目标的重大举措，大规模新能源电力稳定并网是构建新型电力系统的关键。

柔直技术作为最先进的输电手段，因控制灵活、响应快速、无换相失败在新型电力系统建设、清洁能源并网，特别是深远海、沙戈荒新能源并网领域具有优势。《"十四五"能源领域科技创新规划》新型电力系统及其支撑技术的重点任务中，明确提出研究适应新能源汇集输送的多端柔性直流技术、深远海域海上风电技术。

大规模新能源接入柔直系统后呈现低抗扰、弱支撑特性，对扰动敏感，功率波动、电压暂变、短路故障、电网结构变化等扰动高发，电网安全运行受到挑战。有功扰动方面，柔直送端新能源电力90%的日功率波动传导到调节端，统筹控制困难，扰动情况下存在直流电压、交流频率越限风险。交流电压扰动

方面，送端交流故障后存在恢复过电压风险，受端多无功源缺乏协调导致柔直无功快速调节和主动支撑作用无法发挥。故障失稳方面，柔直系统经大扰动后功率平衡被破坏需进行安全稳定快速控制，其中张北柔直电网超过 5000 种的运行方式增加了控制难度和运行风险；柔直工程大量使用首台首套设备，试验手段不足、设备性能验证不充分。

2. 成果简介

依托国家重点研发计划和国家电网有限公司科技项目，针对柔直系统抗扰关键技术，充分发挥柔直电网灵活控制的优势，综合利用柔直电网周边各种类型发电资源及负荷特点，在有功支援、无功支撑、故障推演及运行方式优化等方面取得技术创新，提升了柔直电网抗扰能力。

（1）稳态有功扰动方面，新能源波动性和不确定性对电网功率稳定控制产生影响。针对扰动情况下的直流电压波动，从换流站本地控制策略及系统级控制策略两方面，研究直流电压稳定控制技术；针对多要素统筹协调困难问题，利用储能机组及不同类型发电机组控制特性，综合利用预测信息及虚拟频率，研究不同时间尺度的联合有功功率协调控制技术，平抑柔直电网整体功率扰动。研发了柔直电网广域联合发电协调控制系统并投入工程应用，增强了系统调节能力，有效平抑柔直电网整体有功波动，降低功率越限风险。

（2）暂态电压扰动方面，针对送端电压扰动，强化孤岛无功电压支撑，从优化柔直交流电压控制模式及暂态响应策略两方面，提升故障后电压扰动平抑的能力，消除孤岛侧系统故障可能导致的新能源机组过电压/低电压脱网事故；针对受端电压扰动，研究了多类型无功源协调控制技术及交流电压与无功双目标控制模式。将仿真结果、计算结果及工程短路试验结果进行比对分析，提升了对柔性直流电网运行特性、故障特性的认知。提出系列优化技术，提升了柔性直流电网抗扰动能力和安全稳定运行水平。

（3）系统失稳扰动方面，针对故障失稳风险，建立了含直流断路器、耗能装置及周边三级交流电网的柔直电网电磁暂态仿真建模，分析了柔直系统故障及恢复期间交直流系统典型特征，研究柔直电网故障推演分析方法；针对故障后运行方式演化问题，研究考虑最大系统输送容量及安全风险的柔直电网运行方式自动优化技术，实现柔直电网运行方式快速寻优。项目开发了柔直电网故障推演及运行方式优化软件，完成张北柔直电网安全稳定控制系统策略验证，支撑工程顺利投运。

（4）设备缺陷扰动方面，针对换流阀解锁扰动问题，研究了降低换流阀解锁冲击电力的控制方法；针对首台首套设备多、海上换流站大型设备返修困难问题，研究了柔直换流站主设备离网试运系列试验方法，解决了现场无系统电源条件下换流站主设备试运难题，提高了换流站核心设备一次送电成功率。

3. 技术创新点

为了保障柔直电网运行安全，实现大规模新能源接入的柔直电网全过程抗扰，本项目从广域有功控制、电压协调控制、运行方式优化、调试试验四方面进行技术创新。

（1）提出单站自律协调的广域有功控制技术。针对扰动情况下的直流电压波动，提出单站自律－系统协调的直流电压控制技术，应用换流站分组及不同电压裕度和死区的下垂控制，实现了直流电压多站协调快速配合。针对多要素统筹协调困难问题，提出含预测信息及虚拟频率控制的联合有功功率协调控制技术，从不同时间尺度动态调节新能源及抽蓄功率，平抑了柔直电网整体功率扰动。研发了柔直电网广域联合发电协调控制系统并工程应用，增强了系统调节能力，有效平抑柔直电网整体有功波动，降低功率越限风险。

（2）提出平抑电压扰动的送受端无功协调控制技术。针对送端电压扰动，提出故障过程积分清零的换流器定交流电压控制方法，通过并网电压和桥臂电流辅助判别限制换流器无功输出，有效抑制了故障恢复过电压。针对受端电压扰动，提出多类型无功源差异化响应的双目标协调控制技术，采用电压无功级联和带约束条件的轮控控制方式，提升了区域电网无功电压运行水平。项目成果在张北工程送受端均得到应用，送端人工接地故障中平抑了故障恢复过电压，工程投运后电压稳定，风机零脱网。

（3）提出柔直电网故障推演及运行方式优化技术。针对故障失稳风险，构建故障推演策略集，在配合盈余功率耗散策略基础上，提出基于分布式实时计算与集中决策的柔直电网安全稳定快速控制技术。针对故障后运行方式演化问题，提出综合考虑最大系统输送容量及安全风险的柔直电网运行方式自动优化技术，实现柔直电网运行方式快速寻优及秒级运行方式转换。研发了柔直电网故障推演及运行方式优化软件，完成了柔直电网安全稳定控制系统策略验证，支撑工程顺利投运。

（4）柔直换流站系统试验技术。针对换流阀解锁扰动问题，提出渐进升压的柔直换流阀主动解锁技术，实现了换流站平稳启动。提出柔直换流站主设备离网试运系列试验方法，解决了现场无系统电源条件下换流站主设备投运前整体性能验证难题，提高了换流站核心设备一次送电成功率。

4. 国内外同类技术对比情况

本项目在柔直电网及周边交流电网动态功率控制性能优化、柔直电网无功协调控制优化、电网故障保护及运行方式优化、设备检测及工程调试等方面取得技术突破。

（1）柔直电网及送受端动态有功控制技术。有功功率协调控制方面，当前技术主要做法是新能源机组、常规机组均按功率曲线进行发电，不同类型发电资源的配合以调度人员下达指令为主。

本项目提出考虑日功率预测及广域一次调频的联合有功功率协调控制；直流电网电压控制方面，当前主要采用带死区直流电压下垂控制；本项目按 VSC 换流站类型进行分组，按组别设计电压裕度和死区，换流器之间协调配合，形成单站自律－系统协调的柔直电网直流电压控制。

（2）柔直电网送受端无功电压协调控制技术。无功电压协调控制方面，当前做法是受 AVC 统一协调控制，常规发电机组、固定电容器是主要无功愿，柔直、抽蓄未作为主要无功调节手段，控制多采用固定无功功率方式。

本项目提出多类型无功源差异化响应及双目标级联的柔直电网与变速抽蓄机组电压协调控制；换流器无功控制方面，通常柔直联网换流站定无功控制方式，孤岛换流站定交流电压控制方式，本项目联网站采用基于交流电压和无功级联的无功控制策略，孤岛站采用积分清零的定交流电压控制方法。

（3）柔直电网故障推演与运行方式优化技术。张北柔直工程是世界上第一个具有网络特性的柔直电网，柔直电网运行方式优化在国内外其他研究机构鲜有研究。

本项目在柔直电网故障推演基础上，以最小功率损失及电网安全稳定为主要目标，提出考虑电网拓扑及故障过程的柔质电网运行方式优化技术；保护定值整定校核方面，通常采用系统阻抗分布及短路电流计算结果进行计算，本项目提出采用全电磁暂态仿真和自适应时间窗的新能源并网线路保护灵敏度计算方法。

5. 项目收益

该技术在张北柔直电网实现应用，优化了张北柔性直流电网控制保护性能，提升了柔直电网稳定运行水平和电网抵御事故风险的能力。

（1）项目有功功率控制技术成果在张北柔性直流电网应用，日功率峰谷差由大于 800MW 减小到小于 600MW，减小了大规模新能源电力波动性对电网的冲击和影响。

（2）项目运行方式优化控制技术在张北柔性直流电网应用，实现故障后运行方式自动优化，降低了故障后直流电网在可控运行方式下的风险。

（3）项目高阻抗电力设备相量测试技术在张北柔性直流电网应用，解决了阜康换流站高阻抗变压器无法测量相量的问题，保障了工程顺利投运。项目成果优化了换流站的抗扰性能，对比工程初期大幅减少了扰动、振荡现象，功率输送极限提升至 100% 额定功率，$N{-}1$ 故障后柔直电网功率送出极限从 40% 额定功率提升至 73% 额定功率。

截至 2023 年 4 月 2 日，张北柔性直流电网已累计向北京供应绿电超过 170 亿 kWh。

该技术在亚洲首座海上柔性直流工程——江苏如东海上风电柔性直流输电工程（以下简称"江苏如东工程"）实现应用。项目成果换流站核心设备离网试运技术在江苏如东工程应用，海上平台出海前完成了设备首次离网带电试验，提高了工程调试效果，发现施工安全隐患，缩短调试工期，避免因启动期间故障造成的电网冲击及工程延期。将工程投产周期提前了 3 个月，折合增加发电收入 7.48 亿元。项目功率控制技术成果在江苏如东工程应用，确保了工程高水准投运、高功率水平消纳大规模海上风电，高水平安全稳定运行。江苏如东工程 2021 年 11 月 7 日完成并网启动，2021 年 12 月 25 日即完成全容量并网。

6. 项目亮点

项目成果在张北柔直工程应用，促进张北工程稳态输送极限提升至 100% 额定功率，完善了柔性直流组网、可靠性提升两大技术难题解决方案，支撑张北工程荣获第七届中国工业大奖。项目成果推广应用至江苏如东工程，缩短调试期 3 个月，折合增加发电收入 7.48 亿元；江苏如东工程持续高功率水平运行，投运至今未出现事故停运，仅工程投运后第一年其送端风电企业即完成发电 34.7 亿 kWh，实现销售收入 26 亿元。

提高可再生能源送出水平，助力能源扶贫政策落地。推动张家口国家可再生能源示范区、张家口新型电力系统示范区建设；拉动当地风、光发电投资 600 亿元，惠及 1000 余座光伏扶贫电站和 10.4 万贫困户。

助力北京"蓝天计划"，打造"零碳冬奥"名片。输电功率最高超过北京全市用电负荷的 1/8，每年可向北京输送 140 亿 kWh 的绿色电能；助力北京冬奥会全部场馆 100% 清洁能源全覆盖，在世界舞台上全面展示了中国"能源生产和消费革命"的新模式。爱国主义教育典范，促进绿色发展理念深入人心。张北工程是中国原创、领先国际的重大技术创新，创造了 12 项世界第一，张北工程被中宣部、国资委等单位选树为"爱国主义教育基地""科普教育基地",累计开展各类教育 5700 余人次。

7. 经验总结

国家能源安全是关乎国计民生的大事。加快规划建设新型能源体系,构建以新能源为主体的新型电力系统是国家重大决策部署。为探索"沙戈荒"、深远海能源高效利用模式和方案提供参考和补充,是国家能源安全、新型电力系统范式的重要尝试,为破解新能源大规模开发利用世界级难题提供了"中国方案"。

推动我国高端电力装备制造,巩固和扩大了我国在世界输电领域的技术领先优势。推动中国制造向中国创造转变,中国产品向中国品牌转变,推动高端电力装备制造,促进我国标准、装备、技术走向世界。

完成单位:国网冀北电力有限公司、中国电力科学研究院有限公司、华北电力大学、南京南瑞继保电气有限公司、许继电气股份有限公司

7.2.3 基于能源路由器的交直流混合配电网建设

1. 背景需求

应对全球气候变暖,中国于 2020 年提出碳达峰碳中和(双碳)目标。在"双碳"目标的激励下,我国的风电、光伏规模不断增加。这些新能源发电具有地理分散性、间歇性、随机性和不可控性等特点,很难直接与现有的电力网络有机融合。同时,以电动车为代表的新型不确定性的负载加入,使电能的流动和管理变得更加复杂。不仅于此,目前无法对电网功率和供电负荷进行准确判断,分布式光伏、风电、充电桩等设备电能转换过程的不稳定将严重影响配电网的稳定运行。

传统的电力系统和电力设备往往被动地调节功率平衡,对功率流的主动控制与分配较为困难,传统电力系统的运行方式很难胜任目前高比例新型源荷接入后的配网稳定运行的要求。为了减轻电网压力、增加可再生能源利用率、提高能源的综合利用效率,传统的单一集中式发电正逐渐向集中式、分布式并存的发电方式转变。研究新型配电网能源路由器(见图 7-22),可以有效解决分布式可再生能源发电、新型用电设备与电网的融合问题。通过对分布式发电的预测和调度,对新型不确定性负载的监测和控制,可以实现对电网功率和供电负荷的准确判断,降低对传统电力系统的依赖,提高可再生能源的利用效率,提高电网的可靠性和稳定性。

图 7-22　新型配电网能源路由器

2. 成果简介

针对分布式光伏、风电、充电桩等大量接入后给配电网的安全稳定运行和能量调度带来的一系列影响，从新型配电网拓扑结构、能量调度方式、信息交互方式 3 个角度研究基于能源路由器构建交直流混合配电网关键技术。该技术的实现，将从 4 个方面解决目前配电网遇到的问题。

（1）基于能源路由器建设低压直流母线，实现高比例分布式新能源及充电桩的直流母线接入和配套储能的直流母线接入；实现对各个源荷单元的功率实时柔性无级差控制，提高配电网的可靠性和新能源消纳能力，保障配网稳定运行。

（2）将分布式光伏、风电等新能源和充电桩等新型负荷对电网的影响尽量降低，并提高新能源的利用率，降低能量变换的系统损耗。

（3）简化配电网结构，简化调度控制方式。依靠本地采控系统和强大的边缘计算能力，实现对微网的本地实时最优控制；建设基于能源路由器的台区智慧管理平台，实现电网公司对台区和末端的深度管理，实现远程全局优化调节。

（4）实现直流配电，实现微网系统的无缝离并网切换，提高交直流双母线供电的运行可靠性。

本项目研制了多模式运行的四象限变流器，研究了本地光储充一体化控制策略、并离网快速切换算法、充电桩柔性有序充电控制算法和全局优化调控策略。在此基础上研制了 400V 并网的交直流多端口能源路由器设备，并实施现场运行测试，运行结果验证了项目的研究成果，实现了多种源荷的直流接入和优化控制，减小了新型源荷对配网的冲击，提高了新能源的接入比例、利用效率和配电网的运行稳定性。

3. 技术创新点

（1）针对高比例分布式新能源及充电桩的接入对配电网造成的影响，设计出交直流双母线电路拓扑，实现新型源荷的直流母线接入和重要交流负荷的可靠供电。光、储、充在直流母线统一调控后并网，降低了互相之间的干扰和对电网的影响，进而提高了新能源的消纳比例和系统运行的稳定性。

（2）针对本地实时控制的需求和全局优化控制的需求，设计了分层能量管理技术。基于物联网技术和边缘计算能力，建立分层能量管理系统，建立动态多目标控制模型，根据实时测量信息决定本地调控策略。能源路由器具备独立的能量管理控制器，内嵌有并网模式、离网模式、自协调模式、云端控制模式等多种运行模式，可通过台区智能终端将所有参数信息接入到主站平台，主站平台也可下发控制指令到能源路由器，能源路由器会根据指令分解下发到接入的各个终端设备，完成对后台指令的响应与执行。

（3）结合新能源微电网的特点，开发了无缝离并网切换技术。自主研发四象限并网变流器，采用快速检波和快速开关技术，当电网发生故障或波动时，通过快速开关切断与电网的连接，由光伏、储能等直流电源逆变后继续为重要负载供电，整个切换过程在 10ms 以内，解决电压暂升暂降对精密负载的不良影响及停电状况下的不间断供电，能源路由器还可实时检测电网状态，电网故障消除后，自动恢复与电网的连接，实现负载保供与故障自愈的效果。

（4）针对台区的电能质量问题，提出了基于能源路由器的电能质量治理技术。通过信号检波技术、SVPWM 技术、主控制器与模块单元之间的功能分配，在能量调度的同时实现无功、谐波、不平衡治理。

（5）结合前期规划和后期运行监控的需求，设计了实时仿真平台。利用数字孪生技术建立仿真平台，采用模型仿真与实际检测相结合的方式指导产品设计，优化项目方案，监测系统运行。

4. 国内外同类技术对比情况

为满足分布式电源高渗透率及高可控要求，交直流混合新型配电网已成为发展趋势。通过多种类型分布式电源、可控负荷及配电系统柔性交／直／储设备的灵活多变协调控制，能够实现大规模可再生能源、电动汽车并网，可构建高效的能源供给和利用系统。因此，基于交直流混合新型配电网的"源－网－荷－储"协调控制已成为学术界和工业界关注的重要方向。

国外相关研究机构／公司对多类型可调控资源协同调度策略研究情况一览表见表 7-3。

表7-3　国外相关研究机构/公司对多类型可调控资源协同调度策略研究情况一览表

序号	机构名称	相关研究成果	成果应用情况
1	Delft University of Technology 代尔夫特理工大学	对配电网分布式集群分区划分，实现了对配电网节点的电压二次控制	应用在 IEEE-39 系统中，大规模分布式电源接入后的节点电压在要求范围内
2	美国麻省理工学院	提出三层的混合分层控制架构，实现了顶层最佳调度，中间层快速响应，底层执行本地边缘决策	应用在改进的含 80%DG 的 IEEE-34 系统中，优化了组合目标
3	德国 RWTH 亚琛大学机床与生产工程实验室（WZL）	将自动化技术和生产过程与基于云的技术（以边缘为中间层）相连接	使用名为 AWS' 的边缘技术在工业演示器上实现了"边缘供电工业控制"概念

国内其他研究机构/公司对多类型可调控资源协同调度策略研究情况一览表见表7-4。

表7-4　国内其他研究机构/公司对多类型可调控资源协同调度策略研究情况一览表

序号	机构名称	相关研究成果	成果应用情况
1	上海交通大学	主动配电网的分层能量管理与协调控制实现了间歇式能源的有效消纳	采用佛山主动配电网间歇式能源消纳示范工程作为算例，平台测试应用
2	东北大学	能源互联网的能源协调优化控制策略，实现分布式能源有效消纳，抑制网络与用户波动	平台测试应用
3	北京乐盛科技有限公司	研发本地协调控制器，内置多通信接口及协议，与接入微网的能源设备通信，实时协调多种能源本地自适应协调运行，无需人工干涉	在宁夏、新疆、河南、福建、天津、陕西等地已建成多个应用试点，在运行中已完成方案验证

5. 项目收益

该技术可以应用于具有光伏发电、电动车充电或直流供电需求的场景，具体可以分为小规模户用场景、公共配电台区应用场景和工商业园区应用场景。

该技术在国网宁夏某供电公司进行了现场实测应用。通过项目试点研究和建设，加强智慧台区核心能力建设，推动助力该省智慧台区市场开拓和项目推广。随着各地光伏和充电项目的大量建成，台区侧负荷用量的大幅增加，各地用能矛盾的现象已经日趋明显。目前国家电力政策鼓励削峰填谷，因此能够充分消纳利用新能源发电在台区侧具有突出的经济效益。项目建设情况如图 7-23 所示。

图 7-23　项目建设情况

　　本项目光伏总容量为 206kWp，根据宁夏地区光照利用小时数约 1700h，每 1Wp 的光伏年发电量约为 1.7kWh，则本项目光伏年发电量约为 35.02 万 kWh，按照每度电 0.5 元计，则光伏每年可得收益为 17.51 万元。本项目储能共装机容量 200kWh，采用"峰放谷充"的策略进行充放电，峰谷电价差按 0.8 元计，每日充放电两次，则储能每年可得收益 11.68 万元。V2G 充电桩装机总量为 160kW，预估每天 10% 的充电率，服务费按 0.5 元 /kWh 计，则每年可得收益约为 7 万元。综上所述，本项目收益来源分为光伏发电、储能峰谷充放电以及充电桩的运营，每年可取得收益约为 36.2 万元。

　　光伏发电在直流环节直接被充电桩和其他直流电器用掉，直流用电比交流用电在转换环节的损耗约降低 6%，则光伏年发电量的 35 万 kWh 每年对应节约电量约 2.1 万 kWh，假设每辆车每次充电 50kWh，则节约的电量可以充 420 辆电动车。

　　国网宁夏供电所项目建成后实现光伏发电 100% 全额就地消纳、光储充协同优化控制、高可靠供电和新型微电网示范建设，最终达到台区智慧"零碳"运行的效果，具有良好的社会示范作用。

　　6. 项目亮点

　　（1）简化了配网拓扑，提高了能量转换效率：光、储、充等新型电力资源本质上均为直流特性，传统的交流并网转换为直流转换为交流，用电则是交流再转换为直流，转换环节多，每一节转换均损耗 3%~5%，效率较低；基于能源路由器建立的直流微网系统则是将设备接入直流母线,中间的相互供电省区交流转换环节,仅保留一个交流接口用于与电网的连接,减少了能量转换的损耗,提高了能源利用效率,转换效率对比图如图 7-24 所示。

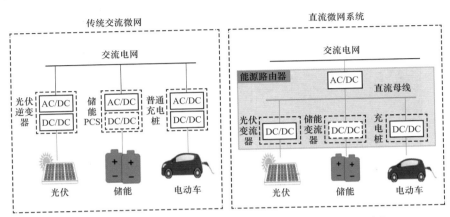

图 7-24 传统交流微网与基于能源路由器直流微网拓扑对比

（2）远程和本地双层控制,提高了控制可靠性和调度管理效率:新型配电网能源路由器可以同时接入多种不同类型的能源（例如光伏、储能电池、直流充电桩、新型直流家电等）,并将这些资源统一调配管理,可以在能源产生和需求之间进行平衡,提高能源的利用效率并降低对外部电力系统的调配依赖,减轻电网的调度压力,减少运行成本,通信架构对比图如图 7-25 所示。

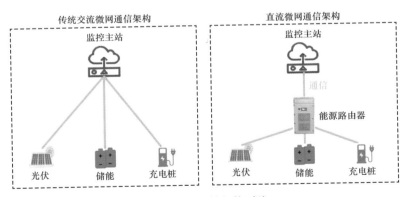

图 7-25 通信架构对比

（3）提高电能质量及供电可靠性:由于直流的传输特性,低压直流微网系统的电能传输过程中没有无功、谐波等问题,减少电能质量问题,当遭遇电力系统故障或外部电网断电时,它能够提供独立的电力供应,故障切换时间不超过 20ms，保障重要负载不断电，提高用户的供电可靠性。

（4）提升需求响应能力：能源路由器可以提供快速的需求响应，从而在负荷变化或故障发生时，能够迅速向系统注入或吸收电能，以平衡电网功率和负荷需求。这使得直流微网系统具有更快的功率响应速度，以及更平滑的功率曲线，响应速度可在 5s 内响应完成，相比传统电网的分钟级以上响应速度，有较大提升。

7. 经验总结

光伏板输出的电能是直流电；电动车的本质就是电池，因此它和其他化学储能电池一样也是直流电；风机虽然是交流电，但目前主流的风机并网变流器是先整流成直流再逆变；家用电器和办公设备等用电负荷的内部目前也大部分都是直流电，因此，直流配电必将是未来的趋势。但是，毕竟在目前的阶段配电网和用电设备的输入型式都还是交流电，因此综合考虑，目前构建交直流混合配电网是一个较好的技术路线，尤其在新型源荷占比较高的场合。

目前配电网问题的根源是由原来的能量单向流动变为了能量随机双向流动，因此调度控制也就应由原来的"源随荷动"变为"源荷互动"。但目前，在配电网，通信通道不健全，调度控制自然也就不能很完善。考虑到配网点多面广的天生复杂性，如何简化调控策略和尽量实现本地自治，就显得尤为重要。分级分层的通信和控制方案可以降低对通信的依赖，简化后台控制策略和调控频次，提高系统运行的可靠性。

在建设方面，由于目前我国新能源的发展非常迅速，每年的新增量甚至大于历史存量，因此我们可以着眼于新建项目，而不是花更大代价去改造存量的老项目，这样可以更加经济，更好地服务于配电网针对新型源荷的升级改造。

完成单位：北京乐盛科技有限公司

7.2.4 源网荷多时间尺度互补优化调度硬件在环仿真平台测试

1. 背景需求

近年来，随着新能源的大规模发展、应用和接入，电力系统规模不断扩大，复杂性不断增加，电力系统的调度和运行变得越来越复杂。国家能源局 2024 年 4 月印发的《2023 年能源工作指导意见》指出，2023 年风光发电量占全社会用电量的比重达到 15.3%，风光装机容量增加 1.6 亿 kW 左右。2023 年 1~12 月新增风光装机容量已经达到 10.5 亿 kW，风光发电总量达到 7.291 亿 kW。

为落实国家发展和改革委员会、国家能源局、各省（市）政府的政策要求，深化开展电力负荷管理，促进新能源消纳，保障电力供应安全，服务新型能源体系建设，构建统一管理、统一调控、统一服务的源网荷多时间尺度互补优化调度硬件在环仿真平台。示范项目以构建资源管理更精益、互动服务更优质、安全防护更坚固、业务运行更高效的能量管理在线实验平台为出发点，建设"云–管–边–端"为主要架构的硬件在环半实物仿真平台，服务新型电力系统战略、助力精准电力保供、提升用能服务水平。

2. 成果简介

示范项目以北方某一城市作为试点地区，建设具备"安全、实时、精准、互补"的新型电力系统智慧管理示范工程，聚焦三大场景，应用智慧能量管理平台，建设多时间尺度、多类型源荷特性曲线接入的典型示范项目，实现不少于 1 万 kW 规模化负荷接入与控制。围绕多源荷类型接入、多节点监测调控、多时间尺度互补优化、协同控制等业务，构建适应不同场景需求和时间尺度的验证体系。

3. 技术创新点

针对目前接入新能源的电力系统普遍存在的电能质量、电网经济性问题，提出了一种多时间尺度互补优化的调度策略。运用数字孪生的思想方式，建立匹配实际对象的数字化模型。同时从源侧和需求侧入手，根据未来数据对已有系统提前进行规划，使得电网侧经济性最优，在运行时不断根据更精确的数据进行修正出力，同时能够在突发情况实时调节，保持电力系统的稳定性。多时间尺度互补优化的调度策略示意图如图 7–26 所示。

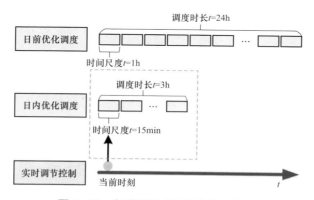

图 7–26　多时间尺度互补优化示意图

（1）日前优化调度。日前优化调度是指通过日前预测的 1h 时间尺度数据，以经济性最优为目标，对 24h 进行优化调度。

1）优化目标。配电网的日经济性最优。

2）目标函数。

$$\max C = -C_{DR} + C_{grid} - C_{flow} - C_{cost} \qquad (7-1)$$

式中：C 为配电网的利润；C_{DR} 为激励响应的成本；C_{grid} 为电网卖电的利润；C_{flow} 为电能质量的成本；C_{cost} 为源侧各设备运行、维护成本。

3）激励响应的成本。C_{DR} 为所有可响应负荷全天负荷削减 C_{DR}^{LC} 和负荷转移 C_{DR}^{LS} 的总激励成本。

$$C_{DR} = C_{DR}^{LC} + C_{DR}^{LS} \qquad (7-2)$$

4）电网卖电的利润。在第 t 时刻电网卖电的功率受到了第 t 时刻激励性需求响应的影响，因此电网在第 t 时刻最终电量如式（7-3）所示。

$$P_{grid,t} = P_{0,t} - P_{DR1,t}^{LC} - P_{DR,t}^{LS} + P_{DR2,t}^{LS} \qquad (7-3)$$

式中：$P_{grid,t}$ 为 t 时刻电网实际卖电的功率；$P_{0,t}$ 为 t 时刻电网未优化要卖电的功率；$P_{DR1,t}^{LS}$ 为 t 时刻负荷削减的功率；$P_{DR,t}^{LC}$ 为 t 时刻负荷转移转出的功率（若该时刻未被转移则为 0）；$P_{DR2,t}^{LS}$ 为 t 时刻负荷转移转入的功率。

因此，电网每个时刻卖电利润之和即为电网卖电的利润。

5）电能质量的成本。对于电网来说，电力系统的稳定性是最基本和最重要的指标。为了电网的正常运行，在优化完其他参数之后必须要保证电能的质量。

通过潮流计算的方式来计算出各节点的电压幅值、相角和各支路的线路功率，通过比较各节点的电压降落和电压偏移是否达到要求。如果所有节点都达到要求，则 C_{flow} 为 0。若存在不达到要求的节点，则对电网稳定性的成本 C_{flow} 设立惩罚项（为大于 0 的正数）。

由于该优化目标最重要的目的是保持电压稳定性，只要 C_{flow} 的值较高，那么优化效果就难以最优。

6）运行和维护成本。对于网侧而言，架设新能源微源还存在运维相关成本如下：

$$C_{cost} = C_{WT} + C_{PV} + C_{SR} \qquad (7-4)$$

式中：C_{WT}、C_{PV} 分别为风机、光伏设备的运维成本；C_{SR} 为系统的备用成本，在突发情况下可以启用备用负荷进行调节。

（2）日内优化调度。日前优化调度通过日前预测的 1h 时间尺度数据，以经济性最优为目标，对 24h 进行了优化调度。然而，日前预测由于时间尺度较大，其精度并不足以迎合实际情况。日内优化调度以 15min 为时间尺度，通过模型预测控制（MPC）实现闭环控制，对当前时刻未来 3h 日前的出力计划进行相应

调整。

1）预测模型。该场景中包括分布式能源和可调节负荷。考虑到该优化调度属于非线性、不确定性的多输入、输出问题，将状态空间表达式作为预测模型。将各分布式能源和可调节负荷设为可控变量，可得下列空间表达式。

$$\begin{bmatrix} P_G(k+1) \\ P_L(k+1) \end{bmatrix} = \begin{bmatrix} 1 & 0 \\ 0 & 1 \end{bmatrix} \begin{bmatrix} P_G(k) \\ P_L(k) \end{bmatrix} + \begin{bmatrix} 1 & 0 \\ 0 & 1 \end{bmatrix} \begin{bmatrix} \Delta P_G(k+1) \\ \Delta P_L(k+1) \end{bmatrix} \quad (7\text{-}5)$$

$$y(k) = \begin{bmatrix} 1 & 1 \end{bmatrix} \begin{bmatrix} P_G(k) \\ P_L(k) \end{bmatrix} \quad (7\text{-}6)$$

式中：P_G、P_L 分别为能源、负荷的出力；ΔP_G、ΔP_L 分别为能源、负荷的出力增量。

2）优化模型。日内优化调度以滚动时域内为区间，因此目标函数考虑范围也在对应滚动时域内。由于日内优化调度是以日前优化调度为基础的，时间计划已经在日前安排好，因此需要尽可能减小日内和日前预测的负荷出力波动，进一步减小对用户侧的用电计划影响，同时又使得电压相对稳定。

对负荷出力差值给予惩罚，使得其波动较小。

$$\min F = \sum_{i=1}^{T} \left[\lambda_1 \sum_{j=1}^{I_L} \left| P_{j,L}(k+i \mid k) - P_{k+i,j,L,\text{ref}} \right| \right] \quad (7\text{-}7)$$

式中：λ_1 为负荷出力的波动惩罚因子；$P_{j,L}(k+i|k)$ 为日内 k 时刻对 $k+i$ 时刻的负荷预测出力；$P_{k+i,j,L,\text{ref}}$ 为日前 $k+i$ 时刻的负荷出力。

由于模型的不确定性，以及可能存在干扰，因此只沿用控制序列第一个分量作用于系统，需要滚动优化。

3）反馈校正。由于实际和预测控制所得到的输出控制序列存在偏差，故引入反馈校正环节，以实际测量值来对系统的模型输出进行修正。将实际测量值作为下一轮滚动优化的初始值，从而构成闭环优化控制。

$$P_0(k+1) = P_{\text{real}}(k+1) \quad (7\text{-}8)$$

式中：P_0 为滚动优化的初始出力；P_{real} 为实际出力值。

（3）实时调节控制。日前优化调度初步确定了 24h 内的负荷调度情况，日内优化调度根据更精确的 15min 级别出力预测对日前优化调度进行了修正。然而，由于更短时间的出力难以精确预测，以及用户侧潜在的非理性用电行为等情况，电压仍有可能会出现越限情况。为了系统的稳定性和安全性，此时需要通过需求侧对系统进行实时调节控制。

实时调节控制力求使用尽可能少的资源来满足电力系统稳定。通过灵敏度分析可以对电网各个可调负荷和目标节点进行系统分析。

对于任意一个节点 k 来说，在任意目标节点 f 接入一个可变负荷之后，各个节点对目标节点 f 接的灵敏度大小变化趋势图如图 7-27 所示。

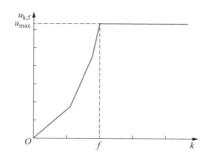

图 7-27 目标节点和可调节点各情况灵敏度关系示意总图

图 7-27 中，$u_{k,f}$ 为 k 节点对 f 节点的灵敏度，代表了 k 节点受 f 节点功率变化导致电压变化的影响；u_{max} 为任意 k 节点对 f 节点的灵敏度的最大值，表明对任意 k 节点，该灵敏度均存在最大值。

即在目标节点 f 接上游处的节点，越接近目标节点 f 接其灵敏度大小越高，在目标节点 f 接下游处的节点与目标节点 f 接的灵敏度相同。

由于不同可调节负荷的出力裕度不同，如果不考虑出力的话，可能会在出力裕度较小的负荷上浪费控制时间，降低效率。如果单次出力裕度过大的话，又会过度使用调整容量，降低效率。根据不同可调节负荷出力情况对应设立单位出力裕度，提出结合单位出力裕度下的灵敏度分析指标：

$$l_{P_{k,f}} = P_{f,max} u_{P_{k,f}} \tag{7-9}$$

$$l_{Q_{k,f}} = Q_{f,max} u_{Q_{k,f}} \tag{7-10}$$

式中：$P_{f,max}$、$Q_{f,max}$ 分别为 f 节点的可调负荷有功、无功调整单位最大裕度；$u_{P_{k,f}}$、$u_{Q_{k,f}}$ 分别为 k 节点对 f 节点的有功、无功功率灵敏度，分别代表了 k 节点。受 f 节点有功、无功功率变化导致电压变化的影响；$l_{P_{k,f}}$ 为 f 节点对 k 节点综合负荷调整出力的有功电压灵敏度；$l_{Q_{k,f}}$ 为 f 节点对 k 节点综合负荷调整出力的无功电压灵敏度。

因此，在节点电压出现越限情况下，根据越限节点对各个可调负荷的单位出力裕度下的电压灵敏度，可以按照先后顺序进行功率出力调整。有效提高控制效率，减少冗余控制。

4. 国内外同类技术对比情况

（1）国外相关技术进展情况。国外在源网荷多时间尺度互补优化调度方面

的研究已经取得了一定的进展。以下是一些主要发达国家的现状：

1）美国：美国能源部资助了电力系统集成研究项目，其中包括基于多时间尺度优化框架的调度策略研究和示范工程。这些项目旨在提高电力系统的经济性和稳定性，并推广源网荷多时间尺度互补优化调度的应用。

2）欧洲：欧洲国家如德国和丹麦等也高度重视智能电网和可再生能源的发展。这些国家正在推广源网荷多时间尺度互补优化调度的应用，并致力于提高电力系统的灵活性和可靠性，以适应大规模新能源的接入和高效利用。

3）日本：日本在新能源和智能电网方面也进行了大量研究和投资。一些日本公司如东京电力公司和关西电力公司等已经开展了基于多时间尺度优化框架的调度策略研究和应用，旨在提高电力系统的效率和可靠性。

（2）国内相关技术进展情况。中国南方电网有限责任公司是关系国家安全和国民经济命脉的特大型国有重点骨干企业。近年来加强了源网荷多时间尺度互补优化调度方面的研究和实践。该公司已经建立了基于多时间尺度优化调度框架的"源网荷储一体化"调度模式，旨在实现电力系统的全面优化和高效运行。具体来说，中国南方电网有限责任公司通过以下几个方面推进源网荷多时间尺度互补优化调度的研究和应用。

1）搭建多时间尺度优化调度平台：中国南方电网有限责任公司利用先进的优化算法和计算机技术，建立了多时间尺度优化调度平台，实现了从分钟级到小时级再到日、月、年的多时间尺度优化调度。

2）推广应用新能源：中国南方电网有限责任公司在大力推广应用新能源方面，积极探索基于多时间尺度优化调度的调度策略和技术手段，以提高新能源的利用率和经济性。

3）联合科研机构和高校开展研究：中国南方电网有限责任公司与国内知名科研机构和高校合作，共同开展源网荷多时间尺度互补优化调度的相关研究和示范工程，推动技术创新和应用。

5. 项目收益

（1）管理效益。项目建成后，可有效提升电网规划和运行优化能力，进行新能源资源开发及电网接入分析，便于电力设备故障诊断和处理，对电力系统规划方案优化评估，并实现基于数字孪生技术的运行管理。可以提高电力系统的效率和可靠性，降低电力系统的建设和运行成本，为电力系统的可持续发展提供支持。

（2）经济效益。通过推广新型半实物仿真平台，实现云边协同控制及边缘计算，对新能源大幅接入下的电力系统的新能源消纳能力提供保障，同时进一步支持对控制策略的优化和对控制算法的开发。据初步估算，电力系统中电压每越限 0.1kV 负荷，对电力系统的经济性影响在 5000 元左右，通过该示范工程建设，可大幅减少新能源大幅接入对电网经济性的潜在损失。

（3）社会效益。一方面可以通过物理设备、信息空间、电网互动的智能感知与协同控制，实现能量管理优化配置并与源网荷友好互动，促进新能源消纳，提升电力系统经济性以及稳定性；另一方面通过该应用案例展示，为电力系统的多时间尺度互补优化提供参考依据，同时为控制策略的优化、控制程序的开发验证提供技术支撑，并提供为可面向社会复制推广的管理方案，打造业务典型示范、市场宣传、技术培训和绿色发展的名片。

6. 项目亮点

（1）创新应用硬件在环仿真技术模拟多样场景。新型硬件在环仿真平台可精确模拟实际电力系统中的源网荷运行状态，实时性强、仿真效果好、操作灵活。具体来说，它能够将电力系统的工作过程通过图形化、模型化的方式呈现出来，并且实时反映出各部件的运行状态、运行参数等信息。同时，还能够模拟各种可能的电压越限和突发事件，为电力系统的安全稳定运行提供保障。

（2）开展多项调控策略研发。该项目利用新型硬件在环仿真平台，凭借其高度的可自适应性和可扩展性，能够根据不同的需求场景进行灵活的配置和开发，充分利用不同负荷响应时间尺度不同的特性进行不同策略的优化调度，以满足需求。

（3）聚合万千瓦级别可调节负荷资源。项目接入场景丰富，建成后可实现不少于 1 万 kW 的可观可测可控负荷资源，其中包含多种商业、工业、民居类负荷，具有广泛参考价值。

7. 经验总结

新型硬件在环仿真平台精确模拟实际电力系统中的源网荷运行状态。随着需求侧资源种类越来越丰富以及需求侧响应管理能力不断进步，其目前已经成为削峰填谷的重要手段。该项目通过利用新型硬件在环仿真平台的卓越性能和特性，可以根据不同的需求场景进行灵活的配置和开发，对多种场景进行有效优化调度配置。通过利用新型硬件在环仿真平台验证各种情况下系统利用需求侧响应的削峰填谷能力及其效益，使大量的柔性负荷发挥聚沙成塔的效益，成为新型电力系统灵活调节能力的主要来源之一。

完成单位：北方工业大学、国网冀北电力有限公司电力科学研究院

7.3 能源消费侧创新实践

7.3.1 用户侧负荷智慧管理能力建设

1. 背景需求

近年来，我国夏季多地气温屡次达到或突破历史同期极值，叠加干旱、无风等不确定性因素，造成我国电力供需矛盾紧平衡的局面。据国家气候中心预测，2023 年夏季高温极端天气事件偏多，叠加经济加速企稳回升，迎峰度夏期间电网企业经营区负荷仍面临着严峻保供形势。

为落实国家有关要求，深化开展电力负荷管理，促进新能源消纳，保障电力供应安全，服务新型能源体系建设，亟需构建统一管理、统一调控、统一服务的新型电力负荷管理系统。示范项目以构建负荷资源管理更精益、负荷调控更精准、互动服务更优质、安全防护更坚固、业务运行更高效的负荷管理体系为出发点，建设"云 – 管 – 边 – 端"为主要架构的企业级新型电力负荷管理系统，服务新型电力系统战略、助力精准电力保供、提升用能服务水平。

2. 成果简介

示范项目以青岛西海岸新区为试点地区，建设具备"安全、实时、精准、柔性"的新型电力负荷智慧管理示范工程，聚焦八大场景，应用智慧能源单元，建设中央空调、分体空调、工业企业、分布式储能、5G 基站、光储柔直、充电桩、园区等多类型负荷柔性、刚性分轮次接入的典型示范项目，实现不少于 3.5 万 kW 规模化用户负荷接入。围绕负荷资源接入、负荷监测调控、协调指挥联动等业务，构建适应不同场景需求的负荷精准监测调控能力。

3. 技术创新点

在试点区域，开展精细化需求侧管理应用建设，研发并应用新型智慧能源单元，广泛接入工业、商业、光伏、储能、空调等各类负荷资源，实时采集设备负荷等用电明细数据，监测用电设备状态，在新型负荷智慧管理系统平台进行集中控制展示。通过用电负荷智能分析，结合电力市场和需求响应政策，制定优化用电负荷方案，指导用户科学合理用电，在平台侧实现各类负荷设备智能化管理和紧急控制等多场景应用需求。

（1）公共楼宇中央空调接入。在空调机房安装智慧能源单元，在中央空调的主机控制柜内安装主机智能通信网关，在电源控制柜内安装电能表智能网关模块监测主机能耗。主机智能通信网关采用通信协议与主机进行通信，通过调

节主机出水温度、限制主机负载率等方式实现冷热系统负荷管控。中央空调接
入技术路线如图 7-28 所示。

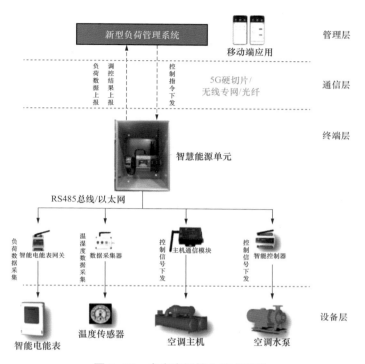

图 7-28 中央空调接入技术路线

（2）用户分体空调负荷接入。在配电间安装智慧能源单元，将所有空调插
座更换为智能插座，通过 RS485 总线或者 CAN 总线（根据分体式空调通信接口、
接口协议确定）与智能插座接入。在各楼层独立装箱部署扩展单元，扩展单元
上行通过本地 LAN 网络（自组网或借助客户现有网络）与智慧能源单元连接。
分体空调接入技术路线如图 7-29 所示。

（3）多行业工业企业可调节负荷接入。在配电室安装能源控制器，通过
在总回路和各负荷分路上安装电能表实现负荷用电信息采集。所有电能表通过
RS485 总线与能源控制器连接，各路负荷开关则通过遥控遥信电缆与能源控制
器连接，满足医药、汽车制造、智能装备制造等多行业工业企业可调节负荷资
源接入。工业用户接入技术路线如图 7-30 所示。

（4）储能负荷接入。在储能站的低压配电室安装智慧能源单元，借助扩展
单元通过 RS485 总线与 EMS（储能能量管理系统）或 PCS（储能变流器）进行
连接。扩展单元部署于就近储能设备的配电箱内，扩展单元上行通过本地 LAN

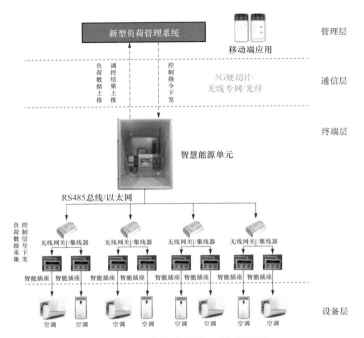

图 7-29　分体空调接入技术路线

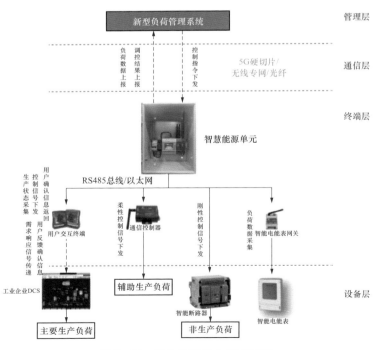

图 7-30　工业用户接入技术路线

网络（自组网或借助客户现有网络）与智慧能源单元连接。储能接入技术路线如图 7-31 所示。

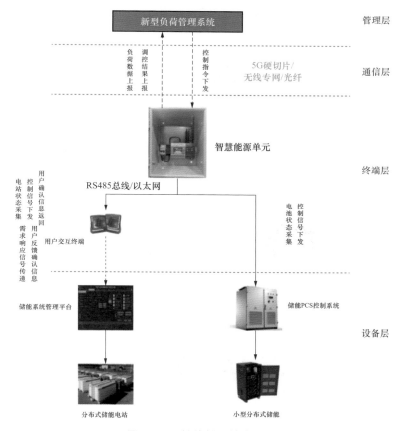

图 7-31　储能接入技术路线

（5）5G 基站负荷接入。在配电室安装智慧能源单元，通过在基站通信设备负荷分路上安装电能表实现负荷用电信息采集，负荷开关通过遥控遥信电缆与新型智慧能源单元连接，必要时通过与机房配备的储能系统实现供电电源切换实现机房负荷的压降。5G 基站接入技术路线如图 7-32 所示。

（6）光储柔直负荷接入。通过智慧能源单元，将用户侧光储柔直监控系统接入新型电力负荷管理系统，随时随地掌握发电用电储能信息，实现远程监控，智能调节光储充系统可控负荷，实现系统的高经济性运行。光储柔直接入技术路线如图 7-33 所示。

（7）园区级负荷接入。在园区电网拓扑节点上安装园区级负荷自适应调节装置，基于园区内部控制回路建设情况，对需接入的可调负荷进行新建、改造、

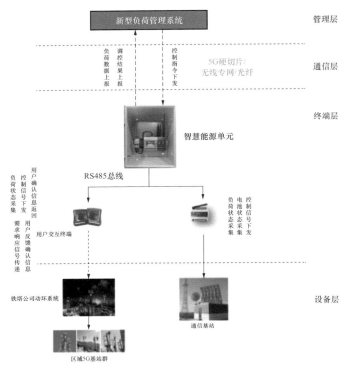

图 7-32　5G 基站接入技术路线

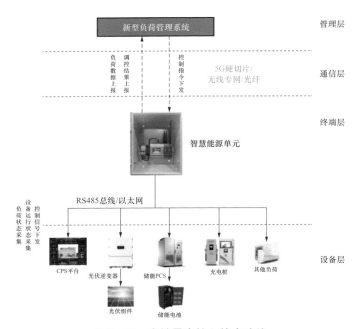

图 7-33　光储柔直接入技术路线

协议适配、调节指令贯通等工作，通过新型智慧能源单元，接入新型电力负荷管理系统。园区接入技术路线如图 7-34 所示。

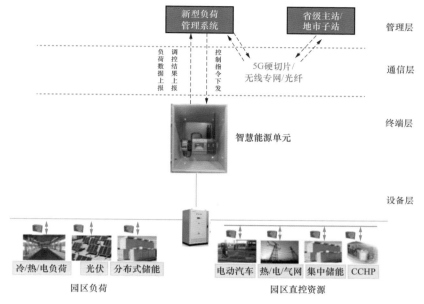

图 7-34　园区接入技术路线

4. 国内外同类技术对比情况

国外相关技术进展情况如下所述。

（1）在美国应用。

1）政策支持方面，从 1992 年起，美国政府陆续出台了需求响应发展扶持性政策，这些政策使需求响应资源可以与发电资源竞争，并提供各种各样的服务，包括能源、容量和辅助服务。

2）资金来源方面，统计数据显示美国在需求响应激励资金方面 2013~2017 年累计补贴 75.59 亿美元。为继续推动需求侧管理事业的发展，一些州建立了系统效益收费制度，通过在电价中加收 1%~3% 的费用，专门用于需求侧管理工作。

3）控制方式方面，一是直接负荷控制方式，约占 78%；二是中断 / 缩减优惠方式；三是紧急需求响应方式。2016 年美国工业、商业、居民以及交通四个领域的需求响应资源容量规模达到 3592 万 kW。

（2）在澳大利亚应用。

1）政策支持方面，2017 年 5 月，澳大利亚可再生能源管理中心和新南威尔士政府开始共同实施该需求响应项目。2019 年 7 月 18 日颁布了《National

Energy Retail Amendment》，主要是通过制定需求响应机制，促进国家电力市场需求响应的发展。

2）资金来源方面，ARENA需求响应项目由当地政府及能源企业提供。目前，澳大利亚有大量的政府资助需求响应项目，此外，许多零售商和第三方服务提供商也在开展需求响应项目。

3）控制方式方面，澳大利亚主要采用直接控制和用户自主控制两种方式。

国内相关技术进展情况如下所述。

（1）重庆模式。

1）管理政策。

a. 在安装建设方面，成功促请将中央空调负荷管理装置安装纳入全市电力保供"十条硬措施"和保供工作清单，以行政命令方式，推动空调管理装置"应装尽装"，实现公共机构及国有企业自行出资，非国资楼宇政府出资安装。

b. 在柔性调控方面，明确将已安装智能化管理设备的中央空调负荷统筹接入新型电力负荷管理系统，实施省级区域中央空调"统一管理、统一调控"。

c. 在市场激励方面，降低中央空调等具备负荷自动调节能力的用户参与门槛，推动补贴标准由去年10元/（kW·次）提高至25元/（kW·次），配合制定商业夏季分时电价政策，利用价格调节机制，调动用户负荷压降积极性。

d. 在强制性管控方面，会同市"保供专班"联合对各区县、各行业主管部门下属单位安装中央空调智能化管理设备，参与现场监督考评，对履责不到位的区县及行业主管部门进行通报批评。

e. 在节约用电方面，促请政府印发《进一步加强全市党政机关节约用电工作的通知》，促请市节减办印发《全社会节约用电工作方案》，全面倡导空调制冷温度设定不低于26℃。

2）技术措施。

a. 在硬件装备上，重庆公司积极研发低成本负荷聚类版产品，最大限度减少温湿度传感器、流量计、彩色触摸屏等冗余的设备配置。

b. 在调控策略上，为不影响舒适度，统一按照空调功率的15%进行负荷调控，构建可调节负荷能力约15万kW。

c. 在通信方式上，智能化管理设备与中央空调设备以有线方式通信，赋予空调设备远程通信和控制能力。针对有楼控或群控系统的楼宇，首创通过多路数字装置打通楼控或群控系统内的通信链路，避免互相影响。

3）建设成效：

在 2022 年 7、8 月连晴高温期间，累计开展中央空调负荷柔性调控 26 次，组织中央空调楼宇参与电网削峰超 2.6 万栋次，单日最大压降负荷 15.11 万 kW。

（2）湖南模式。

1）管理政策。

截至目前，湖南公司共促请省政府印发了《湖南省发改委关于开展全省中央空调用电容量普查工作的通知》（湘发改运行〔2022〕67 号）、《湖南省发改委关于组织湖南省电力中央空调负荷参与实时响应工作的通知》（湘发改运行〔2022〕355 号）、《湖南省党政机关中央空调柔性调控试点建设实施方案》（湘发改节能〔2022〕315 号）等文件。

2）技术措施。

一是手动消除温度差，即将温度设定成等于或大于室温；二是外置电路直接设置空调的用电功率，旁路掉温度检测计算环节；三是直接断开空调压缩机回路用电。

依托新型电力负荷管理系统，开发上线中央空调集控模块，实现所有刚性调控负荷实时监测、集中调控。可提前告知用户暂时中断 1h 空调负荷。省侧通过设置调用时段、调用缺口发起集控命令，按"负荷规模优先"原则，自动生成全省中央空调集控方案，下发至终端。市侧在线监测、管控执行效果。

5. 项目收益

本项目采用 EPC 总包模式，国网山东省电力公司青岛供电公司为项目业主方，国网电力科学研究院武汉能效测评有限公司为项目 EPC 总承包商。

（1）管理效益。项目建成后，可有效提升需求侧负荷管理能力，有效降低电网运营成本，加快技术进步，增强核心竞争力，并可与电网形成友好互动，提高电网经济安全运行水平，并实现与新型电力负荷管理平台的有效对接，为平台提供充足数据支撑。

（2）经济效益。通过推广应用智慧能源单元，实现云边协同控制及边缘计算，支持客户能效在线监测和无功优化，规模化用户负荷接入系统平台后可参与山东省电力需求响应，通过需求响应每年可获取补贴资金。据初步估算，客户侧每增加 1kW 负荷，电网侧需配套投资 1500~2000 元，电源侧需配套投资 4000~5000 元，电网配套投资总计 5500~7000 元，通过新型电力负荷智慧管理示范工程建设，可大幅减少调峰电厂及配套电网投资。

（3）社会效益分析。一方面可以通过物理设备、信息空间、电网互动的智能感知与协同控制，实现能源优化配置与源网荷友好互动，提升电力大楼的综合能效、综合管理水平，降低楼宇碳排放；另一方面通过实景产品和应用案例展示，为基于智慧能源单元的负荷高效互动技术和智慧用能解决方案提供典型实践，同时形成一套可面向全社会复制推广的从规划设计到建设运营全周期的负荷智慧管理解决方案，打造业务典型示范、市场宣传、技术培训、绿色发展的新名片。

6. 项目亮点

（1）创新应用智慧能源单元负荷调控终端。为满足空调柔性调控需求，推广使用以小型化、分布式、模组化为设计理念，支撑智慧能源服务平台多元交互服务的边缘计算装置。相比能源控制器，智慧能源单元功能扩展更灵活、负荷调控管理方式更完备，能有效支撑需求响应、有序用电等业务执行。

（2）开展多项调控策略研发。开展园区级负荷自动调控平衡功能、中央空调集群需求响应优化控制、研究基于山东分时电价的负荷调控关键技术应用等策略研发，实现负荷精准控制与互动应用，完善电网高峰期负荷调节优化控制策略。

（3）聚合万千瓦级别可调节负荷资源。项目接入场景丰富，建成后可实现不少于 3.5 万 kW 的可观可测可控负荷资源，其中 5G 基站、充电桩等典型场景试点为后续规模化推广及商业模式建立提供参考。

（4）打通用户与电网平台通信链路。实现用户现场负荷设备、CPS 系统与山东省新型电力负荷管理系统数据贯通，用户数据可在系统集中展示并远程下达负荷调控指令，在智慧能源单元接收负荷管理系统控制指令和策略后，进行策略分解下发，实现可中断负荷资源精准控制与调节，并上送采集设备状态信息和调控结果，有效参与需求侧管理业务。

7. 经验总结

（1）可充分调动需求侧资源。建设新型负荷管理系统可以缓解电力供需矛盾，随着需求侧"新电气化"进程加快，尤其是电力网与交通网的深度融合，电力系统供需平衡难度逐渐增大，短时负荷尖峰频现。由于风光容量替代效应较低，在以新能源为电源增量主体的趋势下，建设新型负荷管理系统主动发挥需求侧资源在电力削峰填谷方面的作用，保障电力供需平衡。

（2）可加快推动电力负荷调控技术发展。配电网侧存在大量具备调节潜力的负荷资源，具有点多量大、容量较小、电压等级低、主体多样等特征，包括电动汽车、分布式储能及智能楼宇空调、电采暖、工业园区等各类负荷。通过在示范项目应用各类负荷终端装置，使得末端负荷的互联感知和可测可控成为可能。通过建立新型电力负荷系统来响应电网调控，则可充分释放负荷侧资源的调控潜力和弹性，实现电网和用户的双向共赢。

（3）有效支撑新型电力系统构建。新型电力负荷管理系统具备有序用电、需求响应、柔性互动、安全用电、能效管理等功能，可以实现有序用电下的负荷控制和常态化的需求侧管理，实现负荷资源精准有效控制，全面提升负荷管理能力，通过在示范园区验证各种可调节资源与负荷管理系统深度交互能力，提升需求侧数字化、智能化水平，使大量的柔性负荷发挥聚沙成塔的效益，成为新型电力系统灵活调节能力的主要来源之一。

完成单位：国网电力科学研究院武汉能效测评有限公司

7.3.2 基于能源产业互联网的一站式智慧用能互联网服务平台

1. 背景需求

2022 年，习近平总书记在党的二十大的报告中强调推进美丽中国建设和绿色发展，要求"积极稳妥地推进碳达峰碳中和"，推动能源清洁低碳高效利用，推进工业、建筑、交通等领域清洁低碳转型。强调要加快规划建设新型能源体系，加强能源产供储销体系建设，确保能源安全。同时报告中也强调了要促进数字经济和实体经济的深度融合，加快建设现代产业体系，全面推进乡村振兴。

在国家"双碳"目标及新型能源体系规划建设的背景下，电源结构将会以新能源为主体，分布式和集中式并举，负荷侧电气化的比例也在逐渐提升，电气热冷氢等各类能源融合互补，实现能源效率的最优化运行，电网结构呈现特高压电网和微电网、局域网融合而发展；能源系统由过去的源随荷动向源荷互动，源网荷储一体化转变；催生了"多站合一""虚拟电厂"的新形态。因此，新型能源体系呈现"多能互补、多态融合、多元互动"三多的典型特性，随着数字化、大数据，人工智能技术的快速发展，能源互联网技术成为解决新型能源系统清洁能源消纳、综合能源高效利用和系统可靠性的有效的手段。

2. 成果简介

面向新型能源体系规划建设呈现的问题，依托数字化和能源互联网技术，南方电网打造了能源产业互联网平台———一站式智慧用能互联网服务平台，通过聚焦负荷侧，以分布式新能源和负荷侧数字能源网络建设为抓手，以数据流融合并驱动"交易流""能量流"和"业务流"，形成集用能规划设计、投资建设、优化运行、托管运维和绿碳交易为一体的绿色智慧用能一站式服务

平台，服务政府、电网、能源服务企业和用能用户 4 大核心用户，以网内 +
网外协同构建生态服务体系，探索"平台 + 生态型"商业模式，有力推动新型
能源体系建设和"双碳"目标实现，构建智慧能源服务生态圈，助力新型能源
体系建设。

一站式智慧用能互联网服务平台以南网赫兹 E 链产品（包括采购 E、生活
E、融通 E、数通 E、智慧 E）的集成服务能力为基础，打造政府公共管理产品、
SaaS 服务聚合产品、营销推广服务产品等全场景绿色智慧用能服务产品矩阵。
目前已经建成了面向政府：区域能源管控和双碳智慧管理平台。面向电网：分
布式资源聚合服务平台。面向能源服务商：涵盖绿色智慧用能服务的"光伏 e
链""储能 e 链""配电 e 链"、分布式资源聚合服务平台等能源 SaaS 服务产品。
面向用能用户：包括分布式光伏、储能、充电桩等用能场景服务及整县光伏、
零碳园区、区域碳服务、乡村振兴等场景。

聚焦负荷侧智慧用能服务的产品矩阵如图 7–35 所示。

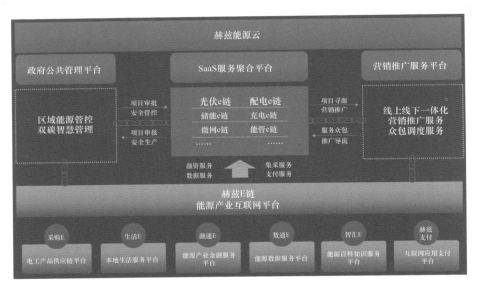

图 7–35　聚焦负荷侧智慧用能服务的产品矩阵

3. 技术创新点

一站式智慧用能互联网服务平台整体满足南方电网公司信息化架构要求、
微应用微服务建设技术要求，及统一数据模型（SG–CIM）要求，遵从业务架构、
应用架构、数据架构、技术架构、安全架构五大架构设计原则。通过基于 spring
cloud 框架的微服务模式，采用前后端分离模式，前端基于 vue 框架开发，后端

基于 spring 框架开发。能够实现按需定制化服务及灵活组件拓展能力。

赫兹能源云平台技术架构如图 7-36 所示。

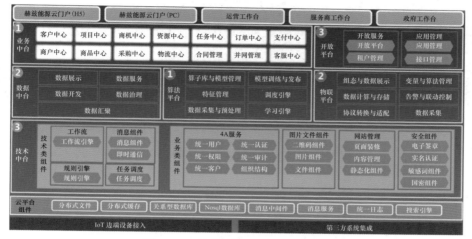

图 7-36　赫兹能源云平台技术架构

一站式服务平台是集用能规划设计、投资建设、优化运行、托管运维和绿碳交易为一体，服务政府、电网、能源服务企业和用能用户 4 大核心用户，支撑全方位、全流程的智慧能源服务业务开展，以网内 + 网外协同构建生态服务体系，探索"平台 + 生态型"商业模式，提供多端应用，一站式服务，实现完整商业闭环的互联网模式。

（1）区域能源管控和双碳智慧管理平台。区域能源管控和双碳智慧管理平台是为区域分布式能源、节能减排、"双碳"目标管理等业务提供一揽子、一站式智慧管理服务的平台，广泛应用于光伏、风能、储能、微电网、虚拟电厂、多能互补、城市慢行、碳资产管理等多种场景，打造政府引导、市场推动、全社会参与的碳生态圈。并以政策指引、资源协同、金融推动、规划布局等为手段，从"碳排放管理、碳减排管理、碳资产管理、碳交易服务、双碳目标管理、碳分析服务、碳金融服务、碳生态服务"八方面发力为双碳产业上下游提供碳全生命周期服务，着力构建清洁低碳能源体系、加快推动双碳上下游产业发展，服务区域"双碳"目标落地。

"双碳"智慧管理如图 7-37 所示。

（2）多场景分布式能源运营管理。面向用能服务企业，打造低碳能源业务 SaaS 服务聚合平台，提供"光伏 e 链"和"储能 e 链"等企业 SaaS 服务，贯穿管理域、营销域、生产域和服务域全业务域，满足全方位、全流程的运营管理

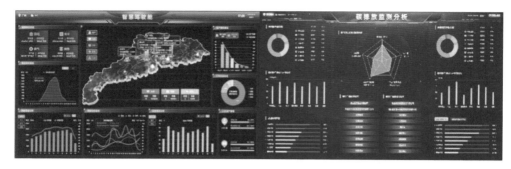

图 7-37 "双碳"智慧管理

需求。

分布式能源运营管理如图 7-38 所示。

营销域	管理域	生产域	服务域
商机获取　订单管理 客户管理　客户画像 商机跟踪　合同管理 用户档案　…	智慧驾驶舱　调度工作台 任务跟踪　工单统计 计划管理　工单管理 人员统计　…	资产管理　任务接收 用电监测　运维报告 设备监控　移动巡检 用电分析　…	设备监控　告警提醒 电量统计　服务评价 服务跟踪　一键报修 用电分析　…

图 7-38 分布式能源运营管理

（3）负荷侧的分布式源荷聚合服务。赫兹能源云平台全面接入负荷侧分布式能源、储能、充电设施和可调负荷，提供对接交易、调度、营销等电网内部平台和外部第三方聚合平台的接口，面向负荷聚合商和用户提供负荷资源聚合能力服务，包括分布式源荷资源的数据采集、监测、预测、聚合、交易和统计分析等服务，有效降低用户参与虚拟电厂的门槛，充分聚合各地的可调资源，加快推动虚拟电厂行业市场化建设，有效降低和延缓电网投资数千亿，落实国家能源安全、能源强国战略。

需求响应服务如图 7-39 所示。

4. 国内外同类技术对比情况

根据全球的发展情况，能源绿色低碳转型及能源互联网的技术创新应用是实现碳中和的关键因素，能源互联网技术作为以新能源技术和信息技术的深入

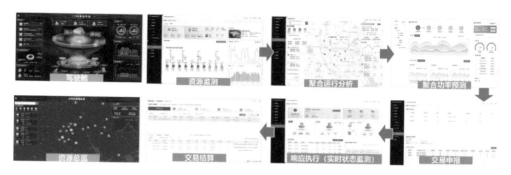

图 7–39　需求响应服务

结合为特征，基于可再生能源发展，提供分布式、开放共享的能源网络体系，近年在国外获得快速的发展，主要应用在解决数字电网及能源体系互联的应用场景，典型两大应用场景：一是以面向用户侧，侧重能源信息网络，提供用户侧电力交易、用户决策、能源服务等多层面的应用场景。二是以面向分布式可再生能源和储能对电网的接入，提供供需的能源双向流动及分布式对等的控制及交互。

　　随着数字化、智能化技术的发展，国内在数字化技术与实体经济的融合应用，推动中国能源革命及新型能源体系的转型发展获得世界领先的成就，在能源转型过程中，驱动能源供需方式和商业生态的转变，催生新的商业模式和业态，形成以面向用户侧服务多元化、综合化发展，为能源用户、服务商、电网、政府等角色，提供一站式的能源解决方案处于发展阶段，通过数字化的技术手段、支撑分布式源荷资源规划、建设、运维、高效运营管理，满足电力市场对分布式源荷资源的资源优化调度及辅助交易决策，以及政府的区域双碳管控，提供一体化的绿色智慧用能一站式服务。

　　5. 项目收益

　　基于赫兹能源云平台打造用能用户、能源服务商、推广商和平台多方共赢的数字能源生态。通过标准化赋能体系结合互联网化营销推广模式，保障商机及业务增长，具备持续盈利能力，为生态用户带来持续的用能服务及效益。

　　面向用能客户，基于 AI 算法的"精准用户画像"，提供多种用能场景的线上线下一站式服务，为用户连接规划、设计、施工、运维等服务商，提供一站式的综合能源整体解决方案。

　　面向服务商，提供全场景的 SaaS 赋能工具，通过打造低碳能源业务 SaaS 服务聚合平台，包括"光伏 e 链"和"储能 e 链""配电 e 链"等企业 SaaS 服务，以及面向聚合商的分布式源荷资源聚合服务平台，贯穿管理域、营销域、生产域和服务域全业务域，提升服务效率和降低整体运营成本，满足全方位、全流程的运营管理需求，打造创新型产业互联网商业模式。通过大数据 AI 进行需求挖掘，为服务商提供精准商机。平台收取交易服务费用及 SaaS 工具费用。

面向推广商，通过对推广商的培训，实现推广商的技能提升，保证推广商通过工具领取推广任务、完成后领取赏金和积分，激励社会化营销推广资源，实现互联网化裂变推广，扩大平台交易规模。平台收取培训服务费用及交易服务费用。

目前一站式智慧用能服务平台已打造 30 余项能源服务产品，聚集近 1 万个能源服务推广人，通过聚合能源服务商、能源用户以等生态参与者，初步形成了能源产品互联网平台的坚实服务能力。截至目前，平台已经服务于上万家规模用能企业，为用能用户提供低碳智慧用能最优解，每年为用户节省能源费用近数亿元。

6. 项目亮点

（1）将消费互联网的商业模式创新地应用于产业互联网。为供需两侧提供撮合交易的服务，平台赋能服务商提供商机汇集、数字化和智能化工具，提供标准化、规模化和专业的能力；并激励社会化营销推广资源，采用广域触达的互联网营销推广和众包调度服务能力。

（2）基于大数据 +AI 的精准的用户用能画像。通过对用户的全方位数据采集、外部数据收集和电网数据的整合，为客户提供精准用能需求画像，并整合最优质的服务商为客户提供最全面的一站式服务。

（3）首创的"拼团"建光伏。通过拼团的互联网模式组织集中连片开发光伏，提高规模化，降低分布式光伏开发和建设成本，并通过平台为客户提供分布式光伏全生命周期的运营和运维的服务，推动清洁能源在消费侧的规模化落地。

（4）打造一个全面共赢的能源服务生态。平台通过集合设计、采购、施工、运维等产业上下游资源，聚合全生态链服务能力，推动产业链协同发展，降低能源服务的边际成本，提供高质量的供应链服务、低成本的金融服务以及全面的数据服务，实现清洁能源大规模应用、综合能源效率的提升和系统运维成本的降低。

7. 经验总结

通过此系统的研究，主要聚焦负荷侧，面向服务政府、电网、能源服务企业和用能用户 4 大核心用户，提供用能规划设计、投资建设、优化运行、托管运维和绿碳交易为一体的绿色智慧用能一站式服务平台，充分发掘用户需求，构建绿色低碳能源服务生态体系，探索"平台＋生态型"商业模式。更好地提升清洁能源的消纳比例，提升综合能源利用率，降低用能成本，保障电力系统的稳定、可靠性，提高用户用能体验，具备良好的复制推广价值，从而有力推动新型能源体系建设和"双碳"目标实现，构建智慧能源服务生态圈，助力新型能源体系建设。

完成单位：北京国科恒通数字能源技术有限公司

7.4 新型基础设施建设

7.4.1 面向数字化、智能化的四维全息新型电力运维系统

1. 需求背景

2023 年 7 月 11 日，习近平总书记在中央全面深化改革委员会第二次会议上强调，要加快构建清洁低碳、安全充裕、经济高效、供需协同、灵活智能的新型电力系统，更好推动能源生产和消费革命，打造多元供给和协调互济的能源格局，保障国家能源安全。

新型电力系统的建设已取得长足进展，从"源网荷储"出发向数字化、智能化转型升级，将能源网和信息网融合发展。各地光伏、风电等发电及配套设施的建设同步实现了多时间尺度储能技术规模化应用，推动着电网系统形态由"源网荷"三要素向"源网荷储"四要素转变，形成多种新型技术形态并存，适应大规模、高比例新能源发展的全面低碳化电力系统。新型电力系统推动解决新能源发电随机性、波动性、季节不均衡性带来的系统平衡问题，构建源网荷储协同消纳新能源的格局，全面实现"源"的清洁化、"网"的柔性化、"荷"的弹性化、"储"的多元化，供需协同的全面精准管控和智能化。

新型电力系统的建设，全面形成以高效供需协同为基础的"源网荷储"四要素的集约化管理。电力系统可控对象从以源为主扩展到源网荷储各环节，各环节基础设施建设增加，运行设备数量扩大，控制规模呈指数级增长，调控技术、运维技术与网络安全都将面临更大的挑战。随着数量众多的新能源、分布式电源、新型储能、电动汽车等设备接入，电力系统信息感知能力不足，大量设施设备的数字化可视化管控能力缺失，现有调控与运维技术手段无法做到全面可观、可测、可控，系统化的运维管理体系不足以适应新形势发展要求。为了适应"源网荷储"一体化的新型电力运行模式，需要从设备本体、数字设施、

人为角度、空间角度、时间角度等多角度去审视新的运维工作，能统一调配更多监测设备和资源，围绕新型电力系统各环节开展高效运维。因此势必需要在原有电力运维体系基础上，深度结合四维全息数字技术建设一套天地一体、智能化、自主化、多维度、多角度的新型电力运维系统，进一步提升自动化、数字化及四维全息管控能力，全面实现新型电网的数字运维，从而保障新型电力系统的高效稳定运行。

2. 成果简介

面向数字化、智能化的四维全息新型电力运维系统是"电网一张图"的底座和重要支撑部分，以电网 PMS3.0 架构为基础，围绕"源网荷储"，通过集中有效的设备资源管理、控制和调度机制，整合空中无人化作业系统、地面无人化作业系统、智慧物联及人工智能平台、业务信息流平台等，主要涵盖四维全息管控平台（见图 7-40）、全自动工业无人机、全自动机场、多元传感器、物联网平台、全景监管平台、端边云人工智能平台、三维自动化建模系统、日常工作流、数据信息流等，将电网运行系统的三维模型、时间序列、智能计算、生产运维进行高度融合，构建新型电力系统的四维模型，以多元的技术手段从多角度实现对系统的常态监测和隐患问题发现跟踪，集中调度资源开展运检工作，构建数字孪生、立体感知、全息监控、集中管控的立体全息感知网络，建立电力设施设备的全方位、立体式、数字化运维工作体系，实现电网系统"源网荷储"四要素关键物理设施设备立体全向感知的四维化运维。

图 7-40　四维全息管控平台

面向数字化、智能化的四维全息新型电力运维系统，可以系统化地调度和管控无人机、全自动机场、空中和地面多元传感器，从空中和地面视角等系统对发电端、输电端、用电端基础设施、配套储能设施及周边环境进行常态化的巡检和监测，智能化评估和研判监测数据，形成集中统一管控的可视化成果，形成"集中监控""立体巡检""全域监测"的常态化全景运维作业模式，实现设备、作业、管理、协同的数字化，以全息视角实现新型电力系统的数字运维（见图7-41）。

图 7-41　无人机作业全流程管控

3. 技术创新点

（1）新型电力运维系统与电力工业元宇宙：数字电网如图7-42所示，新型电力系统的建设已取得长足进展，从"源网荷储"出发，需要进一步向数字化、智能化转型升级，将能源网和信息网融合发展。端边云的数字化架构直接对能源网的排碳有更低的控制，推动了从平本增效到降本增效的发展。因此，云圣智

图 7-42　数字电网

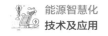
能首次提出了"新型电力运维系统"的建设思路。运用新一代信息化技术（5G、北斗、传感器、AI、元宇宙等），结合空天地一体化的立体物联网络的建设，打造端边云协同的人工智能计算体系，建立系统化、平台化、数字化、智能化、全面感知化、网格化的新型电力运维系统，构建电力工业元宇宙，通过数字世界去运维物理世界的新型电力系统，实现从设计、勘察、基建、安监、运维、迭代等全链条的数字化和智能化的全生命周期的管理。

（2）产品体系与立体感知网络：全自主巡检与立体感知如图7-43所示，分为虎系和圣系，固定和移动两大系列，支持北斗技术体系，覆盖了大、中、小、微四个类型的无人机全自动机场。在山区、林区，炎热、极寒等环境下，均能实现全自主和智能化的远距离巡检作业。机场可规模化应用于输电、变电（室外、室内）、配电等专业的多元业务场景，构建数字孪生、立体感知、全息监控、集中管控的立体全息感知网络，通过四维全息管控平台、算法模型、智能设备、物联互通等技术的应用整合，实现对输变配专业设备全生命周期的数字运维管理，为电网智能化、数字化转型升级提供有力的技术和产品支撑。

图7-43 全自主巡检与立体感知

（3）自主巡检与时空数据：航线自动规划与全自主巡检如图7-44所示，自主研发的空中无人驾驶、无人机吊舱自动更换、无人机电池自动更换、北斗定位与导航、计算机视觉、边缘计算、三维实时重建等技术，使无人机在密集通道、交跨密集区段、穿越林区段、树线矛盾突出段、无人区、换流站等复杂环境下可高频次、不间断地自主安全飞行，实时感知周边势态，自动精准拍摄采集高清影像，快速识别和发现缺陷隐患，高效有序地开展常态化精细、通道和

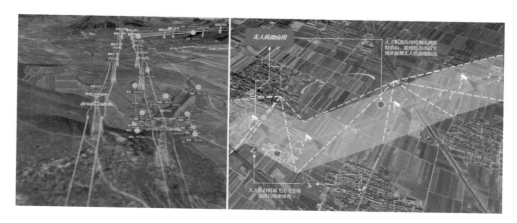

图 7-44　航线自动规划与全自主巡检

特殊巡检。三维实时重建技术可以通过无人机自动采集数据，并自动快速构建架空线路的三维激光点云模型和通道三维实景模型，构建电力时空数据体，实现线路数字与业务信息的交互融合，打造电网生态数字孪生基础。

（4）规模化应用与集群作业：网格化部署与集群作业如图 7-45 所示，面向数字化、智能化的四维全息新型电力运维系统实现机场网格化部署和多机协同作业，高效快速地完成"源网荷储"的关键设备网络的立体感知和全息监控及巡检任务，形成多机多任务、单机多任务、空中与地面传感器协同等无人机协同集群

图 7-45　网格化部署与集群作业

作业模式，实现了无人化、智能化、工业化、集群化、多元化、四维化、数字化、感知化的"工业八化"，将业务、设备与数字技术有机融合，打造了电力工业元宇宙和业务数字化形态，解决了现场作业人员不足的问题，有效降低了作业人员安全风险，提升了常态化作业效率，为输变配无人机及全自动机场规模化应用提供全面支撑，为数字化运维以及降本增效的"双碳"目标实现提供整体解决方案。

（5）无人化：系统实现无人机机场系统和地面传感器的远程统一管控，综合调度无人机自动更换传感器和电池、自动起降、全自主飞行作业、地面传感器自动运行，实现对缺陷隐患的探测、发现和跟踪，现场无需人值守，实现无人化的数字运维。

（6）工业化：系统专为"源网荷储"电力工业应用场景而设计，在复杂电磁环境、高温极寒环境、六级大风、雨雪天气下均可正常作业。

（7）智能化：系统人工智能平台由无人机端侧 AI 和云端 AI 两级高算力人工智能平台，使得边缘计算进入无人机本体，用于端侧实时识别和云端识别，实现端边云多级人工智能平台的联动。

（8）集群化：系统实现一网统管所有部署的无人机机场系统，并实现全网无人机系统资源和智慧物联设备的综合调度，全面开展单机单任务、单机多任务、多机多任务作业模式，真正实现无人机集群化、规模化作业。

（9）多元化：系统具有强大的开放性，针对不同业务场景，系统将配置不同类型吊舱，包括"源网荷储"各关键应用环节的可见光、红外热成像、夜视、激光测距、激光点云等吊舱。无人机吊舱可根据业务需求和标准接口进行定制开发，无人机搭载吊舱可以自动更换，通过多元化的作业吊舱的应用整合，实现系统多元化数字运维作业能力。

（10）四维化：系统具备自动化三维建模能力，无人机全自动机场系统可快速启动无人机进行数据自动采集和三维模型的自动构建。三维模型与时间序列的有机融合，构建了场景的四维模型，通过时间轴记录三维模型的变化，形成数字设备，实现"源网荷储"等基础设施设备的全生命周期的管理和运维。

（11）数字化：系统基于 BIM 的三维实景建模和三维激光点云建模技术，实现工业场景复刻，建立数字世界与物理世界的一一映射，将设备信息与运维信息精准匹配，融为一体，构建"源网荷储"一体化的信息物理综合系统，打造电力工业元宇宙底座，实现数字运维。

（12）感知化：系统整合无人机传感器和地表各类传感器，形成天地联动的作业模式，通过统一调度采集不同角度、不同类型的生产作业数据，形成数据互补。基于 IoT 技术、人工智能、网络通信等技术实现电力运行生态的全面立体感知。

4. 国内外同类技术对比

面向数字化、智能化的四维全息新型电力运维系统，从空中无人机平台、多元传感器、人工智能平台、物联网平台到地面全自动机场等软硬件系统均为全部自主研发，全自动机场无人机吊舱及电池自动更换技术为全国首创。目前国内外无人机全自动机场产品和技术体系现状如下：

（1）国内具备自动更换无人机吊舱和电池的全自动机场极少，少部分机场只具备自动更换无人机电池的能力，大部分无人机机场为充电型。

（2）国内只有少数几家企业具备从无人机、吊舱到全自动机场实现全自主研发，大部分厂商推出的无人机机场仅能兼容第三方的无人机及吊舱。

（3）面向数字化、智能化的四维全息新型电力运维系统是国内最早具备自动更换无人机吊舱和电池的无人化巡检系统，也是全国唯一可自动更换激光点云吊舱且进行全自主激光点云扫描作业的巡检系统。

（4）目前以色列具有 2 款可自动更换吊舱和电池的无人机全自动机场；国外大部分无人机机场也属于充电型机场。

5. 项目收益

面向数字化、智能化的四维全息新型电力运维系统服务于新型电力系统，围绕新型电力系统"源网荷储"四大生产要素构建了天地联动的立体全息感知网络和运维智慧大脑，以智能计算为核心，实现空中和地面立体联动、多类型智慧物联设备的协同作业，感知与业务数据的融会贯通，进一步提升了新型电力系统运维作业效率和智能水平。从全新的四维视角重新定义了新型电力系统的运维方式和数据空间，融合了新一代的信息技术，开启了数字运维"立体化、智能化、一体化、集约化"，形成了面向"源网荷储"的全新运维模式。新型电力运维系统将在发电端、输送端、用电端拥有广阔的应用前景。

（1）经济效益。新型电力运维系统是一种新型的无人机自动机场全自主巡检系统的延伸，是一种新型的无人化巡检方式，可减少人力投入和时间成本，极大提高巡检覆盖范围、效率和准确性。

（2）成本分析。系统主要包括无人机、机场、传感器和云计算平台等设备。总体来说，无人机自动机场全自主巡检系统的成本主要包括设备成本、运营成本和维护成本。其中，设备成本和运营成本是主要成本，维护成本相对较低。

（3）应用收益。系统的逐步应用可以带来以下几方面的收益：

1）降低巡检成本：全自主无人机及机场全自主巡检系统可以大大减少巡检人员的数量和巡检时间，从而降低巡检成本。

2）提高巡检效率：全自主无人机及机场全自主巡检系统可以实现自动化巡检，避免人工巡检的误差和疲劳等问题，从而提高巡检效率。

3）提高巡检准确性：全自主无人机及机场全自主巡检系统可以实现全天候巡检，并且可以通过传感器实时获取巡检目标状况信息，从而提高巡检准确性。

4）实现智能化管理：全自主无人机及机场全自主巡检系统可以实现智能化管理，通过云计算平台可以对巡检数据进行分析和处理，从而实现智能化管理。

综上所述，新型电力运维系统可以带来降低巡检成本、提高巡检效率、提高巡检准确性和实现智能化管理等多方面的收益。综合成本和收益分析，是一种具有较高经济性的全自主巡检方式。

（4）安全效益。传统的人工巡检或人机辅助巡检均需要人员到现场作业，遇到现场环境复杂的情况，会增加作业人员的安全风险，用人工操作无人机也会出现因操作失误造成的飞机失控、坠机，甚至发生飞机撞上路灯、墙体等事故。利用机场无人机自主巡检，整体作业流程无需人工干预，管理人员可远程一键操控无人机执行任务，无需到场作业，避免了人工误操作可能带来的飞机作业安全风险。全自主完成对巡检计划的巡检和检测，对人员和设备安全都有显著的保障和提升。

（5）社会效益。全自主无人机及机场全自主巡检系统随时处在待命状态，可在最短的时间内调动最近的无人机去现场勘察，第一时间获得现场信息，为研判现场情况指挥调度工作提供及时的信息依据。无人机还可搭载喊话器，为现场语音广播。

后期可进行多方面拓展应用，通过平台数字孪生技术，将已有各类型传感器数据及日常工作数据接入到平台中，通过一网统管的形式，在满足各个部门需求的同时，打通各部门之间因为行政原因导致的信息封锁，作为联通各部门的桥梁，最大效率地实现服务的宗旨，提升公共服务、支撑社会管理创新。

6. 项目亮点

四维全息新型电力运维系统运用新一代信息技术，结合空天地一体化的立体物联网络的建设，打造端边云协同的人工智能计算体系，建立系统化、平台化、数字化、智能化、全面感知化、网格化的新型电力运维体系。系统基于国家电网 PMS3.0 架构体系，实现感知层、网络层、平台层、应用层的层级设计和分布体系架构，运维业务全流程同步实现与电网业务中台和技术中台的对接和融合。系统运行架构如图 7-46 所示，系统由四维全息管控平台、全自主工业无人机、全自动机场、多元传感器、物联网平台、全景监管平台、人工智能平台、三维自动化建模系统等组成。

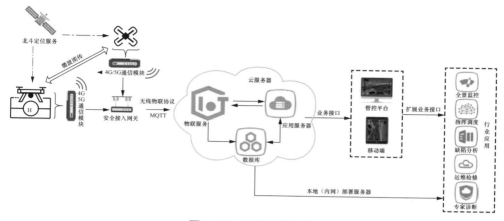

图 7-46 系统运行架构

感知层包括全自主工业无人机、全自动机场、无人机多元传感器、地面智慧物联设备等，感知层数据经过网络层进入平台层，在平台层通过业务中台和技术中台完成业务的流转、分析、统计、调度、智能识别、空间计算、自动建模、四维化等处理，其成果数据将进入四维全息管控平台和全景监管平台等应用层业务管控系统。

新型电力运维系统应用示意图如图 7-47 所示，平台层与应用层构建的智慧中枢，成为新型电力运维系统的指挥中心和智慧大脑，实现对空中、地面全部运维感知设备的集中管控和综合调度，实现资源有效利用的集约化，极大限度

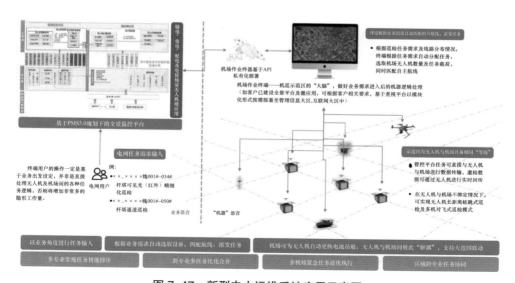

图 7-47 新型电力运维系统应用示意图

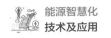
地发挥设备、软件、算力、生成的利用效率。

应用层一方面是和"源网荷储"紧密关联，为这四个产业链环节进行运维服务，另一方面是进行从设计、施工到运维进行全生命周期的数字化、智能化管理。比如在新能源场站建立之后，就可以针对新能源的发电设备进行数字化、智能化运维管理，把整个运维系统和发电端的场站以及设备和线路结合起来进行全方位、全天候的运维作业。也能够通过设计评估、施工安监和生产运维将新型电力运维系统应用在全生命周期的过程管理当中去。最终形成电力的一网统管，是从源、网、荷、储中形成大电力链的数字化、智能化运维。

7. 经验总结

面向数字化、智能化的四维全息新型电力运维系统以电力系统运维数字化、智能化为核心，包括多类型软件和硬件系统，从空间层面看，系统实现从地面端到空中端的拓展，实现天地一体化协同作业；从技术层面看，系统具有很强的技术密集性特征，覆盖无人机系统、多元吊舱及云台系统、全自动机场系统、智慧物联系统、人工智能系统、网络系统等；从业务层面看，系统覆盖常态化多种类型巡检和运维业务，业务流和数据流与电网各系统实现标准化接入、融合与协同，实现电力数字运维业务闭环。系统完整实现从技术、空间、业务的多元多层次集成与整合，奠定了电力运维数字化、智能化的基础。

系统应用中，实现空中、地面、多技术体系的立体联动，实现多类型智慧物联设备的业务协同作业，最终实现电力运维业务的数字化、无人化、智能化、四维化。在目前研发及应用基础上，未来可以从空天地三位一体协同、智能化多机协同、多元化业务协同三个方向进一步深入研究，并实现关键技术和应用策略的突破。

完成单位：天津云圣智能科技有限责任公司

7.4.2 基于声学成像和深度学习技术的局部放电声纹检测

1. 背景需求

随着经济的发展，工业、医疗等各个行业对电的需求越来越大，对其可靠性的要求也越来越高。输电线路、变电站、配电网是电力系统的重要组成部分，这些设备一旦出现故障，往往产生安全事故、造成生产损失。据统计，80% 左右的电力事故是因为绝缘材料在长时间工作后老化，或由于自身材料、制造等缺陷，在一定外部条件激发下出现局部放电情况，最终损坏并造成电力事故。

局部放电是指在电场作用下绝缘材料中产生放电，但这种放电并没有贯穿整个绝缘材料，而是仅在局部区域放电。局部放电既是绝缘劣化的征兆，也是绝缘劣化的原因。为了避免此类电力事故，在能够进行正常输变电的情形下，电力设备局部放电的检测就显得非常重要。

为此，南京土星视界科技有限公司结合输变配场景的现状和实际需求，研究基于智能提取技术的综合超声局部放电检测关键技术。通过小尺度传声器的超声信号采集分析与声像协同关联技术，提出超声信号精准识别小尺度声成像的设计方案，开发便携式高精度声学成像装置，有效定位故障、感知局部放电类型，为运维检修工作提供可靠依据，对设备的检修和生产工作具有重要价值与指导意义。

2. 成果简介

针对以上提出的各种问题，基于人工智能深度学习技术和声纹成像技术，区分异响类别，研判放电特征，可对时域、频域实时分析显示，从声音维度掌握电力设备工作状态。通过麦克风阵列采集声场信号，利用波束形成算法进行声源定位和分析。配备边缘计算芯片，以热力图方式锁定局部放电部位，结合PRPD图谱，识别局部放电模式。最后，基于整体系统最终可一键生成检测报告，降低整体业内工作中的人工成本，极大提升全流程作业效率，为电网巡检数字化带来变革化创新，本技术的研究将主要涉及以下三个方向：

（1）波束形成超声阵列传感器设计研究。

（2）运用声学定位的局部放电诊断方法研究。

（3）综合手持式超声局部放电检测声学成像仪研制。

最终本技术将开发便携手持式高精度声学成像装置，使变电高压设备和配网线路的局部放电类型精准检测、局部放电声强测量成为可能。同时，自动分析及报警，减少局部放电故障和经济损失，提升线路运行可靠性。如图 7-48 所示，

图 7-48　手持式局部放电检测声学成像仪的局部放电实时检测分析

为手持式局部放电检测声学成像仪的局部放电实时检测分析图。

本技术成果适用于变电高压设备局部放电检测、配网线路局部放电巡检等应用场景，已成功应用于南京、山东、深圳、张家口、晋中、苏州、温州等多个城市的变电站局部放电检测任务，并协助配合北京、苏州、泰安、荆州等多个城市的配网巡检任务。

3. 技术创新点

本系统将基于声纹成像技术和人工智能深度学习技术，支持识别电晕放电、沿面放电、悬浮放电 3 类局部放电类型。主要有以下几方面关键技术：

（1）波束形成超声阵列传感器设计研究，主要从以下几个方面进行着手：

1）变电高压设备、配网线路局部放电声源特征研究，从不同工况下的设备声源特性、降低环境噪声等方面进行探索，如图 7-49 所示，结合波束形成原理，实现声源精确定位。

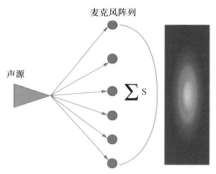

图 7-49　波束形成原理示意图

S—信号（signal）

2）麦克风阵列拓扑结构设计方法研究，基于强化学习的优化方式，提升麦克风阵列的声学性能。

（2）运用声学定位的局部放电诊断方法研究从以下几个方面进行着手：

1）通过研究局部放电信号的传播机制，精确识别声源位置。结合高精确的声源发生位置锁定故障设备，为后续局部放电判断提供依据。

2）智能声纹成像故障诊断装置的研发与关键技术研究，使用多种算法综合比较不同分类算法对放电类型识别的准确率与误判率，得出最优模型。如图 7-50 所示，通过研究声纹识别算法，训练诊断模型，提升放电类型识别的准确度。

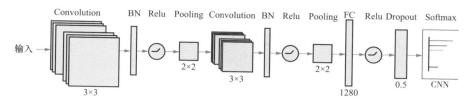

图 7-50 声纹识别地 CNN 网络结构方案

Convolution—卷积层；BN—batch normalization，批量归一化；Relu—线性整流函数；
Pooling—池化层；FC—全连接层；Dropout—随机失活；Softmax—归一化指数函数；
CNN—convolutional neural networks，卷积神经网络

（3）综合手持式超声局部放电检测声学成像仪研制。

1）瞄准低功耗、便携、灵活应用的性能，自主研发集高精度超声局部放电采集与智能提取为主体的手持式智能声纹成像故障诊断装置样机，结合人工智能声学特征提取技术，实现局部放电特征提取、异常放电缺陷快速识别与精准定位。在变电站、配网场景进行示范应用，提高现场人员故障定位与识别能力。

2）嵌入式局部放电检测分析软件设计与实现，研究数据层、业务层、视图层各个不同层次模块的耦合。如图 7-51 所示，通过在可见光图片上叠加热力图展示电力设备局部放电具体位置，实时显示声纹相机检测时频图、PRPD 图，并显示放电类型。

图 7-51 嵌入式局部放电检测分析图

主要创新点有以下三点：

（1）透射特定频带的声学结构设计，如变电站等场景的噪声能量大，部分

噪声传播距离远，难以被吸收，普通的声学结构很难阻挡噪声的传播。通过特殊的声学结构和材料，可以极大地阻碍噪声的传播。

（2）基于高采样率的边缘计算技术研究。局部放电产生的超声波频率高，需要的采样率也较高。以并行高速处理、低功耗等优越性能为目标，研究音频数据处理算法的优化设计，克服局部放电检测较大的数据传输量和计算量这一困境。

（3）声源定向增强技术，研究基于波束形成算法的声源聚焦方法，结合声波传播模型和麦克风阵列几何信息，构建关于声纹位置的目标函数，基于优化算法求解目标函数，寻找最优声源位置。

4. 国内外同类技术对比情况

根据调研，对于利用声学进行局部放电检测的研究，国外学者起步较早，目前基于声纹技术的类型识别已广泛应用人工智能技术实现，借鉴于此，可通过直接提取局部放电超声信号的特征参量进行模式识别。本项目通过深度学习算法，提取局部放电超声信号的特征参量，判别局部放电类型。

国内外学者对电气设备局部放电检测及故障类型识别方面的研究大部分基于脉冲电流法，该方法虽灵敏度高，但容易受现场电磁干扰。超声波作为抗电磁干扰能力强的检测方法得到了广泛关注，但前人的研究主要集中于超声信号传播、定位算法等方面，对于不同缺陷类型放电的超声信号时域特性以及基于波形特征的模式识别方面的研究较少。

因此，本项目研究了一种基于声源定位、声纹成像技术的便携式综合超声局部放电检测装置，智能判别局部放电类型，助力电网智能化管理。

5. 项目收益

该系统通过声纹识别局部放电特征，判断局部放电类型，故障分析准确率在 90% 以上，有效提升一线人员运检质效，助力电网精益化管理。

（1）配网局部放电巡检场景：在荆州市通过手持式局部放电检测声学成像仪进行配电网局部放电巡检，在现场检测中，如图 7-52 所示，某 10kV 杆塔下相横担右侧绝缘子处识别到故障定位点，显示为局部放电现象，结合 PRPD 图谱分析为悬浮放电。

（2）变电局部放电检测场景：在苏州市某 800kV 换流站，通过手持式局部放电检测声学成像仪进行局部放电检测，如图 7-53 所示，在 B 相接地开关的支撑绝缘子顶端静触头处，设备显示局部放电类型为沿面放电。

6. 项目亮点

识别放电类型，支持识别电晕、沿面、悬浮三种放电类型，方便现场指导

图 7-52　荆州市某 10kV 杆塔手持式局部放电检测图

图 7-53　苏州市某 800kV 换流站手持式局部放电检测图

运维消缺。

一键生成检测报告，为运维检修工作提供可靠依据，实现安全管理数字化。

局部聚焦模式，采用声源定向增强技术，从繁杂的背景噪声中聚焦局部有效声源，实现对所需方向的局部放电诊断。

电池宽温设计，适应新疆等地极寒气候，有效克服环境限制，扩大检测范围，适用于变电高压设备局部放电检测和配网局部放电检测等业务场景。

7. 经验总结

通过此系统的研究，发现当前不同类型的局部放电检测技术具备各自的独特优势，但也因存在某方面的不足而具有一定局限性。例如，基于脉冲电流法，该方法虽灵敏度高，但容易受现场电磁干扰。基于超声波法的局部放电检测与其他相比，综合表现更加优秀。该方法不但可以检测出局部放电，还可以区分局部放电类型，且不受电磁干扰。此外，检测设备价格也较低，非常适用于变电和配网巡检场景。基于声纹成像技术实时诊断分析局部放电缺陷，将有利于巡检人员及时、快速针对局部放电缺陷进行处理，在事故发展初期提出改善措施，以保证高压设备的运行安全，节约维修费用，保障电力系统安全、稳定运行。

完成单位：南京土星视界科技有限公司

7.4.3 数字能源融合云管理平台

1. 背景需求

新能源领域的数字化升级对实现碳中和目标至关重要。数字能源融合云管理平台可视化解决方案以数字化为载体，依托数据采集融合共享优势，将专业横向融合，打破新能源各系统之间的信息壁垒，实现从新能源电力生产、转化、用电、管理全生命周期的数据监测、数据融合、数据显示、设备维护联动管控。助力各新能源产业体系走向自感知、自决策、自执行、自适应的新模式。

数字能源融合云管理平台设计初衷是为了解决新能源数据的运营运维管理问题，随着新能源业务量越来越大不同的新能源业务板块数据越来越多，新能源产业的各大厂商平台数据因为行业壁垒互不兼容，各区域新能源运营运维服务商的数据管理是个很大的问题，所以打造全国首个数字能源融合云管理平台，通过云管理平台实时获取新能源数据分六大新能源业务板块：光伏发电、智慧充电桩、风力发电、储能电站用电、新能源微电网、氢能数据，大大提高了运营运维工作效率并做到及时掌控。

2. 成果简介

数字能源融合云管理平台集数据采集、数据集成、数据监控、数据分析、矢量数据可视化于一体化，综合光伏发电、充电桩、风力发电、储能、新能源微电网、氢能六大新能源业务板块实现一体化集约云平台，整体设计采用全球地图动态呈现，六大新能源业务板块内容实时数据获取呈现；升级版是从现在的数据采集、监控、分析、数据可视化向能源物联网智慧采、监、控、管、修为一体的孪生软硬件云平台，通过自主硬件设备采集数据，物联网设备传输数据、软件系统监控数据、云平台管理数据、孪生处理数据、售后维护孪生化，远程控制化，网格化。做到部分售后问题不用上门维护，通过数字能源融合云管理平台实现远程操作售后处理。

通过实时监测和分析能源消耗数据，数字能源融合云管理平台可以帮助企业了解各设备和系统的能源使用情况，从而优化能源管理策略，提高能源利用效率；降低能源成本，通过对能源消耗数据的分析，平台可以识别潜在的节能机会，帮助企业制定针对性的节能措施，从而降低能源成本；减少碳排放，通过监测和优化能源消耗，智慧能源云管理平台有助于减少企业的碳排放，助力实现碳中和目标；数字能源融合云管理平台在提高能源使用效率、降低能源成本、减少碳排放、提高能源供应可靠性以及支持可再生能源利用等方面具有显著的应用成效，有助于推动能源转型和可持续发展。

数字能源融合云管理平台如图 7-54 所示。

图 7-54　数字能源融合云管理平台

3. 技术创新点

（1）通过物联网技术采集新能源数据，数字能源融合云管理平台能够实现对多个能源设备、传感器和计量仪表的连接并实时采集监测，实现能源的智能化管理和控制。

（2）数字能源融合云管理平台利用大数据融合分析技术，对能源数据进行采集、处理和分析，实现对能源使用情况的准确监测和预测，进而提供精细化的能源管理和优化方案。

（3）数字能源融合云管理平台结合人工智能技术，可以通过学习和优化算法，对能源系统的运行状态和能源使用模式进行智能分析，并提供针对性的节能方案和优化建议。

（4）云计算技术。数字能源融合云管理平台采用云计算技术，实现对能源数据的快速处理和存储，提供高效的数据管理和分析能力。

数字能源融合云管理平台是集云计算、大数据、物联网等数字技术应用于能源管理的创新方式，可以有效提高能源使用效率、降低能源成本、减少碳排放，促进能源转型和可持续发展。实现了对能源的智能化管理和优化，为能源的高效利用提供了重要支撑。

4. 国内外同类技术对比情况

应用场景和需求在不同国家可能存在差异。国外的技术可能更加注重可再生能源的应用和智能电网的建设，而我们可能更加注重传统能源的高效利用和能源供应链的优化。

对比国内目前情况来看，技术上实现多源异构数据融合、时空数据治理、可视化渲染、三维空间分析等。

5. 项目收益

该技术在新能源管理过程中进行了实测应用，通过平台集数据采集、数据集成、数据监控、数据分析、矢量数据可视化为一体化，综合光伏发电、充电桩、风力发电、储能、新能源微电网、氢能六大业务板块实现一体化集约云管理平台；通过这个平台我们为新能源运营运维服务商节省了约35%的运营成本。

6. 项目亮点

（1）光伏发电。平台将用户所关注的建设规模、光伏信息、发电信息进行统计和展示，以监测各光伏电站的发电信息。通过对接后台接口实时数据进行实时更新，可实时获取和展示节能减排所做出的贡献统计。光伏发电如图7-55所示。

图7-55　光伏发电

（2）智慧充电桩。以某停车场充电站实际场景为基础，多维度呈现海量充电桩设施状态，实现对每个充电桩运行状态的实时数据读取和远程维护。

提取出充电桩关键数据形成可视化数据看板，如充电桩基本信息、预约用户信息、日充电统计、充电桩告警历史记录等，满足充电站远程管理的需要。智慧充电桩如图 7-56 所示。

图 7-56　智慧充电桩

（3）风力发电。利用风能驱动风力发电机产生的机械能，通过发电机转化为电能。风能发电是一种可再生能源发电方式，随着新能源发电占比的提高，适配新能源风力发电三维可视化的需求也逐渐增加，江西博邦打造了一套数字化、智能化、可视化的智慧风电监管平台。风力发电如图 7-57 所示。

图 7-57　风力发电

（4）生产监测。使用可视化将智能设备的实时运行参数接入两侧的 2D 面板，提取项目概况、实时指标、机组状态、环境参数、发电统计、节能减排等众多数据中的关键参数，形成直观的图表和图形，实现有效管控。

（5）储能电站用电。江西博邦应用自研二、三维协同设计工具、2D 组态 /3D

组态、低代码开发等各类可视化工具，构建风光储监控系统，作为新一代电网友好绿色电站的"中枢大脑"，支持通过风光储协调优化控制，实现指令跟踪、顶峰供电、系统调峰等多种网源交互模式，让新能源最大化消纳利用。储能电站用电如图 7-58 所示。

图 7-58　储能电站用电

针对储能集装箱的管理，选用三维动画形式呈现电池组总体剩余电量，面板中展示了主要数据实时二维看板，如可用充放电量、有功功率、无功功率、充放电可调深度等实时数据。以及箱内电池供应商、安装日期、额定出力、储能容量、电池规格、变压器规格等设备的基本属性，和有功／无功功率、可用充放电容量、充放电可调深度的实时运行数据。

（6）智慧运维管理。江西博邦可视化大屏能将多类型、碎片化、小规模的源网荷储各方数据资源进行聚合协调，全方位展示整个大区的用电管理、调节策略、节能减排数据，稳定电力的供应，保障电力系统的实时平衡，提升系统的运行效率。新能源微网管理与优化如图 7-59 所示。

图 7-59　新能源微网管理与优化

（7）用电管理。从地理空间分布维度出发，打通省、市、区在内的全域层，对全省电力基建工程的空间布局、节点位置、拓扑关系等信息，展开全周期、多场景综合呈现。帮助决策者精细化掌握全省电网运行态势。

7. 经验总结

实现新能源集中管控，需要数字化核心技术的赋能和持之以恒的行动。结合现有的发展现状和经验，开展政策、标准、数据上的顶层规划，构建数字化建设核心技术体系，逐步推行新能源管控数字化建设。

完成单位：江西博邦新能源科技有限公司

7.4.4　基于工业互联网背景下的能源行业安全生产态势感知预警平台

1. 项目背景

随着国内近些年能源化工领域爆炸不断增多，党和国家领导人对我国工业企业的安全监管提出了新的要求，习近平主席屡次在重要会议中均对企业安全生产事故防范作出重要指示：要加强监测预警，防控发生环境污染，严防发生次生灾害。加强安全隐患排查，严格落实安全生产责任制，坚决防范重特大事故发生，确保人民群众生命和财产安全。同时，国务院也在相关会议中作出重要指示：要进一步加大安全生产工作力度，牢固树立"隐患就是事故，事故就要处理"理念，严格落实企业主体责任，各级党委、政府属地责任和职能部门监管执法责任，自下而上全面排查隐患，自上而下严格落实责任，建立清单，挂账督办，切实整改落实到位。党中央、国务院与应急管理部提出要"重心前移""关口下移""源头治理""风险隐患双体系管控"，是英明科学的决策。

本项目是一个以能源化工安全生产为核心的全面监测和预警系统。该平台利用工业互联网的技术优势，对能源行业生产过程中的各种要素进行全面感知、实时监测、精准预警和科学决策，以保障工业生产的安全稳定运行。

信息是安全生产管理工作的基础，本项目采集并集成安全信息包括：化学品信息；工艺信息（工艺原理、操作规程、流程图等）；设备信息（设备、管道规格书），安全操作规程等；仪表信息，特别是安全仪表信息；安全设施信息；公用工程信息；同行业、有关企业、本企业事故事件信息；明确责任，以及时获取、识别和转化。

2. 成果简介

基于工业互联网技术，通过物联网、人工智能（AIoT）技术实现，视觉识别对危险品的生产的安全隐患、作业隐患进行分析预警，通过对生产过程的数据采集实时发现安全隐患问题，物联网解决边缘计算与云计算的融合，并汇聚大量生产安全数据，实现及时的安全预警，通过建立知识图谱建立应急的关联性分析，实现智能巡检、应急预案响应，模拟可能出现的安全隐患，经过验证系统稳定、可靠。

（1）全面感知：平台通过工业互联网技术，实现对能源行业生产过程中人员、设备、材料、环境等要素的全面感知。通过收集各种数据，为后续的监测和预警提供充分的数据支持。

（2）实时监测：通过对危险品生产过程的实时监测，及时发现潜在的安全隐患和异常情况。平台能够迅速响应，为相关人员提供准确的预警信息，避免事故的发生。

（3）精准预警：平台利用大数据和人工智能技术，对感知到的数据进行深度分析，根据预设的预警规则，向相关人员发送预警信息。预警信息包括文字、图片、视频等多种形式，以便相关人员快速理解和响应。

（4）科学决策：平台提供决策支持功能，通过对历史数据和实时数据的综合分析，为管理层提供科学决策的依据。平台能够根据实际情况，自动生成相应的安全措施和应急预案，提高应对突发事件的能力。

（5）灵活部署：平台支持集中部署和分布式多级部署两种方式，可根据企业的实际需求进行灵活配置。此外，平台还具备良好的扩展性，可与其他工业互联网平台进行无缝对接，实现数据的共享和协同。

（6）人机协同：平台充分考虑人与机器的协同作业，通过人工智能技术，实现自动化、智能化的安全管理。同时，平台还提供丰富的人机交互界面，方便操作人员进行手动操作和调整。

通过基于工业互联网背景下的危险品安全生产态势感知预警平台，企业能够实现生产过程的全面监控和精准预警，有效降低事故发生的风险，提高工业生产的安全性和稳定性。同时，该平台还能够为企业提供科学决策支持，助力企业实现高效、智能的安全管理。

3. 技术创新点

（1）态势感知。事故应急现场感知平行系统首先建立现场感知节点信息管理，现场感知节点是感知平行系统数据采集的基本单位，也可以称为数据点位。它同时也是感知平行系统实时预警算法的基本计算元素，实时预警实际上是根据工艺设计的阈值与节点实时数据之间的比较判断而形成的决策。

感知平行系统节点信息管理负责维护监测节点的最新信息，它包括以下数据元素：节点编码、节点名称、节点类型、单位、报警高限、报警高高限、报警低限、报警低低限、倍数、量程上限、量程下限、更新人、所属风险分区、应急处置卡、应知卡。

根据感知现场不同，采用不同的图元展示不同类型的设备，并通过图元与感知节点实时数据结合的方式，形成组态监视画面，为企业监控、监管人员展现重大危险源的实时监控状态。

（2）虚拟仿真与人工智能技术。基于虚拟仿真、人工智能等先进技术，实现了仿真训练从任务想定、导教控制、协同训练、态势监控到评估操作的完整过程，使得各类训练人员能够在熟悉任务整体流程的同时，针对弱项加强训练，为开展"行动有方、训练有素"的应急救援行动提供有力支撑；基于"开放式虚拟仿真场景构建与应用基础平台"研发，突出"有限要素、无限组合"，可根据应急救援任务的训练需求，提供运输、仓储、资源等多种应急救援场景，支持各类任务下不同角色的人员训练，最后通过量化评估进行训练人员的考核；具备高沉浸感、低成本与良好训练效果，能够有力地支持各类航空应急救援任务的协同训练。

4. 国内外同类技术对比情况

在安全生产与应急领域数字化产品，大多立足于填报、人工监管，大多没有实现实时的安全数据采集，有些实现数据采集的也缺少完整性和关联性，并且产品价格高，对于中小企业使用成本高。

本项目从技术上采用物联网、知识图谱、数字孪生、人工智能，有效解决了各类数据的关联分析。

本系统结合国际国内使用的美国化工过程安全中心（CCPS）制定化工过程安全管理方法（PSM），并融合 HSE/ISO14000/ISO18000 安全管理体系，以及安全生产标准化等各种安全管理的形式进行模型设计。首次将风险的过程安全管理要素充分应用到系统中，如图 7-60 所示。

图 7-60　基于风险的过程安全管理要素

在用户使用上，推出的工业互联网安全生产SaaS平台，通过软件租用方式，有效地解决了价格问题，同时标准版本也把成本降了下来。在SaaS平台基础上可以为企业提供定制化服务，包括安全生产APP定制服务。

实施效果如下：

（1）及时预警：解决了重大危险源实时监测的问题，及时发现安全隐患，避免事故的发生。

（2）风险管理：解决了安全生产隐患排查问题，解决了预警问题。

（3）应急处理：对危险源监测结合数字孪生、知识图谱，及时制定相应应急预案和措施，从而在事故发生时能快速响应和处置。

总之，对能源化工园区的危险源监测预警具有重要的实施效果和意义，可保障企业和员工的生命安全和健康，管理产生了质的飞跃，系统上线后，没有产生较大事故，隐患率和事故率双降低。园区安全态势感知一览，如图7-61所示。

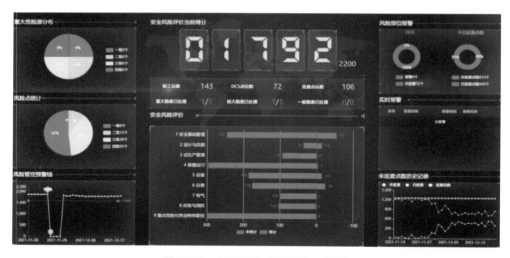

图7-61　园区安全态势感知一览图

5.项目收益

通过该项目减少了事故，避免了人员伤亡，为经济的发展起到了保驾护航的作用，具有重要的经济效益和社会效益，也起到了示范推广作用。

（1）提高了园区和企业的安全管理水平，及时发现和解决存在的安全隐患和问题，避免事故的发生。

（2）保障人员安全：保障了人员的生命和身体健康，减少事故发生后的人员伤亡和财产损失。

（3）提高经济效益：减少事故发生的损失和赔偿费用，同时也可避免因事故而导致的工作停滞和生产力下降。

（4）促进了安全生产标准化：标准化能够落地，为企业的长期发展打下了坚实的基础。

完成单位：北京亿百维信息科技有限公司

7.4.5 碳中和智慧园区建设

1. 背景需求

随着近年来"企业入园"的趋势，园区承担了密集的工业生产活动。清华大学环境学院 2020 年发布的一项调研数据显示，近 70% 的工业用能集中在工业园区，园区碳排放占全国总碳排放总量的 31%，节能减排潜力巨大。在经济蓬勃发展的同时，面对未来日趋严峻的能耗"双控"约束，园区需要新的方式推动工业领域节能降碳，逐步提升园区能源管理和碳排放管理水平，提升园区"智慧化"程度，以期实现经济和生态的协调发展。

在此背景下，碳中和智慧园区将成为城市碳达峰、碳中和的前沿阵地和排头兵。碳中和智慧园区是在一定区域范围内，通过能源、产业、建筑等多领域技术的集成应用和管理机制的创新，最终实现园区"碳中和"目标的综合性示范工程。创建碳中和智慧园区并鼓励其他园区逐步实现绿色低碳转型，对于实现我国"碳达峰碳中和"目标具有重要作用。

2. 成果简介

金风科技作为全球领先的清洁能源和节能环保整体解决方案服务商，致力于为客户和行业提供先进的产品及方案，率先推出碳中和智慧园区解决方案（以下简称"解决方案"），为政府开发区、企业园区、高校、医院等客户在园区场景下实现"碳中和"目标提供助力。解决方案围绕低碳环保、高效管理、舒适体验的建设理念，充分结合自身能源优势，深度挖掘智慧能源与日常生活办公相结合的应用场景，通过大数据、云计算、物联网、移动互联网、地理信息系统（GIS）等技术，为园区构建业务平台和包括智慧能源、智慧水务、智慧通行、智慧办公、智慧安防在内的可视化管理应用，实现园区绿色节能、低碳降本、高效运营、卓越体验的目标。解决方案目前已应用于金风科技亦庄总部园区、欧伏电气碳中和智慧园区、雄安市民服务中心智慧园区、三峡乌兰察布智慧园区、国家能源集团智慧矿山、天津港"零碳"智慧码头等多个示范项目，推广潜力巨大。其中金风科技亦庄总部园区于 2021 年成为全国首个可再生能源"碳中和"智慧园区，获得了由华测认证与北京绿色交易所共同颁发的"碳中和园区"证书。

3. 技术创新点

将清洁能源与数字化技术深度融合，积极构建面向新型电力系统的碳中和智慧园区解决方案，通过"三减碳、一平台"技术创新，在源、网、储、荷各能源环节进行优化和再造，全面助力园区和企业迈向"碳中和"。

（1）供能侧减碳。通过应用自身及周边可再生资源（例如利用风力发电和光伏发电构建多能互补的能源结构），合理开发本地清洁能源，最大限度提升消纳，整体提升园区绿色度 10%~30%。以金风科技亦庄总部园区为例，园区部署了 4.8MW 的风力发电机组，1.3MW 分布式光伏，600kW 微燃机以及钒液流、锂电池和超级电容等多种形式的储能设施，园区绿电消费占比约50%。

（2）用能侧减碳。基于生产办公与生活空间布局，对建筑、交通、生产等能源消费进行需求预测；充分挖掘和利用可调负荷，聪明地转移用能时段，提高负荷柔性，提升绿色度 30%~50%。金风科技亦庄总部园区将 $1500m^3$ 消防水池改造成蓄冷水池，节省中央空调运费用 18 万／年；通过优化照明运行策略，节约约 25% 照明费用。

（3）交易侧减碳。通过绿电交易提高园区用电量中绿电占比，通过碳信用交易抵消自身排放。金风科技亦庄总部园区通过认购 CCER 实现"2020 年度运营碳中和"。

（4）智慧运营减碳。碳中和智慧园区以园区集控中心为管理核心，以综合可视化管理平台作为技术核心。其中集控中心集安防、消防、能源、车辆管理、人行管理、园区服务等应用场景于一体，应用物联网、人工智能、大数据、地理信息系统、三维建模等先进计算机技术，通过对各业务子系统的场景挖掘、数据提取分析，对园区内部的能源消耗、人员、车辆、设备、物资实行全方位、多业务的智能综合管理。综合可视化管理平台对各业务系统的海量信息进行有效融合与梳理，基于园区 3D 或者 2D 电子地图进行综合呈现，实现信息的共享与工作协同；界面操作灵活，可通过多屏信息联动方式进行可视化展示。金风碳中和智慧园区管理平台应用架构如图 7-62 所示。

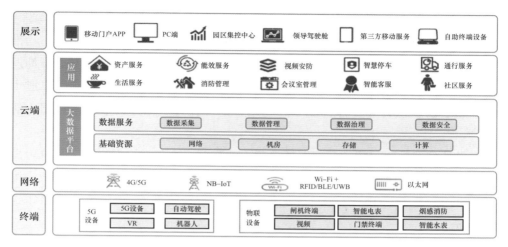

图 7-62　金风碳中和智慧园区管理平台应用架构

4. 国内外同类技术对比情况

在积极应对全球气候变化的大背景下,诸多项目就实现"碳中和"展开了探索,例如美国硅谷小城门洛帕克市、日本北九州生态工业园、英国的西格马住宅、英国南伦敦贝丁顿社区、马斯达尔城等。实践经验表明,碳中和智慧园区应具备以下特点:首先,对多元分布式能源体系进行升级,构建多能转换、多能互补、多网融合的综合协同能源网络;其次,基于数字能源管理平台实现对园区碳排放等数据的全融合;此外,赋能园区全面减排,提升园区能源使用效率,降低园区二氧化碳直接和间接排放量。

5. 项目收益

金风科技碳中和智慧园区解决方案带来的项目收益主要体现在"降低能源费用""提升运维效率""减少抵消成本"三个方面。以金风科技亦庄总部园区为例:

首先,园区通过可再生能源"自发自用、余电上网"的模式降低了用电成本。园区 2020 年度总用电量 1573 万 kWh,用电成本下降 458 万元。同时,园区对内部 1500 个测点的能耗运行水平进行记录和分析,以便最大限度挖掘节能潜力。空调通过水蓄冷技术,在用电低谷时段储存能量,在高峰时段循环释放能量。空调和照明通过传感器自动调节,控制开关。园区年节约用电量达到 60 万 kWh,节省能源费用约 21 万元。

其次,在"智慧运营"特点的加持下,金风科技亦庄总部园区实现少人、高效管理,提高管理效率约 30%。通过物联网、人工智能等技术,实现对园区内停车位点对点精细化管理，解决了员工在早高峰入园寻找车位的难题；结合 AI 图像识别技术和周界安全管理模型，实时感知周界安全状态，主动推送各种违规行为，变被动安防为主动安防，最大限度地降低园区安全事件发生率；提高工作效率，每月节约人工成本 260 万元；系统通过移动端集成了访客、会议室预约等各种智能服务应用，持续提升员工办公效率及在园生活体验。

另外，碳排放的减少意味着抵消成本的降低。由于"自发自用"部分可再生能源电量无须核算碳排放，金风科技亦庄总部园区由此降低 4950t 碳排放。按当前市场上三类 CCER 约 60 元 /t 的价格试算，相应降低"碳中和"抵消成本约30 万元。

6. 项目亮点

金风科技自主研发了针对碳中和智慧园区场景的管理平台产品，目前承载能源、车辆、人员、安防等管理功能。碳中和智慧园区管理平台——园区概览如图 7-63 所示。

图 7-63 碳中和智慧园区管理平台——园区概览

（1）智慧能源。系统对园区内可再生能源设施的发用情况进行监测，可指导企业日常节能运行管理和节能改造，将节能降耗工作由过去的粗放式定性的管理方式，转变为科学化定量的工作模式，并通过可信方法学折算成园区碳排放数据，帮助园区管理者识别区域内主要碳排放源，做到"心中有数"。碳中和智慧园区管理平台——智慧能源管理如图 7-64 所示。

（2）智慧安防。该模块提供全方位综合安防保障，保护园区人员和资产安全，实现由被动安防变为主动安防，通过前端摄像头实现陌生人预警、周界告警、异常分析等功能。碳中和智慧园区管理平台——安防管理如图 7-65 所示。

图 7-64　碳中和智慧园区管理平台——智慧能源管理

图 7-65　碳中和智慧园区管理平台——安防管理

（3）智慧停车。实现园区车辆出入管控、访客车辆预约管理、反向寻车、收费管理等功能，帮助园区管理者解决管理人力成本高、车位寻找体验差、出入口堵塞等问题。碳中和智慧园区管理平台——车辆管理如图 7-66 所示。

（4）智慧人行。该模块打通办公自动化（OA）、访客等人员管理系统，依托人脸识别、大数据分析、GIS 定位等技术，实现二维码通行、刷卡通行、无感通行等体验。碳中和智慧园区管理平台——人员管理如图 7-67 所示。

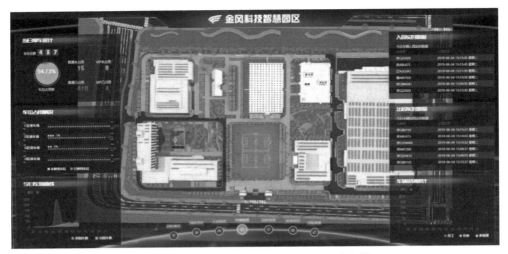

图 7-66 碳中和智慧园区管理平台——车辆管理

图 7-67 碳中和智慧园区管理平台——人员管理

（5）智慧资产。该模块基于新一代物联网，结合无线射频识别（RFID）资产标签，实现海量资产的数字化管理、资产一键盘点，保障资产安全、提高资产使用效率，提高管理效率。

（6）智慧办公。该模块构建专属的安全、开放、智能的工作空间，实现共享工位、会议室预订、访客预约、智能考勤、云打印等功能，化简为繁，提高工作效率。

7. 经验总结

园区是工业领域节能降碳工作的重要抓手。传统园区缺乏对能源消耗及碳排放情况的客观统计，难以有针对性地实现绿色低碳转型；同时信息化应用水平不高，管理审批流程大量依赖人工，实时监测与反馈效果不理想。经过十余年技术积累和业务实践，金风科技凝练出包括"三减碳、一平台"技术在内的碳中和智慧园区解决方案，在供能侧优先建设分布式能源项目，高比例使用绿色电力；在用能侧主动应用节能降碳技术，减少电力消耗需求；在交易侧参与辅助服务，优化用能成本。在智慧运营方面，碳中和智慧园区管理平台主动接入园区内人员、设备、车辆等能耗单元的数据，对能源消耗做实时采集，接入清洁能源发电数据、固碳数据和其他减碳措施数据，对碳排放及碳抵消进行分析；同时通过创建办公、安防、运营等数字化应用场景，可实现园区运行的全过程数字化控制，大幅提升园区的运营管理效率。

完成单位：金风科技股份有限公司

中国电工技术学会简介

中国电工技术学会（China Electrotechnical Society，CES）成立于 1981 年，是经民政部依法注册登记的、由电气工程领域科技工作者自愿组成的学术性、非营利性法人社团，是党和国家联系广大电气工程科学技术工作者的桥梁与纽带，是发展我国电气工程事业的重要社会力量。学会业务主管为中国科学技术协会，办事机构主管为国务院国有资产监督管理委员会。

中国电工技术学会下设工作总部、11 个工作委员会、65 个专业委员会，与 22 个省、市学会保持着密切联系。理事会由我国电气工程科技和产业界有造诣的科技工作者和企业家组成电气工程领域众多的科研院所、高等院校和企事业单位为本会团体会员和理事单位。已有个人会员 5 万余名，高级会员 7600 余名，团体会员 1500 余个。

中国电工技术学会涉及的专业领域包括：电机与电器、电力电子与电力传动、电力系统及其自动化、电工理论与新技术、高电压与绝缘。致力于：电工理论的研究与应用；电气技术的研究与开发；电力装备与电气产品的设计、制造；电气测试技术；电工材料与工艺；电气技术与电气产品在电力、冶金、化工、石化、交通、矿山、煤炭、建筑、水工业、新能源等领域中的应用，等等。

中国电工技术学会开展的业务范围包括但不限于：

（1）开展国内外学术交流，与国（境）外学术或专业组织开展民间合作与交流。

（2）依照有关法规，中国电工技术学会系统编辑出版《电工技术学报》《电气技术》等 20 余种电气工程领域学术期刊；编辑出版科普与科技书籍，编制音像作品等。

（3）举办电气工程技术、产品展览。

（4）组织开展电气工程继续教育和技术培训。

（5）开展电气工程领域的科技评估与科技成果鉴定；推广新技术、新产品。

（6）研制、发布中国电工技术学会标准。

（7）开展电子信息与电气工程类专业认证。专业领域包括：电气工程及其自动化、自动化、电子信息工程、通信工程、信息工程、电子科学与技术、微电子科学与工程、光电信息科学与工程。

（8）开展电气工程专业技术人员职业资格认定。

（9）表彰、奖励科技工作者和学会先进工作者；开展中国电工技术学会科学技术奖励，推荐国家科学技术奖。

（10）发现、举荐电气工程科技人才。

（11）面向社会公众普及电气工程科技知识；兴办有利于本会发展，有利于电气工程学科与科技发展的社会公益事业。

中国电工技术学会能源智慧化专业委员会简介

中国电工技术学会能源智慧化专业委员会（Energy Intelligentization Technical Committee of CES）是中国电工技术学会所属分支机构，是由能源智慧化领域科技工作者自愿组成的非营利性专业学术组织。

专委会成立于 2021 年 10 月，挂靠在中国科学院软件研究所。截至 2024 年 8 月，专委会共有委员 85 名，高级会员 318 名，个人会员 762 名，团体会员 12 个。知名专家有王成山院士、丁治明院士、张东霞教授级高工、房方教授等。

专业研究领域包括低碳经济与数字经济、能源革命与数字革命的融合发展，现代信息技术与先进管理理念在能源行业的融合创新与应用，能源数字化、智能化、智慧化关键技术及其创新应用，新型能源体系与新型电力系统构建等。

专委会旨在搭建能源智慧化领域产学研用协同发展、政法金媒支撑保障的共享共赢平台，组织开展学术交流、科普宣传、专业培训、科技讲座、技术评审、项目鉴定、成果转移、课题承担、名企调研、图书编辑、论文出版、咨询服务、科技展览、标准参编、人才推荐、奖项评估等，推进能源智慧化标准体系建设与发展，定期举办能源智慧化年会。

中国电工技术学会标准工作委员会能源智慧化工作组简介

2021 年 12 月 28 日，中国电工技术学会标准工作委员会能源智慧化工作组（简称"能源智慧化标工组"）的设立申请获得学会总部批准。2022 年 1 月 14 日，中国电工技术学会标准工作委员会能源智慧化工作组成立大会暨能源智慧化标准研讨会成功举办。能源智慧化标工组由中国电工技术学会能源智慧化专业委员会发起，由国网信息通信产业集团有限公司作为支撑单位。专家组创始成员由来自全国各大高等院校、企事业单位、科研机构的 23 位专家组成。秘书处设在国网信息通信产业集团有限公司。

能源智慧化标工组聚焦能源数字化、智能化、智慧化领域的关键技术研究及标准规范编制，围绕能源智慧化标准的顶层规划、制修订、评审、咨询等方面积极开展工作。每年 3 月、6 月、9 月，能源智慧化标工组定期组织开展团体标准提案评议与标准送审稿的评审咨询工作。能源智慧化标工组正在以标准为抓手，发挥平台桥梁作用，突破能源智慧化关键技术难题，支撑技术标准创新基地建设，完善能源电力行业标准体系建设，为"双碳"目标的早日实现贡献力量。